非典型条件下基坑支护设计计算理论与方法

金亚兵　著

科学出版社
北　京

内 容 简 介

本书简要介绍了基坑工程的典型特征、现行国家行业规程和部分地方标准规定的在典型条件下基坑工程水平荷载的计算方法、支护结构内力计算和稳定性分析方法以及基坑工程监测技术国家标准要点；详细介绍了基坑工程实践中经常遇到的非典型条件下基坑支护设计计算问题的研讨，包括堆载反压或预留土体的土压力计算、相邻基坑土条土压力计算、倾斜坡面土压力计算、打入式土钉抗拔承载力计算、支护桩变形计算关键参数选取、地连墙槽壁稳定性分析及槽壁加固设计计算、非对撑内支撑水平刚度系数计算、非对称荷载作用土压力计算、温度变化对内支撑轴力和变形的影响等；概述了基坑工程自动化监测技术及预警预报平台的建构与应用。

本书可供从事基坑工程设计、施工和监测等生产技术人员和科研技术人员参考使用，也可供高等院校相关专业师生参考。

图书在版编目（CIP）数据

非典型条件下基坑支护设计计算理论与方法 / 金亚兵著 . —北京：科学出版社，2021. 12

ISBN 978-7-03-070974-5

Ⅰ. ①非… Ⅱ. ①金… Ⅲ. ①深基坑支护-结构设计 ②深基坑支护-结构计算 Ⅳ. ①TU46

中国版本图书馆 CIP 数据核字（2021）第 259816 号

责任编辑：韦 沁 / 责任校对：何艳萍
责任印制：吴兆东 / 封面设计：北京图阅盛世

科学出版社 出版
北京东黄城根北街 16 号
邮政编码：100717
http://www.sciencep.com

北京中科印刷有限公司 印刷
科学出版社发行 各地新华书店经销
*
2021 年 12 月第 一 版 开本：720×1000 1/16
2021 年 12 月第一次印刷 印张：15 1/2
字数：312 000

定价：208.00 元

（如有印装质量问题，我社负责调换）

序

朗肯（W. J. M. Rankine）土压力理论是根据半空间体的应力状态和土的极限平衡理论得出的土压力计算理论，因其计算主、被动土压力的公式简单明了，自1857年问世以来，在挡土工程应用上具有顽强的生命力。但是，朗肯将上述理论应用于挡土墙土压力计算时，做出了墙背直立、光滑和墙后填土面水平的假定，这样，墙背与填土界面上的剪应力为零，不改变土体中的应力状态。当挡土墙的变位符合主动或被动极限平衡条件时，作用在挡土墙墙背上的土压力即为朗肯主动土压力或朗肯被动土压力。后来，人们把朗肯土压力理论应用到基坑支护工程中，虽然，基坑支护工程中的挡土结构型式和变形特征与传统意义上的挡土墙存在较大差异，但是，被支挡的土体应力状态和变形特征与挡土墙后土体应力状态和变形特征还是相似的，而且，根据支护结构的变形大小对朗肯土压力计算公式进行适当的修正还是能够满足工程实际和安全要求的，因此，朗肯土压力理论在基坑支护工程中还是作为主推理论而得到了广泛的应用。

然而，如该书作者所述，基坑支护工程实践中，往往是基坑所处的地形地貌单元、工程地质与水文地质条件存在巨大差异，基坑边界极不规则，支护结构受力极其复杂，环境条件多维化，以及支护结构空间布局多样化，等等，这些非典型条件下，作用在支护结构上的朗肯土压力的计算公式的普适性问题就突现出来。

该书作者以着力解决实际工程问题为导向，就工程实践中经常遇到的非典型条件下的基坑工程土压力计算和支护结构设计问题，进行了比较系统的理论探索，并将理论成果即时地应用于工程实践。书中介绍的坑内堆载反压与预留土体土压力计算方法，相邻基坑土条土压力计算方法，地下连续墙成槽槽壁加固土压力的计算方法，非对称荷载下内支撑支护设计计算方法，倾斜坡面土钉墙土压力和打入式土钉抗拔承载力计算方法，内支撑支护结构水平刚度系数计算方法，内支撑温度应力和变形计算方法等等都是作者呕心沥血的重要理论研究成果；书中介绍的基坑工程自动化监测技术也是作者研究团队集体智慧的结晶。

深圳市从一个小渔村快速发展成长为世界一线大都市，除得益于各级党委和政府部门的大力支持外，还得益于工程建设技术特别是基坑支护技术的快速发展和深圳每一位工程建设领域拓荒牛的辛勤耕耘。在深圳特区成立四十一周年之际，欣喜地看到了金亚兵博士撰写的力作，该著作展示了深圳岩土人在基坑支护设计方面创新耕耘的硕果。

相信《非典型条件下基坑支护设计理论与方法》的出版，能够对复杂条件下的基坑支护工程设计理论和应用起到补充和促进作用，供该领域同行们借鉴和讨论，为岩土工程提出中国解决方案做出自己的贡献。

以上为序。

深圳大学特聘教授
中国工程院院士

2021 年 10 月 18 日

前　言

在基坑支护工程设计实践中，普遍采用朗肯土压力理论来计算作用在支护结构上的水平荷载（土压力），但是，朗肯土压力理论是根据半无限空间体的应力状态和土的极限平衡理论得出的，假设前提是支护结构竖直、光滑、位移足够，且地表水平、土体处于极限平衡状态等典型条件。然而，大多数基坑工程所处的地质、边界、荷载和环境等条件，以及支护结构空间布置复杂多样，且主、被动区土体的变形常常不同步，因此，对于这些常见的非典型条件下的基坑工程，计算作用在支护结构上的水平荷载的朗肯土压力理论就存在问题。基坑工程实践中，针对非典型条件，大多采用偏安全的近似典型条件的土压力计算理论和支护结构的经验设计方法，但是，经验设计很难精确计算作用在支护结构上的水平荷载，不是偏安全，就是偏危险；非典型基坑工程也存在采用数值分析方法计算支护结构上的水平荷载，但数值分析方法不能直接计算支护结构的稳定性，而且，数值分析方法建模复杂，获取土的各项参数不容易，对于简单基坑，成本高且费时。

因此，探索非典型条件下的基坑支护设计计算的简化实用方法就显得非常必要。作者曾有幸拜读过中国勘察大师顾宝和先生的大作“学习太沙基，超越太沙基”，受益匪浅。太沙基（Karl Terzaghi，1883～1963年）是现代土力学的创始人，太沙基之前，工程建设中的土力学问题基本上靠工程经验去解决。但工程越来越复杂，有限的工程经验解决不了的多变的工程问题怎么办？答案是必须建立一套严密的放之四海而皆准的科学理论和实用方法。太沙基就是这样一位划时代的科学家，他善于理论研究，重视将理论应用于工程实践。学习太沙基，就是要学习他的理论、实践、实用三者辩证统一的哲学学术思想和以解决工程实际问题为出发点的实用方法论。但是，太沙基受制于那个时代土工试验条件和计算技术水平，理论计算使用的室内土样试验取得的参数与实际土体的真实参数存在误差，土体本身的复杂性和多变性，也使得计算模型的局限性相当明显。我们超越太沙基，突破口在于获取土体参数；解决工程实际问题，要借助地质学特别是工程地质学和水文地质学理论。

作为一名当代岩土工程师，在进行基坑支护工程实践时，是否也应该“学习朗肯，超越朗肯”呢？答案也是肯定的。朗肯（W. J. M. Rankine，1820～1872年）是土力学早期奠基者。朗肯被后人誉为那个时代的天才，他在热力学、流体力学及土力学等领域均有杰出的贡献，他建立的土压力理论，至今仍作为基坑工程的基本理论被广泛应用。但是，正如前述，朗肯土压力理论适用条件是有限制的，基坑地表面无限水平，支护结构竖直、光滑，主、被区的土体处于理想极限平衡状态等典型条件的基坑工程是不存在的或者是极少存在的，大多数基坑工程都不能满足朗肯土压力理论的适用条件。

作者在近三十年的基坑工程实践中，经常遇到四种情况需要研究解决，一是不能直接应用朗肯土压力理论进行土压力的计算；二是不能直接按照规范、规程或标准推荐的方法进行支护结构的设计计算，三是规范、规程或标准自身存在缺陷或相互之间存在矛盾；四是无规范、规程或标准可以遵循。这些常见情况的具体表现有：

（1）基坑坑壁土体中分布有空间状态复杂的建（构）筑物、基坑坑底存在预留土体（土台）或堆载反压、相邻基坑距离较近存在较窄土条、倾斜坑壁土钉墙支护等情况下的土压力或作用在支护结构上的水平荷载不能直接应用朗肯土压力理论；

（2）打入式土钉的抗拔承载力计算、地下连续墙成槽槽壁加固深度和宽度设计、非对撑条件下内支撑水平刚度系数计算等情况不能直接按照规范、规程或标准推荐的方法进行设计计算；

（3）悬臂桩的变形计算、桩锚支护结构的锚杆刚度系数计算、地基土水平反力（抗力）比例系数取值等情况若按照规范、规程或标准执行会出现与实际不符或多解现象；

（4）非对称荷载条件下作用在内支撑支护结构上的水平荷载计算和结构设计，温度变化对内支撑轴力和变形的影响分析，对基坑工程实施实时、连续、在线的自动化监测等情况尚无规范、规程或标准可以遵循。

本书作者近三十年来，始终牢记立足规范做设计、守正创新解难题的责任和担当，边学习、边实践、边总结，在学习好经典理论和贯彻好规范指引的基础上，充分利用每一个工程实践的机会，进行了基坑支护工程系列新技术、新方法的应用和设计新理论的探索。因此，书中内容既是作者的学习心得和工程经验的总结，也是对前人研究成果的传承和发扬。全书共分九章，第 1 章简要介绍了基坑工程典型特征、基坑工程水平荷载计算方法、基坑工程支护结构内力计算和稳定性分析方法以及基坑工程监测方法；第 2 章介绍了堆载反压和预留土体的土压力计算方法、相邻基坑土条土压力计算方法、倾斜坡面土压力计算方法以及考虑桩土之间摩擦力的主动土压力计算方法；第 3 章介绍了不同成钉方法的土钉抗拔承载力计算理论；第 4 章介绍了支护桩变形计算若干问题探讨；第 5 章介绍了地连墙槽壁稳定性分析与加固设计计算方法；第 6 章介绍了内支撑水平刚度系数解析解计算方法；第7章介绍了非对称荷载支护结构设计计算方法；第8章介绍了温度变化对内支撑轴力和变形的影响计算理论和方法；第9章介绍了基坑工程自动化监测技术与应用等内容。

本书编制过程中，刘动博士、沈翔硕士、劳丽燕硕士提供了部分工程监测数据，刘动博士、沈翔硕士、余保稳硕士、李秀东硕士提供了部分插图，绘图师刘瑶绘制了部分插图，刘懿俊硕士提供了英文翻译，卢薇艳硕士、张国群硕士完成了出版工作。值本书出版之际，对他（她）们的辛勤付出表示崇高的敬意和衷心的感谢！向提供工程案例的庞小朝博士、杨红坡博士表示崇高的敬意和衷心的感谢！

本书编制过程中，参阅了许多国内外的相关文献和工程案例，谨此，向所有文献作者表示崇高的敬意和衷心的感谢！

本书的编著和出版得到了深圳市地质局地质工程院士工作站的大力支持，在此表示诚挚的感谢！

由于作者水平有限，书中不足和错漏在所难免，敬请读者批评指正。

作　者

2021年8月

目　　录

第1章 绪 论

1.1 基坑工程典型特征

基坑工程融合了岩土工程、结构工程、地质工程等主要工程的设计计算理论和施工技术，既具有明显的区域特征，又具有很强的个体特征；既具有明显的环境保护特征，又具有较大的安全风险特征。基坑工程的安全性受到多种复杂因素的相互影响和叠加。基坑工程中的土压力理论、支护结构设计计算理论尚不够完善，基坑工程中的施工技术、检测及监测技术尚需进一步发展。

基坑工程所处的区域地质条件和场地地质条件的多样性、基坑周边环境和支护形式的多样性，决定了基坑工程具有明显的区域特征和个性特征。目前，我国国内指导基坑工程实践的技术标准有国家行业标准（行标）《建筑基坑支护技术规程》（JGJ 120-2012）和国家标准（国标）《建筑基坑工程监测技术标准》（GB 50497-2019），有省一级的基坑工程技术标准，如北京市标准（市标）《建筑基坑支护技术规程》（DB11/489-2016）、天津市标准《建筑基坑工程技术规程》（DB29-202-2010）、上海市标准《基坑工程技术标准》（DG/TJ08-61-2018）、广东省标准（省标）《建筑基坑工程技术规程》（DBJ/T15-20-2016）、山东省标准《建筑基坑工程技术规范》（DBJ04/T306-2014）、江苏省标准《建筑基坑工程技术规范》（DBJ04/T306-2014）、浙江省标准《建筑基坑工程技术规程》（DB33T1096-2014）、福建省标准《地铁基坑工程技术规程》（DBJT13-283-2018）、安徽省标准《安徽省建筑基坑支护技术规程实施细则》、湖北省标准《基坑工程技术规程》（DB42/T159-2012）、河南省标准《河南省基坑工程技术规范》（DBJ41/139-2014）、四川省标准《成都地区基坑工程安全技术规范》（DB51/T5072-2011）、甘肃省标准《建筑基坑工程技术规程》（DB62T/25-3111-2016）以及香港 *Reviews of Design Methods for Excavations*（GCO Publication No. 1/90）、*Foundation Design and Construction*（GEO Publication No. 1/2006）等，还有市一级的基坑工程技术标准，如深圳市标准《基坑支护技术标准》（SJG 05-2020）。这些标准为基坑工程的安全建设起到了巨大的保驾护航作用。同时，不同层面的基坑工程技术规范既具有统一性，又具有差异性，各具特色、各有侧重；不同地区根据各自特征因地制宜，制定的地方标准，充分发挥地方技术和经验优势，与国家标准在基本理论上相统一，在支护技术方法上突现地方特色，充分体现了基坑工程的共性特征和个性特征，国家标准与地方标准相得益彰，共同促进基坑工程技术的稳步发展。

基坑工程大多位于城市建成区和闹市区，周围环境复杂、敏感，基坑土石方开挖和地下室施工期间，或多或少影响基坑周边的建（构）筑物、道路、桥梁、地铁隧道和管线的变形和安全稳定，决定了基坑工程具有明显的环境保护特征。

基坑工程既跨越岩土、结构、工程地质与水文地质等基础学科，又跨越测量、施工、检测、监测和安全管理等应用学科，各学科的分析计算模型和分析计算方法各不相同，决定了基坑工程具有较大安全风险的特征。

基坑工程的土压力理论、基坑支护结构设计计算理论尚不够完善，土压力精准计算、支护结构构件受力和变形精确计算难以实现。中国科学院院士孙钧教授认为：希望岩土工程只依靠经典的力学手段来解决其复杂的具体工程问题，往往是不可能的，也是不现实的（苗国航，2010）。他指出，岩土介质充满着不确定性、不确知性和信息不完全性，岩土材料随机性和离散性大，设计计算假定、计算模式、岩土本构关系、计算方法以及监测点布置和施工方案存在差异等，虽然采用了定量的计算分析手段和先进的计算机工具，得出的结果却最多只是半定量的、甚至只是定性的结果。因此，他提出，岩土工程要不断探索“不求计算精确，而要判断正确”的新路子，要做到“半理论、半经验和实践”，做好典型工程类比分析，使之在量级上和变化规律性上以及得出的正负号上不犯大错。

1.2　基坑工程水平荷载计算方法

关于基坑工程水平荷载计算方法，在行标《建筑基坑支护技术规程》(JGJ 120-2012）中比较全面地进行了规定，并给出了一系列的计算公式。

(1)《建筑基坑支护技术规程》(JGJ 120-2012）规定计算作用在支护结构上的水平荷载时，应考虑如下因素：

①基坑内外土的自重（包括地下水）；

②基坑周边既有和在建的建（构）筑物荷载；

③基坑周边施工荷载和设备荷载；

④基坑周边道路车辆荷载；

⑤冻胀、温度变化及其他因素产生的作用。

(2)《建筑基坑支护技术规程》(JGJ 120-2012）规定计算作用在支护结构上的土压力应按下列规定确定：

①支护结构外侧的主动土压力强度标准值、支护结构内侧的被动土压力强度

标准值宜按朗肯土压力理论和公式计算。对地下水位以上或水土合算的土层，计算土的自重时取土的天然重度；对水土分算的土层，计算土的自重时应减去计算点的水压力，同时计算土压力强度应加上计算点的水压力。对静止状态地下水，支护结构外侧水压力等于水的重度和基坑外侧地下水位至主动土压力强度计算点的垂直距离，承压水取测压管水位；支护结构内侧水压力等于水的重度和基坑内侧地下水位至被动土压力强度计算点的垂直距离，承压水取测压管水位。当采用悬挂式截水围幕时，应考虑地下水从围幕底向基坑内渗流对水压力的影响。

②在土压力影响范围内，存在相邻建筑物地下墙体等稳定界面时，可采用库仑土压力理论计算界面内有限滑动楔体产生的主动土压力，此时，同一土层的土压力可采用沿深度线性分布形式，支护结构与土之间的摩擦角宜取零。本条原则适应于相邻基坑土条土压力的计算。

③需要严格限制支护结构的水平位移时，支护结构外侧的土压力宜取静止土压力。

④有可靠经验时，可采用支护结构与土相互作用的方法计算土压力。

（3）对于层状地层的土压力计算，《建筑基坑支护技术规程》(JGJ 120－2012）提出了如下土压力计算规定：

①当土层厚度较均匀、层面坡度较平缓时，宜取邻近勘察孔的各土层厚度，或同一计算剖面内各土层厚度的平均值。

②当同一计算剖面内各勘察孔的土层厚度分布不均匀时，应取最不利勘察孔的各土层厚度。

③对复杂地层且距勘察孔较远时，应通过综合分析土层变化趋势后确定土层的计算厚度。

④当相邻土层的土性接近，且对土压力的影响可以忽略不计或有利时，可归并为同一计算土层。

该规程规定，支护结构外侧土层中竖向应力标准值为土层计算点的自重总应力和各种附加荷载作用下产生的附加应力标准值之和，该规范给出了均布附加荷载、局部附加荷载（包括条形附加荷载和矩形附加荷载）作用下土层中竖向附加应力标准值的计算方法和公式；支护结构内侧土层中竖向总应力标准值为土层计算点的自重总应力。将计算的竖向附加应力乘以主动土压力系数得到作用在支护结构上的附加水平荷载，附加水平荷载的作用范围和大小受附加竖向荷载的空间作用位置和大小控制。

⑤当支护结构顶部低于地面，其上方采用放坡或土钉墙时，支护结构顶部以上土体对支护结构的作用力宜按库仑土压力理论计算，或者将其视作附加荷载首先计算土中附加竖向应力标准值，再乘以主动土压力系数得到作用在支护结构上

的附加水平荷载，同样，附加水平荷载的作用范围和大小受支护结构顶部以上土体的空间分布和大小控制。

1.3 基坑工程支护结构内力计算和稳定性分析方法

关于基坑工程支护结构内力计算和稳定性分析方法，行标《建筑基坑支护技术规程》(JGJ 120-2012) 首先对支护结构类型进行了分类，将支护结构分为放坡、重力式水泥土墙、土钉墙和支挡式结构等四大类，并对重力式水泥土墙、土钉墙和支挡式结构等类型的支护结构内力计算和稳定性分析方法进行了规定，相应地给出了一系列的计算公式或分析方法。

(1)《建筑基坑支护技术规程》(JGJ 120-2012) 规定，对重力式水泥土墙应进行稳定性和承载力验算。稳定性包括滑移稳定性、倾覆稳定性、整体稳定性和坑底隆起稳定性，验算规定如下：

①重力式水泥土墙的抗滑移稳定性和抗倾覆稳定性安全系数应分别不小于1.2和1.3。

②重力式水泥土墙应按圆弧滑动条分法进行整体稳定性验算，圆弧滑动稳定性安全系数应不小于1.3，当墙底下存在软弱下卧层时，稳定性验算的滑动面应包括由圆弧与软弱土层层面组成的复合滑动面。

③重力式水泥土墙的嵌固深度应满足坑底隆起稳定性要求。

④重力式水泥土墙墙体的正截面应力应满足拉应力、压应力和剪应力的要求，正截面应力验算应包括基坑面以下主动、被动土压力强度相等处以及基坑底面处和水泥土墙的截面突变处。规程规定当地下水位高于基坑底面时，应进行地下水渗透稳定性验算。

(2)《建筑基坑支护技术规程》(JGJ 120-2012) 规定，对土钉墙应进行基坑开挖各工况的整体滑动稳定性验算，验算规定如下：

①整体滑动稳定性可采用圆弧滑动条分法；圆弧滑动稳定性安全系数对二级、三级基坑分别应不小于1.3和1.25。

②水泥土桩复合土钉墙，在需要考虑地下水压力的作用时，其整体稳定性计算抗滑力中应减去水的浮托力。

③当基坑面以下存在软弱下卧土层时，整体稳定性滑动面中应包括由圆弧与软弱土层层面组成的复合滑动面。

④微型桩、水泥土桩复合土钉墙，滑弧穿过其嵌固段的土条可适当考虑桩的抗滑作用。

⑤基坑底面下有软土层的土钉墙结构应进行坑底隆起稳定性验算，隆起稳定

性安全系数对二级、三级基坑应分别不小于1.6和1.4。

⑥土钉墙与截水围幕结合时，应进行地下渗透稳定性验算。

(3)《建筑基坑支护技术规程》(JGJ 120–2012) 规定，土钉墙应进行单根土钉极限抗拔承载力和土钉杆体受拉承载力计算，单根土钉的抗拔安全系数对二级、三级基坑应分别不小于1.6和1.4，土钉杆体受拉承载力设计值计算取杆体的抗拉强度设计值。规程提出了坡面倾斜时的主动土压力折减系数计算公式。

该规程考虑了土钉墙墙面土压力会受土方开挖、土钉施作和面层浇注的施工影响，从而存在土压力重新调整的实际，对土钉墙土压力沿墙面的分布形式进行了调整，提出了土钉轴向拉力调整系数计算公式。土压力沿墙面分布形式调整的前提是假定调整之后的各个土钉轴向拉力之和与调整之前的各个土钉轴向拉力之和相等，显然，每根土钉轴向拉力调整系数是不同的。

(4)《建筑基坑支护技术规程》(JGJ 120–2012) 对支挡式结构中的排桩、双排桩、锚杆、内支撑、地下连续墙等结构内力计算进行了规定，并提出了一系列的结构内力计算公式和稳定性分析方法，支挡式结构分析方法如下：

①悬臂式支挡结构、双排桩，宜采用平面杆系结构弹性支点法进行受力、变形分析。

②锚拉式支挡结构，可将整个结构分解为挡土结构、锚拉结构（锚杆、腰梁、冠梁）分别进行分析计算；挡土结构宜采用平面杆系结构弹性支点法进行分析；作用在锚拉结构上的荷载应取挡土结构分析时得出的支点力。

③支撑式支挡结构，可将整个结构分解为挡土结构和内支撑结构分别进行分析；内支撑结构可按平面结构进行分析，挡土结构传至内支撑结构的荷载应取挡土结构分析得出的支点力；对挡土结构和内支撑结构分别进行分析时，应考虑其相互之间的变形协调。

④当有可靠经验时，可采用空间结构分析方法对支挡式结构进行整体分析，或采用结构与土体相互作用的分析方法对支挡式结构与基坑土体进行整体分析。

采用平面杆系结构弹性支点法进行结构内力和变形分析计算时，《建筑基坑支护技术规程》(JGJ 120–2012) 规定基坑主动区土压力按朗肯土压力分布模型、被动区土抗力按线性弹簧模型进行分析计算，且提出了被动区土体水平抗力的计算方法和公式、排桩和地下连续墙的抗力计算宽度公式以及锚杆水平刚度系数和内支撑水平对撑水平刚度系数计算公式。该规程规定了结构变形分析时，作用荷载应按标准组合计算，且计算的变形值不应大于支护结构的水平位移控制值和基坑周边环境的沉降和水平位移的控制值。

该规程规定了支挡式结构稳定性验算范围、方法和安全系数，具体如下：

①悬臂式支挡结构的嵌固深度应满足嵌固稳定性的要求，嵌固稳定安全系数

对一级、二级、三级基坑应分别不小于1.25、1.2、1.15，验算支点取支挡结构构件底端。

②单层锚杆和单层支撑的支挡结构嵌固深度应满足嵌固稳定性的要求，嵌固稳定安全系数对一级、二级、三级基坑应分别不小于1.25、1.2、1.15，验算支点取锚杆或支撑支点。双排桩的嵌固深度应满足嵌固稳定性的要求，嵌固稳定安全系数对一级、二级、三级基坑应分别不小于1.25、1.2、1.15，验算支点取内排桩底端。

③悬臂式、锚拉式和双排桩支挡结构应进行整体滑动稳定性验算，整体滑动稳定性验算可采用圆弧滑动条分法进行，圆弧滑动稳定性安全系数对一级、二级、三级基坑应分别不小于1.35、1.3、1.25；当挡土结构底端存在软弱下卧层时，整体稳定性验算滑动面中应包括由圆弧与软弱土层层面组成的复合滑动面。

④锚拉式和支撑式支挡结构的嵌固深度应符合坑底隆起稳定性要求，坑底抗隆起安全系数对一级、二级、三级基坑应分别不小于1.8、1.6、1.4；当支挡结构构件底面以下有软弱下卧层时，坑底隆起稳定性的验算部位尚应包括软弱下卧层。

⑤锚拉式和支撑式支挡结构，当坑底以下为软土时，其嵌固深度应符合以最下层支点为轴心的圆弧滑动稳定性要求，稳定安全系数对一级、二级、三级基坑应分别不小于2.2、1.9、1.7。

⑥支挡式结构构件嵌固深度除满足上述五条规定外，还应满足：悬臂式结构不宜小于0.8h（h为基坑深度），单支点结构不宜小于0.3h，多支点支挡式结构不宜小于0.2h。

⑦当采用悬挂式截水帷幕，幕底位于碎石、砂土或粉土含水层时，地下水渗流的流土稳定安全系数对一级、二级、三级基坑应分别不小于1.6、1.5、1.4；当坑底以下存在水头高于坑底标高的承压含水层时，应进行坑底突涌稳定性验算，突涌稳定安全系数不应小于1.1。

(5)《建筑基坑支护技术规程》(JGJ 120-2012）没有针对放坡类型提出规定，但一些地方规程、规范或标准则有相关内容，如深圳市标《基坑支护技术标准》(SJG 05-2020）就弥补了国家行业标准的不足。

深圳市标《基坑支护技术标准》(SJG 05-2020）规定，放坡法适用于三级基坑和周边环境无特别要求的二级基坑，对淤泥或淤泥质土场地，不宜单纯采用放坡法；采用放坡法的基坑边坡应进行整体稳定性分析，整体稳定性安全系数应不小于1.2，对土质基坑边坡稳定性验算宜采用简化的Bishop条分法进行；土质基坑边坡中有软弱夹层时，宜按沿夹层滑动进行稳定性验算；岩层结构面主倾方向与基坑边坡开挖方向一致时，宜按主倾结构面进行滑动稳定性验算。当采用上部放坡、下部其他支护形式的基坑，应考虑下部支护结构变形对上部放坡部分的稳定和变形的不利影响。

1.4　基坑工程监测方法

基坑工程监测是验证基坑工程设计是否符合实际的重要方法，设计计算分析中未曾考虑或考虑不周全的各种复杂因素，可以通过对现场监测的数据分析、研究，加以修正、补充、完善，因此，基坑工程监测是基坑工程动态设计和信息化施工的重要手段和依据。国标《建筑基坑工程监测技术标准》(GB 50497-2019)编制组在广泛调查研究、认真总结经验、综合参考有关国际标准和国内外先进技术，并广泛征求意见的基础上，修订了原《建筑基坑工程监测技术标准》(GB 50497-2009)，修订版适用于建筑基坑和周边环境监测。该标准定义基坑周边环境是指在建筑基坑施工及使用阶段，基坑周围可能受基坑影响的或可能影响基坑的建（构）筑物、设施、管线、道路、岩土体及水系的统称；定义基坑工程监测是指在建筑基坑施工及使用阶段，采用仪器量测、现场巡视等手段和方法对基坑及周边环境的安全状况、变化特征及其发展趋势实施的定期或连续巡查、量测、监视，以及数据采集、分析、反馈的活动。标准规定了哪些基坑应进行监测，设计单位应提出监测范围、监测对象、测点布置、监测频率和不同监测对象的监测预警值，监测工作步骤，监测方案编制，监测点保护责任方。标准提出了需要进行高频次或连续实时监测的基坑工程，以及环境条件不允许或人工监测无法实现的基坑工程应进行自动化监测，自动化监测系统应具备数据采集自动化、数据传输自动化和数据处理及实时发布警情自动化功能。标准对监测内容的选取、监测点布置原则、监测精度要求、监测频率、预警预报条件、监测数据处理和信息反馈进行了规定。

1.5　基坑工程尚需发展完善的理论和技术问题

上述四节对基坑工程的典型特征、水平荷载计算方法、支护结构内力计算和稳定性分析方法以及基坑工程监测方法，依据行标《建筑基坑支护技术规程》(JGJ 120-2012)、国标《建筑基坑工程监测技术标准》(GB 50497-2019) 以及个别地方标准譬如深圳市标《基坑支护技术标准》(SJG 05-2020) 等进行了归纳总结，毫无疑问，规程或标准中的技术规定是成熟的，不成熟的理论和技术方法是未作为条款列进规程或标准的。这些成熟的理论和技术在基坑工程实践和技术进步进程中起到了关键的保障作用。但是，在长期的大量的基坑工程实践中，还经常遇到如下一些问题：

（1）基坑工程实践中，经常遇到相邻基坑或相邻建（构）筑物之间土条土压力如何计算的问题，现行国家规范没有推荐计算方法。

（2）打入式土钉的钉土之间摩擦力计算和钉孔直径确定问题，行标《建筑基坑支护技术规程》（JGJ 120–2012）没有推荐理论分析和计算方法，只给出了钢管土钉的极限黏结强度标准值的建议值。

（3）采用平面杆系结构弹性支点法计算支护桩（墙）的受力和变形时，行标《建筑基坑支护技术规程》（JGJ 120–2012）推荐的地基土水平反力系数的比例系数（m）计算公式的依据是否充分、算式是否合理，主动土压力在坑底以下是矩形分布还是梯形分布更符合实际目前仍存在争议。

（4）行标《建筑基坑支护技术规程》（JGJ 120–2012）推荐的基坑倾斜坡面的主动土压力计算折减系数和桩锚支护结构的锚杆水平弹簧系数的计算公式正确性问题，对土层性质较好的桩锚支护结构计算主动土压力应否考虑桩、土间的摩擦力问题。

（5）行标《建筑基坑支护技术规程》（JGJ 120–2012）推荐的悬臂支护桩变形计算方法中，因没有考虑支护桩主动侧边坡土体在坑底处形成的超载作用，计算的桩身变形值偏小。

（6）基坑坡顶局部超载和邻近局部建筑物荷载产生的水平作用荷载的大小和计算范围问题，行标《建筑基坑支护技术规程》（JGJ 120–2012）没有提出计算方法。

（7）挡土墙（桩）前回填土方或堆砌砂包，是基坑工程施工过程中或基坑使用过程中处理挡土墙变形过大或破坏失稳时较常采用的简易快捷方法，此方法也称堆载反压法，行标《建筑基坑支护技术规程》（JGJ 120–2012）没有提出计算方法。

（8）地连墙槽壁稳定问题是地连墙施工质量和施工安全最关键的问题，由于护壁措施不当引起槽壁坍塌事故时有发生，行标《建筑基坑支护技术规程》（JGJ 120–2012）没有提出泥浆护壁的槽壁稳定性验算方法，也没有提出槽壁加固条件下槽壁稳定性安全系数计算方法和判定标准，以及加固宽度和深度的设计理论和计算方法；深圳市标《基坑支护技术标准》（SJG 05–2020）虽然提出了泥浆护壁地连墙槽壁稳定性安全系数计算方法和稳定性判定标准，但没有提出槽壁加固深度和宽度设计理论和计算方法，也没有提出加固后槽壁稳定性判定标准，目前，具体项目以经验设计和经验施工为主。

（9）内支撑为对撑型式的支点水平刚度系数的解析解计算方法已经成熟，非对撑型式的支点水平刚度系数解析解计算方法至今未取得共识，行标《建筑基坑支护技术规程》(JGJ 120-2012）仅对少数复杂条件或工况的基坑工程设计计算方法提出了一些原则性建议或思路，并未提供量化分析方法和计算公式。

（10）非对称荷载条件下，内支撑不动点的水平刚度系数调整系数为 λ，行标《建筑基坑支护技术规程》(JGJ 120-2012）也仅给出了支护结构单元计算时 λ 的取值范围和原则，没有给出量化分析计算公式，支撑轴力的计算结果存在随机性，等等，不一一列举。

上述列举的10个问题是基坑工程需要进一步发展完善的问题的一部分，甚至是很小的一部分。这些实际问题在工程建设过程中的解决方法因地而异、因人而异，之所以未形成共识，主要是因为这些问题都是非典型问题，非典型问题给了人们更多的想象空间和探索途径。近30年来，大量的生产、科研和教学人员不断地进行着理论探索和工程实践。正是在基坑工程一路高歌、突飞猛进的号角感召和实践需求下，作者未忘初心和使命，在长期躬耕于工程实践的同时结合工程需求，对上述非典型问题谨慎地进行了理论和实践的探索。本书秉承了经典理论的严谨，又根据各种基坑工程实际情况，在满足安全要求的前提下进行了必要的简化，虽然一些思想和量化方法计算都经历了相应工程的实践，但是，作者深恐这些探索和认知乃井蛙之见，因此，恳望业界同行和专家们多多批评指正。

第2章　非典型条件下基坑土压力计算

2.1　概　　述

基坑支护结构设计计算时，首先要分析计算作用在支护结构上的各种作用力，这些作用力包括：土（岩）压力（以下简称土压力）、水压力、锚拉力（或支撑力）以及外部荷载通过土体（岩）（以下简称土体）传递给支护结构的水平荷载和直接作用在支护结构顶部的竖向荷载等。其中，外部荷载通过土体传递给支护结构上的水平荷载应根据外部荷载的分布特征先计算出外部荷载在土体中产生的附加竖向应力，然后再计算附加竖向应力产生的水平荷载。水压力的计算一般根据土层特性采用水、土合算或水、土分算来处理。锚杆拉力或支撑轴力是要进行支护结构稳定性计算来求取的，直接作用在支护结构顶部的竖向荷载一般是已知的施工荷载。本书不探讨水、土合算或水、土分算的水压力计算和支护结构竖向荷载的计算问题，这些问题相关技术规范、规程或标准都有明确的计算方法参考。

关于典型条件下，作用在支护结构上的水平荷载应考虑的因素，行标《建筑基坑支护技术规程》(JGJ 120-2012）第3.4.1条进行了规定。其规定计算作用在支护结构上的水平荷载时，应考虑基坑内外土的自重（包括地下水）、基坑周边既有和在建的建（构）筑物荷载、基坑周边施工材料和设备荷载、基坑周边道路车辆荷载，以及冻胀、温度变化等产生的作用。各地区应结合工程实际和大气温度及变幅实际合理选定，如南方地区可以不考虑冻胀产生的作用，但应考虑温度变化产生的作用。

关于典型条件下，作用在支护结构上的土压力计算理论和计算原则，行标《建筑基坑支护技术规程》(JGJ 120-2012）第3.4.2~3.4.8条对作用在支护结构上的土压力进行了具体规定。例如，第3.4.2条第1款规定，对基坑顶底面无限水平条件下，作用在支护结构主动侧和被动侧土压力强度标准值宜按朗肯土压力理论公式计算；第2款规定，在支护结构土压力的影响范围内，存在相邻建筑物地下墙体等稳定界面时，可采用库仑土压力理论计算界面内有限滑动楔体产生的主动土压力，此时，同一土层的土压力可采用沿深度线性分布形式；第3款规定，需要严格限制支护结构的水平位移时，支护结构外侧（主动侧）的土压力宜取静止土压力；第4款规定，有可靠经验时，可采用支护结构与土相互作用的方法计算土压力。第3.4.3条对成层土的土压力计算时各土层计算厚度进行了规定。第3.4.4条对静止地下水的水压力计算进行了规定。第3.4.5条对支护结构外侧（主动侧）土中竖向应力标准值的计算进行了规定。第3.4.6条对基坑顶面分布有无限均布附加荷载作用下的土中附加竖向应力标准值的计算进行了规定。第3.4.7条对基坑顶面或主动侧土体中分布有矩形或条形局部附加荷载作用下的土中附加竖向应力标准值计算进行了规定。第3.4.8条规定，当挡土构件顶部低于地面，其上方采用放坡或土钉墙支护时，挡土构件顶面以上土层对挡土构件的作用宜按库仑土压力理论计算。

上述的土压力计算理论和计算原则都是基坑垂直开挖、坑顶坑底为半无限体、不考虑支护结构与土体之间摩擦力等典型条件下的水平荷载和土压力计算理论和方法。但是，很多基坑工程经常是放坡开挖土钉墙支护、坑内堆载或预留平台、相邻开挖基坑坑顶土体宽度有限等非典型条件，其水平荷载和土压力该如何合理计算呢？本章将对坑内堆载和预留土体的土压力计算、相邻基坑土条土压力计算、倾斜坡面土压力计算和考虑支护桩与土体摩擦力等非典型条件下的土压力计算方法进行探讨。

2.2　堆载反压和预留土体的土压力计算

2.2.1　概述

对于桩锚或桩撑支护结构的基坑工程，在支护结构前方（坑内）回填土方或堆砌砂包，是基坑支护工程施工过程中或基坑使用过程中处理支护结构变形过大或破坏失稳时较常采用的快捷且简便的方法，此方法也称堆载反压法。而在支护结构前方预留土体则是基坑支护工程的一种设计事前处理办法，即利用支护结构前方预留土体作为支护体系的一部分，以此来减小支护结构的构造尺寸从而降低支护造价；或是利用支护结构前方预留土体的支挡功能替代内支撑或锚拉，以此为地下室开挖土方提供便利，节省支护造价。在支护结构前方堆载反压或预留土体，其作用有两个：一是产生水平抗力，直接控制挡土墙在土压力作用下产生向坑内移动的位移；二是产生被动土压力，间接地控制挡土墙埋入段的水平位移或弯曲变形，从而达到控制支护桩的位移或变形。因此堆载反压和预留土体的受力分析，实质上就是分析它们产生的水平抗力和被动土压力的分布状况和大小。

假设某基坑支护结构前方堆载或预留土体如图2.1（a）所示，可将其作用分解为对支护结构的侧向压力和对土层的竖向压力，如图 2.1（b）、（c）所示。当 $B_t \neq 0$ 时，为梯形反压荷载或梯形预留土体；当 $B_t = 0$ 时，为三角形反压荷载或三角形预留土体。图 2.1（d）中的水平抗力（e）分布呈梯形分布，当反压荷载或预留土体为三角形时，水平抗力（e）分布呈三角形，其分布强度计算见下文推导。图 2.1（e）荷载产生的被动土压力强度见图 2.2（a），图 2.1（d）荷载产生的被动土压力分布强度见图 2.2（b），于是图 2.2（c）荷载产生的被动土压力分布强度为前两者之差。

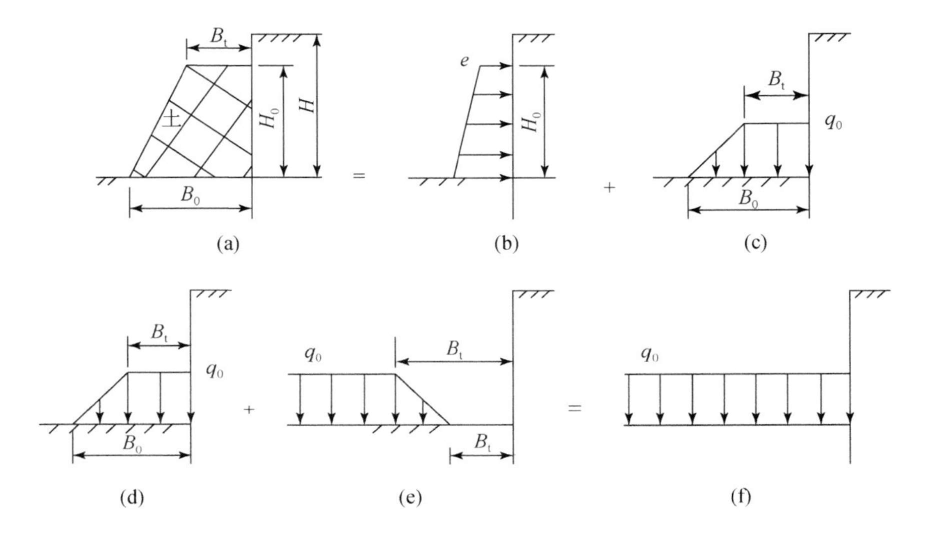

图 2.1　堆载反压或预留土体受力分析图

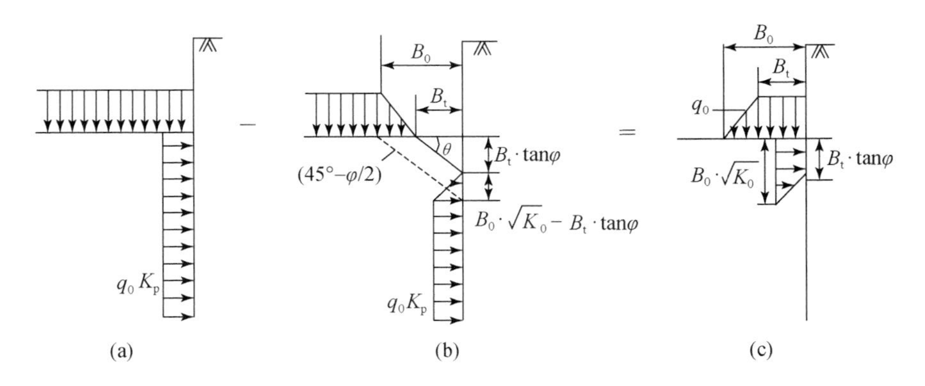

图 2.2　堆载反压或预留土体产生的被动土压力分布强度图

B_t、B_0 为预留土体的顶宽和底宽；q_0 为预留土体的竖向荷载；

φ 为内摩擦角；K_0 为静止土压力系数；$\theta = 45° - \varphi/2$

2.2.2　被动土压力与水平抗力计算

1. 被动土压力合力计算

如图2.2（c）所示，由堆载或预留土体产生作用于支护结构上的被动土压力合力（E_p）为

$$E_p=\frac{1}{2}\left[B_0\tan\left(45°-\frac{\varphi}{2}\right)+B_t\tan\varphi\right]K_p q_0 \tag{2.1}$$

合力作用点离基坑底线的距离（h_p）为

$$h_p=\frac{B_0^2K_a+B_t\sqrt{K_a}\tan\varphi+B_t^2\tan^2\varphi}{3(B_0\sqrt{K_a}+B_t\tan\varphi)} \tag{2.2}$$

式中，K_p 为被动土压力系数；K_a 为主动土压力系数。

当堆载或预留土体为三角形分布时，即 $B_t=0$ 时有

$$E_p=\frac{1}{2}B_0\sqrt{K_a}K_p q_0 \tag{2.3}$$

$$h_p=\frac{B_0\sqrt{K_a}}{3} \tag{2.4}$$

2. 水平抗力强度及合力计算

分析由堆载或预留土体产生的水平抗力时不考虑土体与支护结构之间的摩擦力，把反压土体或预留土体看成刚体，其可能沿基坑底线水平移动。于是堆载反压或预留土体产生的水平抗力（e）的求算过程如下：

由图2.3（b）可得

$$f_y=\sigma_y\tan\varphi \tag{2.5}$$

$$f_{y+\Delta y}=\sigma_y+\Delta y\tan\varphi=(\sigma_y+\Delta w)\tan\varphi \tag{2.6}$$

由 $\sum F_x=0$ 可得

$$e\mathrm{d}y=f_{y+\Delta y}-f_y=\Delta w\tan\varphi \tag{2.7}$$

式中，$\Delta w\approx\gamma x\mathrm{d}y=\gamma\left[B_t+\frac{(B_0-B_t)}{H_0}y\right]\mathrm{d}y$。

于是，$e=\left[B_t+\frac{(B_0-B_t)}{H_0}y\right]\gamma\tan\varphi$

水平抗力的合力（E）为

$$E=\int_0^{H_0}e\mathrm{d}y=\frac{1}{2}(B_0+B_t)H_0\gamma\tan\varphi \tag{2.8}$$

合力（E）的作用点位于基坑线以上 h 处：

$$h=\frac{(B_0+2B_t)H_0}{3(B_0+B_t)} \tag{2.9}$$

当堆载或预留土体为三角形分布时，$B_t=0$，于是水平抗力（e）、合力（E）及其作用用点距离（h）分别为

$$e=\frac{B_0}{H_0}\gamma\tan\varphi y \tag{2.10}$$

$$E=\frac{1}{2}B_0H_0\gamma\tan\varphi \tag{2.11}$$

$$h=\frac{H_0}{3} \tag{2.12}$$

当预留土体为黏性土时，应考虑其黏聚力的影响，则

$$e=\left[B_t+\frac{B_0-B_t}{H_0}y\right]\gamma\tan\varphi+\left[B_t+\frac{(B_0-B_t)}{H_0}y\right]c \tag{2.13}$$

$$E=\frac{1}{2}(B_0+B_t)H_0\gamma\tan\varphi+B_0c \tag{2.14}$$

$$h=\frac{(B_0+2B_t)(\gamma\tan\varphi+c)H_0^2}{3(B_0+B_t)H_0\gamma\tan\varphi+6B_0c} \tag{2.15}$$

当预留土体为黏性土且堆载或预留土体呈三角形分布时，有

$$e=\frac{B_0}{H_0}\gamma\tan\varphi_y+\frac{B_0}{H_0}yc \tag{2.16}$$

$$E=\frac{1}{2}B_0H_0\gamma\tan\varphi+B_0c \tag{2.17}$$

$$h=\frac{B_0(\gamma\tan\varphi+c)H_0^2}{3B_0H_0\gamma\tan\varphi+6B_0c} \tag{2.18}$$

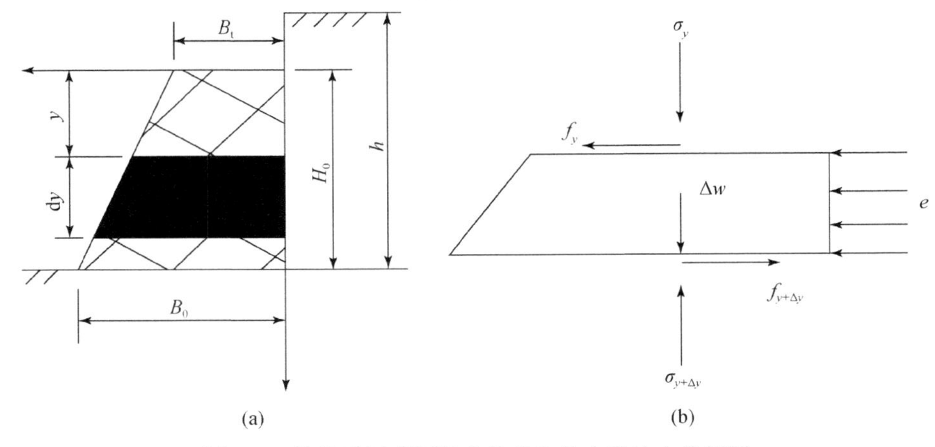

图 2.3　堆载反压或预留土体产生的水平抗力分析图

3. 工程案例

工程案例：深圳市保税区 SB 厂房基坑支护工程，如图 2.4 所示，基坑深为 6.1m、长为 48m、宽为 8m，基坑边坡土体主要由填土和淤泥质土组成。各土层主要物理力学参数：填土的重度（γ）= 18kN/m^3，黏聚力（c）= 12kPa，内摩擦角（φ）= 14°；淤泥质土的 γ = 17kN/m^3，c = 10kPa，φ = 10°；黏土的 γ = 20kN/m^3，c = 25kPa，φ = 20°。该厂房基础桩为沉管灌注桩，基坑开挖前完成桩基施工。根据场地周边条件允许有 4.0m 的放坡空间，为此在填土层中设计两排土钉，土钉为长 6.0m、Φ22mm 的钢筋，土钉水平间距为 1.5m，倾角在 10°左右。在淤泥质土层中打入三排长 6.0m、直径（Φ）50mm×壁厚 5mm 的钢管，钢管间距为 500mm×800mm，平面呈梅花型布置，管身设有注浆孔，钢管打入淤泥质土层后高压注入水灰比为 0.5 的纯水泥浆。边坡下坡段保留部分土体并反压砂包，在坡脚打入长 1.0m 间距为 0.5m 的木桩，反压砂包的目的一方面是增加反压土体的重量，另一方面是控制淤泥质土体的坍滑。根据施工经验，图 2.4 中的钢管与注入的水泥浆扩散层形成近似于水泥搅拌桩式的墙体。因此，设计验算主要是验算钢管-水泥浆体的抗倾覆稳定性。

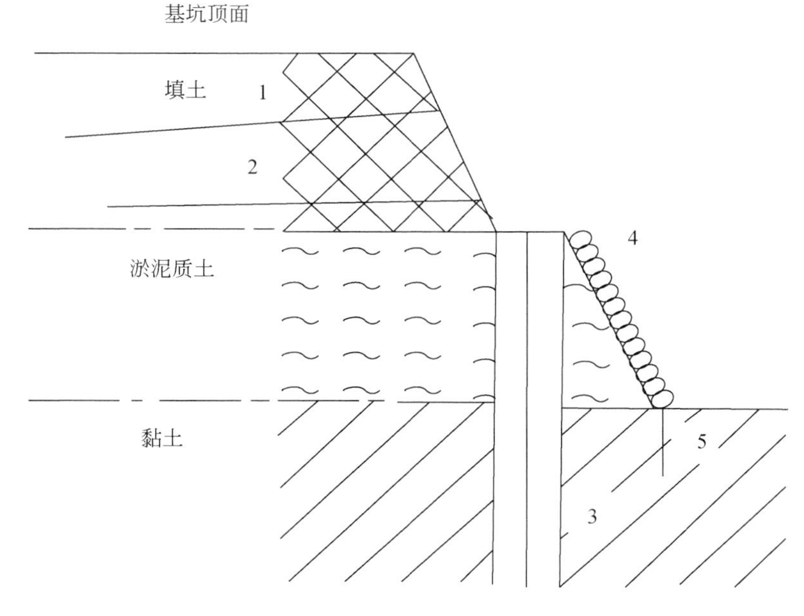

图 2.4　深圳市某基坑支护剖面图

1，2. 土钉；3. 钢管；4. 砂包；5. 木桩

1）计算主动土压力合力

主动土压力合力（E_a）由淤泥质土层中的主动土压力合力（E'_a）和黏性土层中的主动土压力合力（E''_a）构成，它们的计算过程如下：

淤泥质土主动土压力系数（K_{a2}）为

$$K_{a2}=\tan^2\left(45°-\frac{\varphi}{2}\right)=0.704$$

黏土主动土压力系数（K_{a3}）为

$$K_{a3}=\tan^2\left(45°-\frac{\varphi}{2}\right)=0.49$$

黏土被动土压力系数（K_{p3}）为

$$K_{p3}=\tan^2\left(45°+\frac{\varphi}{2}\right)=2.04$$

淤泥质土主动土压力强度（e'_a）为

$$e'_a=(\gamma_1 h_1+\gamma_2 h_2)K_{a2}-2c_2\sqrt{K_{a2}}=21.24+11.97h_2$$

淤泥质土主动土压力合力（E'_a）为

$$E'_a=\frac{1}{2}\times(21.24+57.15)\times3.0=117.66\text{kN/m}$$

黏土主动土压力强度（e''_a）为

$$e''_a=(\gamma_1 h_1+\gamma_2 h_2+\gamma_3 h_3)K_{a3}-2c_3\sqrt{K_{a3}}=16.45+9.8h_3$$

黏土主动土压力合力（E''_a）为

$$E''_a=\frac{1}{2}\times(16.45+45.85)\times3.0=93.45\text{kN/m}$$

于是支护桩所受的主动土压力合力（E_a）为

$$E_a=E'_a+E''_a=211.11\text{kN/m}$$

2）计算被动土压力合力

被动土压力合力（E_p）由三个部分组成：一是反压砂包和预留土体对钢管的水平抗力（E'_p）；二是反压砂包和预留土体对基坑底以下钢管产生的被动土压力（E''_p）；三是基坑底以下被动侧土体对钢管产生的被动土压力（E_p）。

反压砂包和预留土体对钢管的水平抗力（E'_p）为

$$E'_p=\frac{1}{2}B_0H_0\gamma\tan\varphi+B_0c=\frac{1}{2}\times1.5\times3.0\times17\times\tan10°+1.5\times10=21.74\text{kN/m}$$

$$h'_p=\frac{B_0(\gamma\tan\varphi+c)H_0^2}{3B_0H_0\gamma\tan\varphi+6B_0c}=\frac{1.5\times(17\times\tan10°+10)\times3.0^2}{3\times1.5\times3.0\times17\times\tan10°+6\times1.5\times10}=1.34\text{m}$$

反压砂包和预留土体对基坑底以下钢管产生的被动土压力合力（E''_p）为

$$E''_p=\frac{1}{2}\left[B_0\tan\left(45^0-\frac{\varphi}{2}\right)+B_t\tan\varphi\right]K_pq_0=\frac{1}{2}\times1.5\times0.7\times2.04\times17\times3.0=54.62\text{kN/m}$$

$$h''_{\mathrm{p}}=\frac{B_0^2K_{\mathrm{a}}+B_{\mathrm{t}}\sqrt{K_{\mathrm{a}}}\tan\varphi+B_{\mathrm{t}}^2\tan^2\varphi}{3(B_0\sqrt{K_{\mathrm{a}}}+B_{\mathrm{t}}\tan\varphi)}=\frac{1.5\times0.7}{3}=0.35\mathrm{m}$$

基坑底被动侧土体对钢管的被动土压力强度（e'''_{p}）为

$$e'''_{\mathrm{p}}=\gamma_3hK_{\mathrm{p3}}+2c_3\sqrt{K_{\mathrm{p3}}}=40.8h+71.5$$

基坑底被动侧土体对钢管的被动土压力合力（E'''_{p}）为

$$E'''_{\mathrm{p}}=\frac{1}{2}\times(71.5+193.9)\times3.0=398.1\mathrm{kN/m}$$

于是支护桩所受的被动土压力合力（E_{p}）为

$$E_{\mathrm{p}}=E'_{\mathrm{p}}+E''_{\mathrm{p}}+E'''_{\mathrm{p}}=474.46\mathrm{kN/m}$$

3）钢管–水泥浆体抗倾覆稳定性验算

因钢管–水泥浆体受到的被动土压力大于主动土压力约一倍，故不会产生水平滑动，只需验算其抗倾覆稳定性（图 2.5）。

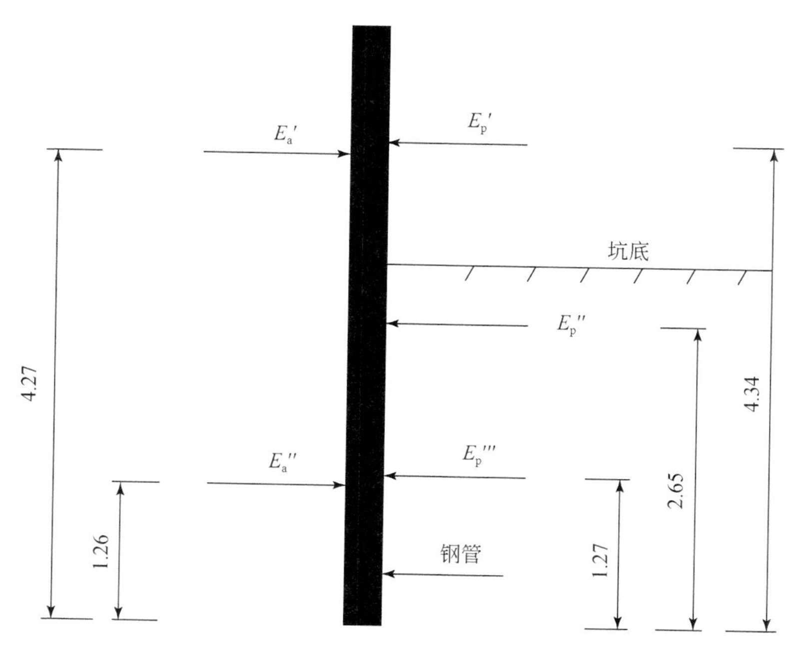

图 2.5　土压力合力作用点示意图（单位：m）

由主动土压力产生的钢管端点的主动弯矩（M_{a}）为

$$M_{\mathrm{a}}=E'_{\mathrm{a}}\times4.27+E''_{\mathrm{a}}\times1.26=620.16\mathrm{kN\cdot m/m}$$

$$M_{\mathrm{p}}=E'_{\mathrm{p}}\times4.34+E''_{\mathrm{p}}\times2.65=744.68\mathrm{kN\cdot m/m}$$

$$M_{\mathrm{w}}=1.0\times6.0\times20.0\times0.5=60\mathrm{kN\cdot m/m}$$

当把钢管–水泥浆体看成刚性桩时，$M_{\mathrm{p}}/M_{\mathrm{a}}=1.2>1.0$，安全；当把钢管–水

泥浆体看成是挡土墙时，$(M_p+M_w)/M_a=1.3$，安全。如果设计时不考虑反压砂包和预留土体的作用，则$M_p/M_a=0.82$，$(M_p+M_w)/M_a=0.91$，显然是满足不了规范要求的。该基坑于1998年9月5日开工，10月3日竣工，地下室施工过程中无任何质量问题。

综上所述，在挡土墙（桩）前堆载反压和预留土体是基坑支护工程施工过程中快捷简易有效的处理办法和基坑支护事前设计方法，特别是预留土体，随着人们对其功效的逐步认识，其应用前景是广阔的。在淤泥质土层边坡支护设计中，预留部分墙前土体可以节省大量的工程造价，还可以利用墙前预留土体代替内支撑，从而对土方开挖和地下室施工带来极大的便利。本书提出的分析方法和计算公式经过几个工程的实践检验，具有实用性和可靠性。

2.3 相邻基坑土条土压力计算

2.3.1 概述

基坑工程实践中，特别是城区土地开发密集地带，经常有相邻两个或多个基坑同期开挖或前后期开挖，因此，也就经常会遇到相邻基坑土条土压力如何计算的问题。大量的基坑工程实践中，为了能够将经典的朗肯、库仑极限平衡土压力理论应用于各种复杂工况，总是需要根据基坑边界条件做出适当的简化和假定，以解决许许多多的复杂工程问题。

一般情况下，当相邻两基坑同时施工，间距又比较小时，可采取挖除土条、降低土条高度等方法处理土条问题。但是，当相邻基坑不同时施工时，问题就变得复杂起来，特别是先期施工的基坑边坡土体中埋有重要管线时，后期相邻基坑计算土条土压力和支护结构选型就相当棘手。王贤能等（2007）介绍了一些深圳地区的相邻基坑支护型式实例，作者也完成了十几项类似工程，如深圳华强花园D座基坑深为9m，采用悬臂式挖孔桩支护，在其北侧6m处为后期施工的A、B、C座基坑，深为9.6m，采用直立式土钉墙支护，坡顶位移为4mm；深圳益田假日广场基坑深为17.8m，采用桩锚支护，在其西侧12m处为后期施工的深圳假日广场基坑深为18.6m，采用挖孔桩加扩大头锚杆支护，坡顶位移为25mm；深圳汝南大厦基坑深为14.1m，采用桩锚支护，施工完成后放置了五年直到其南侧8m处深圳边防住宅楼基坑施工，该基坑深为12m，采用挖孔桩支护，因距离过近要切割汝南大厦基坑的锚索，只好在土条顶面下2m处设水平对拉钢筋形成门架式支护结构，两基坑坡顶位移均未超过20mm；深圳盐田地税住宅楼基坑深为7.0m，近似直立，土钉墙支护，在其南侧5m处为地税大厦基坑，深为9.0m，在7m以上采用北侧的土钉形成对拉土钉墙，在7m以下打入两排土钉，坡顶位移为11mm，等等，不胜枚举。这些基坑工程存在共性特点：相邻基坑深度不相等，一般后期施工的基坑深度大于（少数也有小于）先期施工的基坑，土条宽度大多都未超过基坑深度，土条土层有填土、砂土、淤泥质土、黏性土或其组合成的较复杂的地层结构，先、后期基坑在土条处的支护型式有相同的，也有不同的。为便于分析问题和解决问题，作者把先期施工的基坑支护型式归纳为重力式、桩（墙）锚（撑）式和土钉墙（含大放坡）式等三种型式，把后期施工的基坑支护型式归纳为桩锚式和土钉墙式等两种型式。由于相邻内支撑支护结构之间的土体主要受对方的挤压，受力性状复杂，本书不做讨论。因此，相邻基坑土条先、后期支护型式就有如图2.6所示的六种组合型式，图中右侧为先期施工的

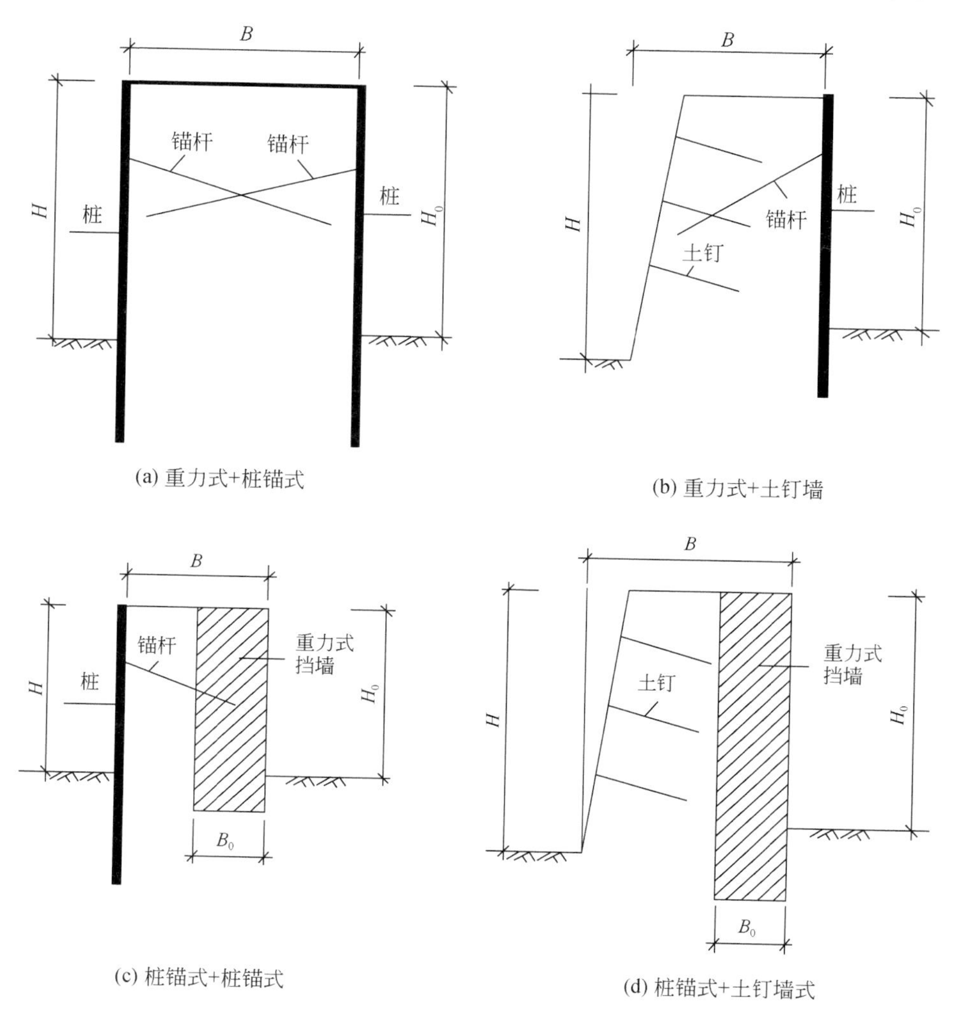

(a) 重力式+桩锚式

(b) 重力式+土钉墙

(c) 桩锚式+桩锚式

(d) 桩锚式+土钉墙式

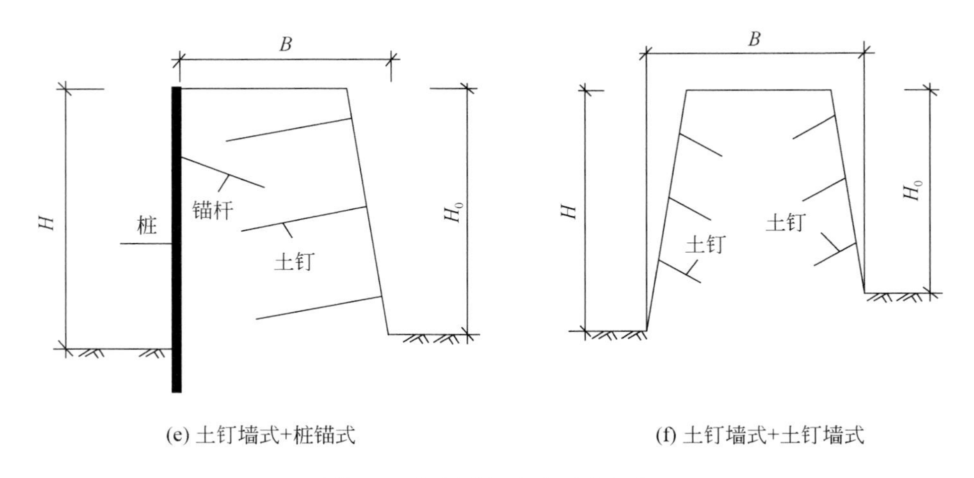

(e) 土钉墙式+桩锚式　　(f) 土钉墙式+土钉墙式

图 2.6　相邻基坑支护型式组合

基坑，图中左侧为后期施工的基坑。这样分的目的是，当前期支护为重力式挡土墙并在其中或外侧插入了刚性筋或墙体刚度很大时，相临基坑宽度（B）应减去前期重力式挡土墙宽度（B_0）；对前期支护为土钉墙时，相临基坑宽度（B）应算至邻建的外边墙；对前期支护为桩锚时，相临基坑宽度（B）只需算至前期桩的外侧。

行标《建筑基坑支护技术规程》(JGJ 120-2012）和各地方相关技术标准尚没有提供推荐的计算方法，为此，作者提出了建立在库仑土压力理论基础之上的简化计算方法——叠加法，推导并给出了非黏性土和黏性土在不同坡率和地面分布有荷载条件下主动土压力系数和土压力的计算公式；提出了临界宽度的概念和土条土压力折减系数的计算公式。利用所提出的叠加法、临界宽度的概念和土条土压力折减系数的计算公式，可以简捷地计算不同土层、不同坡率和有地面荷载条件下的土条土压力合力和土压力分布。显然，由于相邻基坑土条土层性质、土条宽度、支护型式及组合型式不同，其土压力计算模型和计算公式也不同。下面分类进行土压力计算模型简化和计算方法探讨。

2.3.2　叠加法计算主动土压力合力

1. 基本概念

在基坑工程设计中，对于图 2.6（a）、(c）、(e）中的后期支护结构，当不考虑土条效应时，土压力计算大多采用朗肯土压力理论，主动土压力呈三角形或梯形分布，被动土压力呈梯形分布，主动滑裂面与水平面呈 $45°+\varphi/2$ 相交，被动

滑裂面与水平面呈 $45°-\varphi/2$ 相交。对于图 2.6（b）、（d）、（f）中的后期支护结构，主动土压力计算一般按库仑土压力理论，并假定主动土压力呈三角形分布；当土钉墙为倾斜时，主动土压力按直立时的主动土压力乘以一个修正系数（折减系数，ξ），ξ 的计算公式见行标《建筑基坑支护技术规程》(JGJ 120－2012）的式（5.2.3)，也可以按 2.4 节推荐的公式。当考虑土条效应时，上述计算土压力的方法均不适用，应寻求其他方法。王贤能等（2007）提出了一个土条土体极限平衡时的主动土压力计算公式，计算理论不是严格意义上的库仑土压力理论，其计算公式中土压力沿深度分布是一个常数，认为土条主动土压力强度与计算点深度呈非线性关系的结论值得商榷。因此，为了既能解决工程实际问题，又有理论依据，作者提出了下面建立在库仑土压力理论基础之上的叠加法。

如图 2.7 所示，假定滑动楔体 abc 产生的主动土压力（E_a）由滑动楔体 $abed$ 产生的主动土压力（E_{at}）和滑动楔体 dec 产生的主动土压力（E_{ao}）构成，由于 E_a、E_{at} 方向角相同，E_{ao} 与 E_a、E_{at} 方向角不同，因此，不能简单地取 $E_a=E_{at}+E_{ao}$，而应取 E_{ao}、E_{at} 和 E_a 对坡脚 b 点处的力矩平衡，即 $E_a h_a=E_{at}h_{at}+E_{ao}h_{ao}$，由 $h_a=h_{at}$ 有主动土压力（E_{at}）为

$$E_{at}=E_a-k_h E_{ao} \tag{2.19}$$

$$k_h=\frac{(1+2A\tan\theta-3A\tan\varphi)\cos\varphi\sin\beta}{\cos\delta} \tag{2.20}$$

式中，k_h 为 E_{ao} 和 E_a 的力臂比；A 为基坑宽深比，等于 B/H，H 为基坑深度，B 为土条宽度；θ 为滑裂角；φ 为土的内摩擦角；β 为坡面倾角；δ 为桩（墙）、土间摩擦角；E_a、E_{ao} 均为库仑土压力理论计算出的主动土压力，并假定两个滑动楔体具有相同的滑裂角（θ）。

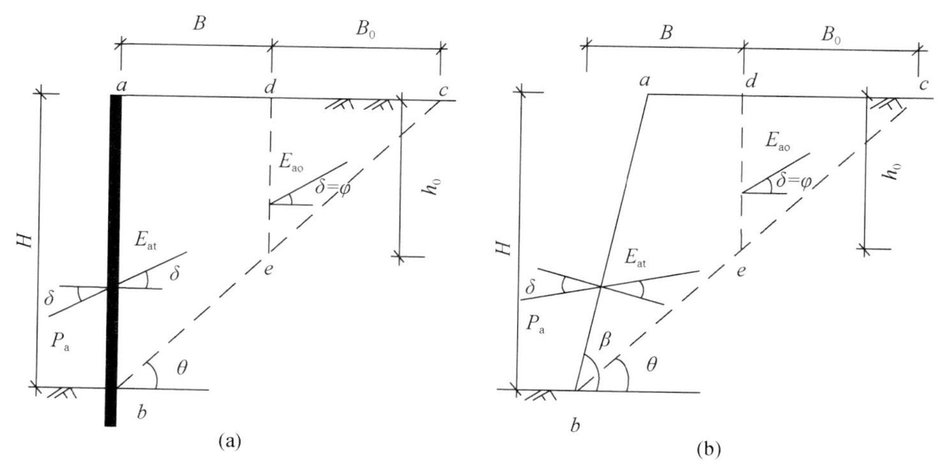

图 2.7　叠加法计算土条土压力简图

因滑裂角 θ 只与土体内摩擦角、坡角和桩、土间的摩擦角有关，对均质土、直立边坡和桩、土间的摩擦角与土体内摩擦角相同的情况，两个滑动楔体的滑裂角 θ 是一样的；对非直立基坑边坡和桩、土间的摩擦角小于土体内摩擦角的情况，滑动楔体 dec 的滑裂角大于滑动楔体 abc 的滑裂角（大量算例表明，差值小于5°）。实际滑动楔体 dec 的土压力小于按相同滑裂角计算的土压力，因此按式（2.19）计算的土条土压力 E_{at} 偏于安全。从另外一个角度理解，土条土压力就是滑动楔体 abc 的土压力 E_a 减去挖去的滑动楔体 dec 的土压力 E_{ao}。故此假定不会带来明显误差，这也是叠加法的基本思路和相邻基坑土条土压力计算的假定条件。

2. 非黏性土土条主动土压力合力计算

在图2.7（a）中对于非黏性土，E_a 及 E_{ao} 分别为

$$E_a=\frac{1}{2}\gamma H^2K_a \tag{2.21}$$

$$E_{ao}=\frac{1}{2}\gamma h_0^2K_{ao} \tag{2.22}$$

式（2.21）中，

$$K_a=\frac{\cos^2\varphi}{\cos\delta\left[1+\sqrt{\dfrac{\sin(\varphi+\delta)\sin\varphi}{\cos\delta}}\right]^2} \tag{2.23}$$

式（2.22）中，$h_0=H-B\tan\theta$，求 K_{ao} 时把式（2.23）中的 δ 换成 φ 即可。滑裂角 θ 的计算公式是根据滑裂体在极限平衡条件下，对主动土压力求极值后推导的，计算公式为

$$\tan\theta=\frac{\cos(\varphi+\delta)}{\sqrt{\dfrac{\sin(\varphi+\delta)\cos\delta}{\sin\varphi}}-\sin(\varphi+\delta)} \tag{2.24}$$

当土条地面有荷载 q 时，主动土压力系数（K_a）应乘以修正系数 k_q，$k_q=1+2q/(\gamma H)$，这时，K_a 为

$$K_a=k_q\frac{\cos^2\varphi}{\cos\delta\left[1+\sqrt{\dfrac{\sin(\varphi+\delta)\sin\varphi}{\cos\delta}}\right]^2} \tag{2.25}$$

图2.7（b）对于非黏性土，E_a 及 E_{ao} 的计算方法与图2.7（a）相同，但 K_a 及 θ 应按下列公式计算：

$$K_a=\frac{\sin(\beta-\varphi)}{\sin^2\beta\sin(\beta+\delta)\left[1+\sqrt{\dfrac{\sin(\varphi+\delta)\sin\varphi}{\sin(\beta+\delta)\sin\beta}}\right]^2} \tag{2.26}$$

$$\tan\theta=\frac{\sin(\beta+\varphi+\delta)}{\cos(\beta+\varphi+\delta)+\sqrt{\dfrac{\sin(\beta+\delta)\sin(\varphi+\delta)}{\sin\beta\sin\varphi}}} \tag{2.27}$$

求 K_{ao} 时把式（2.26）中的 δ 换成 φ、取 $\beta=90°$ 即可。当地面有荷载 q 时，K_a 应乘以修正系数 k_q，θ 保持不变。因此对于非黏性土，当相邻基坑土条地面分布有地面荷载，坡面倾斜时，滑裂角（θ）按式（2.27）计算，主动土压力系数（K_a）按下面的通式计算：

$$K_a=\frac{k_q\sin^2(\beta-\varphi)}{\sin^2\beta\sin(\beta+\delta)\left[1+\sqrt{\dfrac{\sin(\varphi+\delta)\sin\varphi}{\sin(\beta+\delta)\sin\beta}}\right]^2} \tag{2.28}$$

3. 黏性土土条主动土压力合力计算

图 2.7（a）对于黏性土且分布有地面荷载时，计算主动土压力系数（K_a）及滑裂角（θ）不能用前面的对主动土压力求极值的方法推导，而应该用相似几何图解法求解，这里只给出推导的结果。K_a 及 θ 的计算公式为

$$\begin{aligned}K_a=&\frac{1}{\cos^2(\varphi+\delta)}\{k_q[\cos\delta+\sin(\varphi+\delta)\sin\varphi]+2\eta\cos\varphi\sin(\varphi+\delta)\\&-2\sqrt{(k_q\sin\varphi+\eta\cos\varphi)[k_q\cos\delta\sin(\varphi+\delta)+\eta\cos\varphi]}\}\end{aligned} \tag{2.29}$$

$$\tan\theta=\frac{\cos(\varphi+\delta)}{\xi-\sin(\varphi+\delta)} \tag{2.30}$$

式中，ξ、η 为中间系数，它们的表达式为

$$\xi=\sqrt{\frac{k_q\cos\delta\sin(\varphi+\delta)+\eta\cos\varphi}{k_q\sin\varphi+\eta\cos\varphi}} \tag{2.31}$$

$$\eta=\frac{2c}{\gamma H} \tag{2.32}$$

式中，c 为土条黏聚力，其他各符号意义同前。求 K_{ao} 时把式（2.29）中的 δ 换成 φ、取 $k_q=1$ 即可。图 2.7（b）对于黏性土又分布有地面荷载时，主动土压力系数（K_a）及滑裂角（θ）的计算公式为

$$\begin{aligned}K_a=&\frac{1}{\sin\beta\sin^2(\beta+\varphi+\delta)}(k_q[\sin\beta\sin(\beta+\delta)+\sin(\varphi+\delta)\sin\varphi]\\&-2\eta\sin\beta\cos\varphi\cos(\beta+\varphi+\delta)-2\{(k_q\sin\beta\sin\varphi+\eta\sin\beta\cos\varphi)\\&[k_q\sin(\beta+\delta)\sin(\varphi+\delta)+\eta\sin\beta\cos\varphi]\}^{\frac{1}{2}})\end{aligned} \tag{2.33}$$

$$\tan\theta=\frac{\sin(\beta+\varphi+\delta)}{\xi+\cos(\beta+\varphi+\delta)} \tag{2.34}$$

$$\xi=\sqrt{\frac{k_q\sin(\beta+\delta)\sin(\varphi+\delta)+\eta\sin\beta\cos\varphi}{k_q\sin\beta\sin\varphi+\eta\sin\beta\cos\varphi}}$$

求 K_{ao}时把式（2.33）中的δ换成φ、取$k_q=1$和$\beta=90°$即可。

下面进行一下讨论：

（1）式（2.33）及式（2.34）是黏性土、边坡非直立且地面有荷载时，计算主动土压力系数（K_a）及滑裂角（θ）的通式。当土条为非黏性土时，式（2.26）及式（2.27）是边坡非直立且地面有荷载时的计算主动土压力系数（K_a）及滑裂角（θ）的通式。

（2）工程实践中，一般不考虑地面堆载，于是$k_q=1$。在给出计算主动土压力系数（K_a）及滑裂角（θ）的公式时，当不考虑桩（墙）、土间的摩擦力，即取$\delta=0$，于是式（2.23）和式（2.24）变为

$$K_a=\tan^2\left(45°-\frac{\varphi}{2}\right) \tag{2.35}$$

$$\theta=45°+\frac{\varphi}{2} \tag{2.36}$$

式（2.26）和式（2.27）变为

$$K_a=\frac{\sin(\beta-\varphi)}{\sin\beta+\sin\varphi}\left(\frac{1}{\tan\frac{\beta+\varphi}{2}}-\frac{1}{\tan\beta}\right) \tag{2.37}$$

$$\theta=\frac{\beta+\varphi}{2} \tag{2.38}$$

式（2.29）和式（2.30）变为

$$K_a=\frac{(1-\sin\varphi)(1-\sin\varphi-2\eta\cos\varphi)}{\cos^2\varphi} \tag{2.39}$$

$$\theta=45°+\frac{\varphi}{2} \tag{2.40}$$

式（2.33）和式（2.34）变为

$$K_a=\frac{(\sin\beta-\sin\varphi)^2-2\eta\sin\beta\cos\varphi[1+\cos(\beta+\varphi)]}{\sin\beta\,\sin^2(\beta+\varphi)} \tag{2.41}$$

$$\theta=\frac{\beta+\varphi}{2} \tag{2.42}$$

（3）当$k_q=1$，$\delta=0$，$\eta=0$时，即直立式的边坡，式（2.34）变为式（2.30）；对倾斜边坡，式（2.36）变为式（2.32）。

4. 土条主动土压力分布计算

前面讨论了叠加法计算土条主动土压力的方法并给出了不同条件下的计算公式，下面讨论土条主动土压力分布的计算方法。根据式（2.19）及非黏性土中总土压力合力（E_a、E_{ao}）的计算公式［式（2.21）、式（2.22）］可得

$$E_{at}=\frac{1}{2}\gamma(H^2K_a-k_h h_0^2K_{ao}) \tag{2.43}$$

假设$E_{at}=\frac{1}{2}\gamma H^2K_{at}$，$K_{at}$为土条主动土压力系数，则

$$K_{at}=K_a\left[1-k_h\frac{K_{ao}}{K_a}\left(\frac{h_0}{H}\right)^2\right] \tag{2.44}$$

当地面有荷载时，主动土压力系数(K_{at}）应乘以修正系数k_q。于是土条主动土压力强度（e_{at}）为

$$e_{at}=\gamma hK_{at} \tag{2.45}$$

对支护结构进行受力计算时，一般要计算主动土压力的水平分力（E_{atx}）和土压力强度的水平分量（e_{atx}）为

$$E_{atx}=E_{at}\sin(\beta+\delta) \tag{2.46}$$

$$e_{atx}=e_{at}\sin(\beta+\delta) \tag{2.47}$$

土条主动土压力合力的作用点位置按上述假定为距坑底以上 $H/3$ 处。计算出了相邻基坑土条土压力合力及土压力强度后，就可以按图 2.8 进行桩锚（撑）及土钉墙支护结构的受力计算及设计。计算方法及计算公式参照规范。

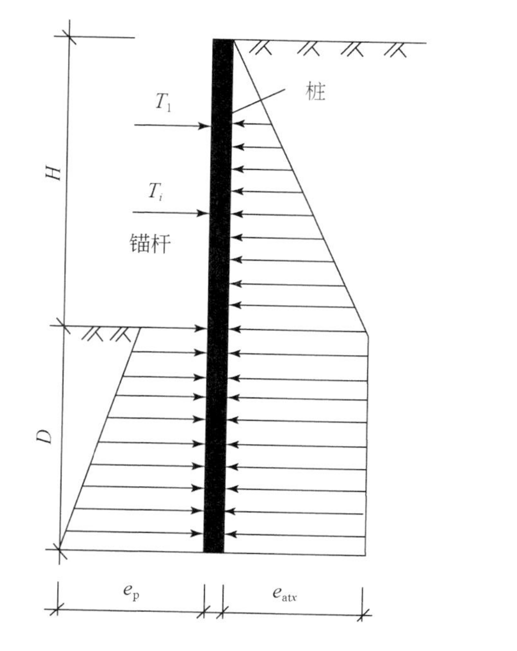

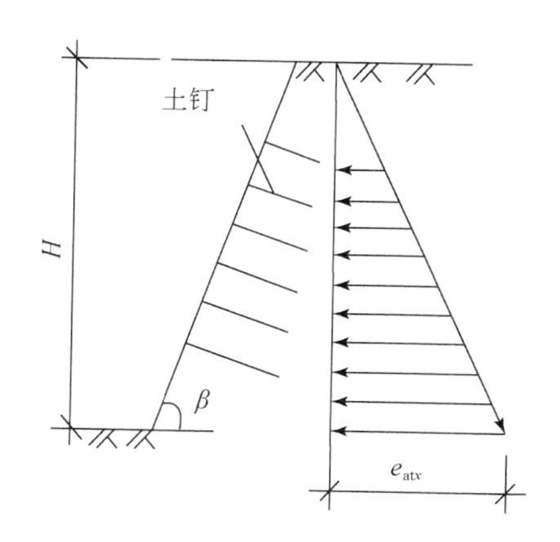

图 2.8　相邻基坑土条支护结构计算简图

5. 土条临界宽度概念

在式（2.44）中，如果令 $h_0=0$，则 $K_{at}=K_a$，即土条主动土压力是库仑理论主动土压力，其大小不需折减。当 $h_0\geqslant 0$，K_{at}始终小于 K_a，即土条主动土压力始终小于库仑理论主动土压力，如果按库仑理论计算土条主动土压力应进行折减，折减系数（K）为

$$K=\left[1-K_h\frac{K_{ao}}{K_a}\left(\frac{h_0}{h}\right)^2\right] \tag{2.48}$$

因此，基坑工程设计应先计算 h_0，根据 h_0大小判断按库仑理论计算主动土压力是否应折减。由于 $h_0=H-B\tan\theta$，也可以根据土条宽度（B）来判断。当 $h_0=0$ 时，即 $H-B\tan\theta=0$ 时，$B=H/\tan\theta$。显然当 $B\geqslant H/\tan\theta$，$h_0\leqslant 0$，不需进行土压力折减；当 $B<H/\tan\theta$，$h_0>0$，需要进行土压力折减，于是把 $H/\tan\theta$ 定义为土条临界宽度（B_{cr}）。因此，进行相邻基坑土条支护设计时，首先根据地质条件、基坑深度、地面荷载情况等条件，计算库仑假定条件下的土条潜在滑裂角（θ），然后计算土条临界宽度（B_{cr}），再根据实际土条宽度（B）的大小判断土条土压力是否应折减，并计算出土条土压力，最后进行支护结构的设计计算。

2.3.3　工程案例

1. 工程案例 1

深圳华强花园 A、B、C 座基坑，长×宽为 156m×45m，基坑深度为 9.6m。距其南侧 7.5m 是先期施工的 D 座基坑，其长×宽为 52m×45m，深度为 9m，两基坑于宽度方向平行相邻，D 座基坑为悬臂式密排人工挖孔桩支护，桩径为 1.2m。相邻土条净宽为 6.0m，土条上部 6.5m 厚为回填砾质黏性土，$\gamma=18.1\text{kN/m}^3$，$c=12\text{kPa}$，$\varphi=16°$；填土层下有 6～12m 厚为黏性土，$\gamma=18.5\text{kN/m}^3$，$c=22\text{kPa}$，$\varphi=20°$。A、B、C 座基坑东、西、北三侧均采用直立式土钉墙支护；南侧先施作一排桩距 1.0m 的三重管旋喷桩，桩长入坑底 2m，在旋喷桩中插入与桩同长的 Φ57mm×5mm 钢管；开挖面直立，在开挖面打入纵横间距为 1.2m×1.0m，长均为 6m、倾角为 10°的 Φ48mm×3.5mm 钢管土钉。土条地面限载。支护结构典型剖面见图 2.9。

设计验算过程：

（1）首先，对坑底以上的土层进行物理、力学指标加权平均，得到平均重度（$\overline{\gamma}$）= 18.2kN/m³，平均黏聚力（$\overline{c}$）= 15.2kPa，平均内摩擦角（$\overline{\varphi}$）= 17.3°。

（2）计算土条临界宽度（B_{cr}）：利用式（2.32）得 $\eta=0.174$，取 $\delta=\varphi/2=$

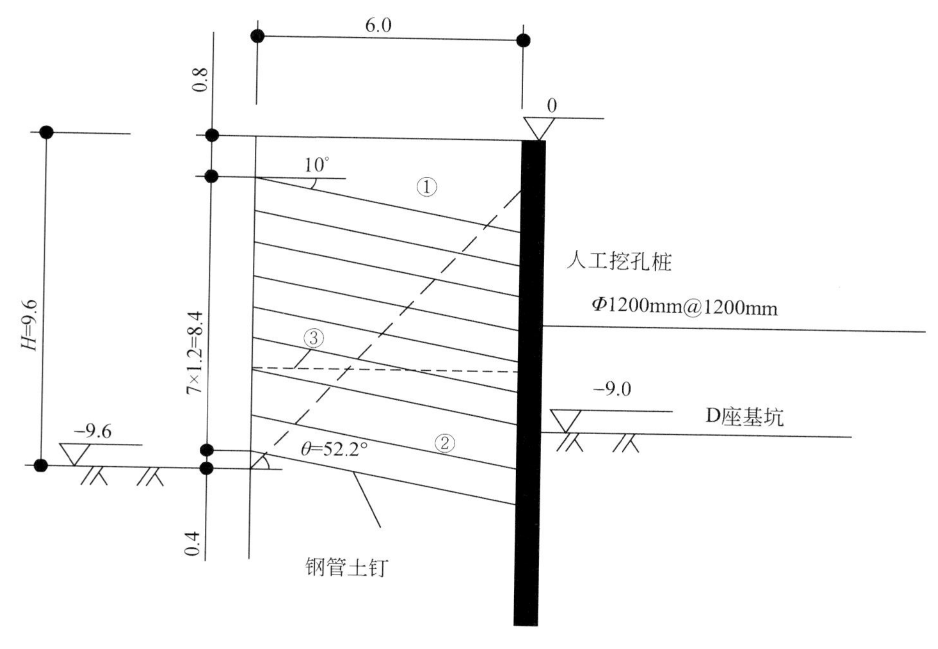

图 2.9　工程案例 1 相邻基坑土条支护结构简图（单位：m）
①填土层；②砾质黏性土；③地层分界线

8.7°，于是，$\xi=1.137$，$\tan\theta=1.287$，$B_{cr}=7.5\text{m}$（>6m），应进行土压力折减。

（3）利用式（2.20）、式（2.29）及式（2.44）计算得 $k_h=1.96$，$K_a=0.260$，$K_{ao}=0.246$，$K_{at}=0.241$。

（4）土条主动土压力的水平分力为$E_{atx}=199.79\text{kN/m}$，土压力强度的水平分量为$e_{atx}=4.4h$。

（5）计算土条稳定区土钉抗拉力合力为 $\sum T_{uj}=252.60\text{kN/m}$，$\sum T_{uj}>E_{atx}$，土条整体稳定。

（6）单根土钉最大抗拉力为 $T_{umax}=85.2\text{kN/m}$，单根土钉最大受拉荷载为 $T_k=42.00\text{kN/m}$，$T_{umax}>1.25\times1.1\times T_k=57.80\text{kN/m}$，土钉局部稳定性符合规范要求。

监测结果：在基坑南侧坡顶共布置了四个水平位移及沉降监测点，最大水平位移为4mm，最大沉降为2mm。

2. 工程案例 2

深圳益田假日广场基坑深为17.8mm，桩锚支护，在其西侧12m为后期开挖的深圳世纪假日广场基坑，基坑深为18.6m，如图2.10所示。两基坑相邻土条地层为砾质黏土和强风化花岗岩，砾质黏土的 $\gamma=18.2\text{kN/m}^3$，$c=22\text{kPa}$，$\varphi=23°$，厚度为19.8m；强风化花岗岩的 $\gamma=21\text{kN/m}^3$，$c=50\text{kPa}$，$\varphi=28°$，厚度5～8m。土条地面限载。设计计算过程：

（1）计算临界宽度（B_{cr}）：利用式（2.32），得到 $\eta=0.130$，取 $\delta=\varphi/2=11.5°$，于是 $\xi=1.150$，$\tan\theta=1.412$，$B_{cr}=13.2\text{m}$（>12m），土条主动土压力应进行折减。

（2）由于土条地面变形不需严格控制，因此，基坑上部6m采用纵横间距1.5m×1.5m的土钉墙支护，6m深以下采用桩径为1.2m、桩距为2.0m的人工挖孔桩支护，按设计要求应设置四排锚索，长度为21～25m。显然，宽度才12m的土条无法施作常规锚索，改用扩大头锚索，扩大头锚索直径经试验按0.5m设计，扩大头长为5m，实际施作锚索长度均为13.5m。

（3）为简化计算，把基坑上6m的土体按荷载考虑，则这时基坑深度降为12.6m，这时 $B_{cr}=8.9\text{m}<12\text{m}$，因此，简化后的土条主动土压力不需折减，按朗肯土压力理论计算，再进行支护结构的设计计算，设计结果如图2.10所示。

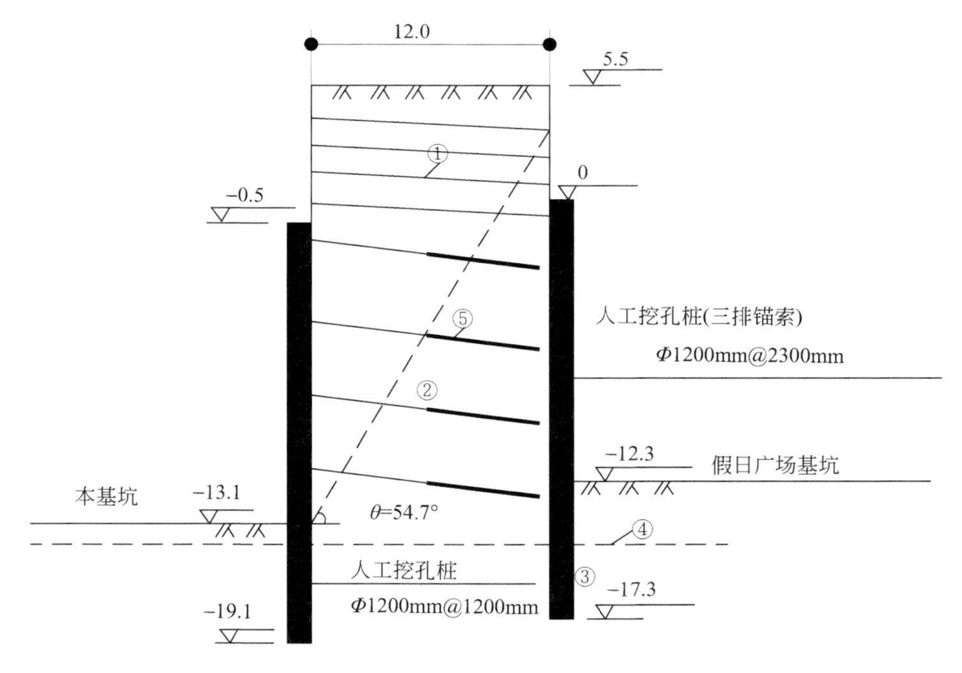

图2.10　工程案例2相邻基坑土条支护结构简图（单位：m）

①土钉间距（@）1200mm×1500mm，$L=12\text{m}$；②砾质黏性土；③强风化花岗岩；④地层分界线；⑤扩大头锚索

监测结果：在基坑坡顶和人工挖孔桩桩顶分别设置了三个水平位移和沉降监测点。基坑顶水平位移为 22 ~ 35mm，沉降为 10 ~ 25mm；桩顶水平位移为 15 ~ 26mm，沉降为 5 ~ 11mm。

3. 结论

（1）相邻基坑土条土体的应力场、位移场是非常复杂的，其特征受相邻基坑开挖深度、支护方式、地层条件、地下水条件及地面荷载条件等影响。本书从工程实用的角度，提出了简化的叠加法，方法本身的精确性有待大量工程实践的验证和完善。

（2）本书提出的叠加法计算的土条主动土压力合力误差较小，土压力强度有一定的误差，特别是对黏性土地层。

（3）本书提出的临界宽度（B_{cr}）概念清晰，计算方法简单。为简化计算滑裂角（θ），可对黏性土地层先进行等效内摩擦角换算，然后按非黏性土计算公式计算可减少计算工作量。

2.4　倾斜坡面土压力计算

2.4.1　基坑规程土压力计算方法

行标《建筑基坑支护技术规程》(JGJ 120–99）第 6 章土钉墙的第 6.1.3 条，倾斜坡面荷载折减系数（ξ）的式（6.1.3)，《建筑基坑支护技术规程》(JGJ 120–2012）的式（5.2.3)，以及深圳市标《深圳市基坑支护技术规范》(SJG 05–2011）第 5 章土钉墙与复合土钉墙的第 5.2.4 条，坡面倾斜时土压力折减系数（ξ）的式（5.2.4)，深圳市标《基坑支护技术标准》(SJG 05–2020）的式（5.2.4）均为同一个公式，见下述式（2.49)。

行标《建筑基坑支护技术规程》(JGJ 120–2012）版第 5 章土钉墙的第 5.2.3 条坡面倾斜时的主动土压力折减系数（ξ）可按式（5.2.3）计算，表达式为

$$\xi=\tan\frac{\beta-\varphi_{m}}{2}\left(\frac{1}{\tan\dfrac{\beta+\varphi_{m}}{2}}-\frac{1}{\tan\beta}\right)\Bigg/\tan^{2}\left(45^{\circ}-\frac{\varphi_{m}}{2}\right)\tag{2.49}$$

式中，β 为土钉墙坡面与水平面的夹角；φ_m 为基坑底面以上各土层按厚度加权的内摩擦角平均值。

2.4.2　土压力计算方法探讨

倾斜坡面作用于土钉墙面上的主动土压力（E_a）如图 2.11 所示，显然，倾

斜坡面的主动土压力不能直接采用朗肯土压力理论计算公式进行计算，目前，行标《建筑基坑支护技术规程》(JGJ 120-2012）的式（5.2.3）是采用对朗肯主动土压力进行修正的方法进行计算的，即先按朗肯理论计算主动土压力，再乘以一个修正系数。作者在进行黏性土基坑倾斜坡面主动土压力计算公式推导的过程中，经算例计算比对发现式（2.49）的折减系数（ξ）取小了。也就是说，上述式（2.49）与作者采用极限平衡理论直接推导的倾斜坡面主动土压力的计算公式存在差异，差异有多大呢？可看本节算例。下面是作者的严格推导过程，分析简图见图 2.11。

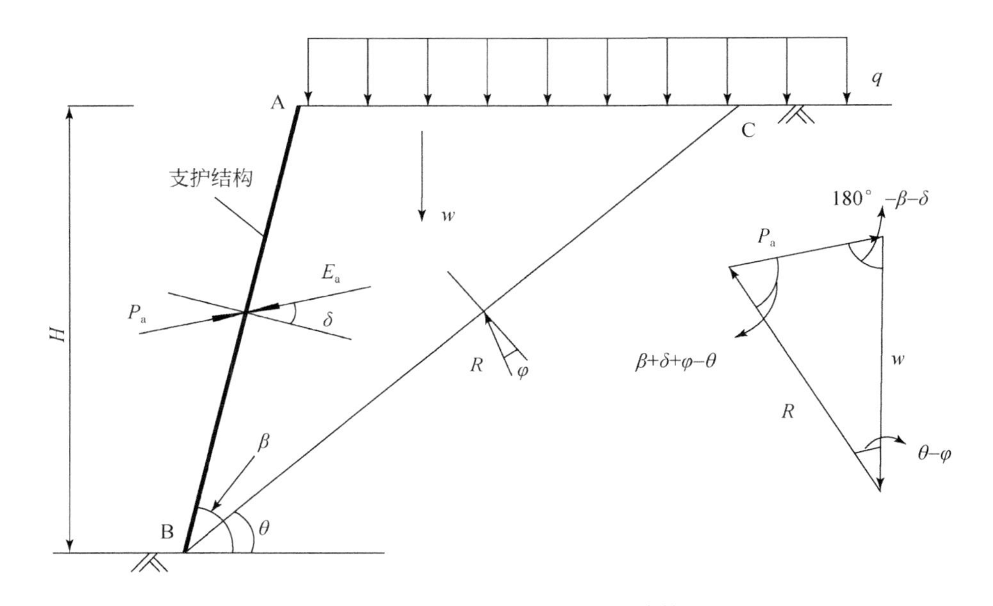

图 2.11 基坑倾斜坡面土压力计算简图

假定墙面与土体之间存在摩擦力（摩擦角为 δ），其他假定条件同库仑土压力理论的假定条件，边坡土体为非黏性土，根据图 2.11 的力矢图有

$$\frac{P_a}{\sin(\theta-\varphi)}=\frac{W}{\sin(\beta+\varphi+\delta-\theta)} \tag{2.50}$$

式中，P_a 为墙体提供的反力，与主动土压力大小相等，方向相反；W 为滑动楔体的重力，按下式计算：

$$W=\frac{1}{2}\gamma H^2\left(1+\frac{2q}{\gamma H}\right)\left(\frac{1}{\tan\theta}-\frac{1}{\tan\beta}\right) \tag{2.51}$$

式中，γ 为土体重度；H 为基坑深度；q 为地面荷载；β 为坡面倾角；θ 为假定的滑动面倾角（待求）。

令 $k_q=1+2q/(\gamma H)$，于是有

$$P_a=\frac{1}{2}\gamma H^2 k_q\left(\frac{1}{\tan\theta}-\frac{1}{\tan\beta}\right)\frac{\sin(\theta-\varphi)}{\sin(\beta+\varphi+\delta-\theta)} \tag{2.52}$$

令$\frac{dP_a}{d\theta}=0$，并经整理，得到等式：

$$\begin{aligned}&\sin\theta\cdot\cos\theta\cdot\sin\beta\cdot\sin(\beta+\delta)-\sin^2\theta\cdot\cos\beta\cdot\sin(\beta+\delta)\\&-\sin\beta\cdot\sin(\theta-\varphi)\cdot\sin(\beta+\varphi+\delta-\theta)=0\end{aligned} \tag{2.53}$$

对式（2.53）进一步化简并在等式两边同时除以 $\cos^2\theta$，则有

$$\begin{aligned}&[\cos\varphi\cdot\sin\beta\cdot\cos(\beta+\delta+\varphi)-\cos\beta\cdot\sin(\beta+\delta)]\cdot\tan^2\theta\\&-[\sin\beta\cdot\cos\varphi\cdot\sin(\beta+\delta+\varphi)+\sin\beta\cdot\sin\varphi\cdot\cos(\beta+\delta+\varphi)\\&-\sin\beta\cdot\sin(\beta+\delta)]\cdot\tan\theta+\sin\beta\cdot\sin\varphi\cdot\sin(\beta+\delta+\varphi)=0\end{aligned} \tag{2.54}$$

对式（2.54）求解 $\tan\theta$，则得到 $\tan\theta$ 的计算公式为

$$\tan\theta=\frac{\sin(\beta+\delta+\varphi)}{\cos(\beta+\varphi+\delta)+\sqrt{\frac{\sin(\beta+\delta)\cdot\sin(\varphi+\delta)}{\sin\beta\cdot\sin\varphi}}} \tag{2.55}$$

把 $\tan\theta$ 代入式（2.52）中，并化简后得

$$E_a=P_a=\frac{1}{2}\gamma H^2\cdot k_q\cdot K_a \tag{2.56}$$

$$K_a=\frac{\sin^2(\beta-\varphi)}{\sin^2\beta\cdot\sin(\beta+\delta)\left[1+\sqrt{\frac{\sin(\varphi+\delta)\cdot\sin\varphi}{\sin(\beta+\delta)\cdot\sin\beta}}\right]^2} \tag{2.57}$$

于是，用于基坑支护结构设计计算的主动土压力的水平分力（E_{ax}）为

$$\begin{aligned}E_{ax}&=E_a\cdot\sin(\beta+\delta)\\&=\frac{1}{2}\gamma H^2\cdot k_q\cdot K_a\cdot\sin(\beta+\delta)\end{aligned} \tag{2.58}$$

当不考虑墙、土间的摩擦力，即令 $\delta=0$ 时，则得

$$\theta=\frac{\beta+\varphi}{2} \tag{2.59}$$

$$K_a=\frac{\sin(\beta-\varphi)}{\sin\beta+\sin\varphi}\left(\frac{1}{\tan\frac{\beta+\varphi}{2}}-\frac{1}{\tan\beta}\right) \tag{2.60}$$

于是，用于基坑支护结构设计计算的主动土压力的水平分力（E_{ax}）为

$$\begin{aligned}E_{ax}&=E_a\cdot\sin\beta\\&=\frac{1}{2}\gamma H^2\cdot k_q\cdot K_a\cdot\sin\beta\end{aligned} \tag{2.61}$$

如果把式（2.61）与朗肯主动土压力计算公式联系起来，并令 $K_a'=\tan^2(45°-$

$\varphi/2$）（朗肯主动土压力系数），则（E_{ax}）的计算公式可写为

$$E_{ax}=\frac{1}{2}\gamma H^2\cdot k_q\cdot K_a'\cdot\xi \tag{2.62}$$

式中，ξ 为土压力折减系数，表达式为

$$\xi=\frac{\sin\beta\cdot\sin(\beta-\varphi)}{\sin\beta+\sin\varphi}\left(\frac{1}{\tan\frac{\beta+\varphi}{2}}-\frac{1}{\tan\beta}\right)\Bigg/\tan^2\left(45°-\frac{\varphi}{2}\right) \tag{2.63}$$

式中，ξ 的含义同式（2.49）的 ξ 应是一致的，但事实上，式（2.63）与式（2.49）是不同的。下面用一倾斜坡面基坑算例，分析考虑墙、土间摩擦力与不考虑墙、土间摩擦力时主动土压力的差异，以及不考虑墙、土间摩擦力时，主动土压力采用本书公式与行标《建筑基坑支护技术规程》(JGJ 120–2012）的公式的差异。

2.4.3 算例及结论

1. 算例

假定某基坑深为 $H=8\text{m}$，土体重度为 $\gamma=19\text{kN/m}^3$，内摩擦角为 $\varphi=30°$，坡面倾角为 $\beta=70°$，支护结构为土钉墙，墙、土间的摩擦角（δ）分别取 0、10°、20°、30°，地面荷载为 $q_0=15\text{kPa}$。不同的计算公式和不同的 δ 值的主动土压力的水平分力（E_{ax}）的计算结果见表 2.1。

表 2.1　不同计算公式和 δ 值的主动土压力的水平分力（E_{ax}）　（单位：kN/m）

δ/(°)	0	10	20	30
本书公式 E_{ax1}	145.10	134.86	126.89	120.09
本书公式 E_{ax2}	145.10	145.10	145.10	145.10
《建筑基坑支护技术规程》(JGJ 120–2012）公式 E_{ax3}	125.28	125.28	125.28	125.28
$(E_{ax2}-E_{ax1})/E_{ax1}$	0	7.6%	14.4%	20.8%
$(E_{ax3}-E_{ax2})/E_{ax2}$	−13.7%	−13.7%	−13.7%	−13.7%

注：E_{ax1} 考虑墙、土间摩擦力；E_{ax2} 不考虑墙、土间摩擦力。

从表 2.1 可以看出：

（1）考虑墙、土间的摩擦力作用的主动土压力比不考虑墙、土间的摩擦力作用的主动土压力小，对 $\delta=0$ 时差异为 0，对 $\delta=30°$时差异达到 20.8%，说明不考虑墙、土间的摩擦力作用的土钉墙主动土压力偏大，有优化的余地。

（2）当不考虑墙、土间的摩擦力的作用时，倾斜坡面的主动土压力按行标《建筑基坑支护技术规程》（JGJ 120-2012）的公式计算值比按本书公式计算值小，本算例土体内摩擦角 $\varphi=30°$时，规程公式主动土压力计算值与本书土压力计算值相差 13.7%；若 $\varphi=10°$时，规程公式主动土压力计算值 347.92kN/m 与本书公式主动土压力计算值 440.50kN/m，相差 21.0%，两种计算公式的差异比较明显。原因是行标《建筑基坑支护技术规程》（JGJ 120-2012）的公式中的折减系数（ξ）比本书公式计算值小。

2. 结论

（1）基坑倾斜坡面的主动土压力计算方法在工程应用上目前仍存在异议。作者在书中进行了理论探讨和计算公式的推导，并值得进一步深入研究讨论。

（2）行标《建筑基坑支护技术规程》（JGJ 120-2012）中，计算倾斜坡面主动土压力是采用对朗肯主动土压力进行修正的计算方法，作者采用极限平衡理论推导了倾斜坡面主动土压力的直接计算公式，两者存在一定的差异，从理论上讲，行标《建筑基坑支护技术规程》（JGJ 120-2012）的公式中的折减系数（ξ）比本书公式计算值小，内摩擦角越小其差异越大，建议工程应用时，首先采用行标《建筑基坑支护技术规程》（JGJ 120-2012）进行计算，再采用作者的计算公式进行复核，取两者的中间值。

2.5　考虑桩土间摩擦力的主动土压力计算

大量的基坑支护工程地面沉降监测数据显示，桩锚支护结构的基坑坑顶地面沉降曲线呈抛物线形，且坑顶附近沉降较小；而土钉墙或自然放坡的基坑坑顶地面沉降曲线呈近似三角形，且坑顶附近沉降最大。图 2.12 是深圳某基坑南、北地块的地面沉降代表性曲线。该基坑北侧坑深为 16.8m，采用直立式桩锚支护结构；而南侧基坑相对较浅，坑深为 12.5m，采用坡度 1∶0.2 的土钉墙支护结构。南、北侧的地层基本相同，均为坡、残积粉质黏土；周边环境类同，地面基本无活动荷载，但坑顶 50m 范围内的地面沉降曲线特征却明显不同，桩锚支护侧坑顶附近地面沉降很小，最大沉降发生在距坑顶约 15m 处；土钉墙支护侧坑顶附近地面沉降最大，离坑顶越远，沉降越小。深入分析其原因，最大的可能性是桩锚支护结构的桩、土间存在摩擦力，由于摩擦力的存在，阻止了桩侧土体的下沉；而土钉墙或自然放坡由于施工工法的特点，在分层开挖卸荷的过程中，位移和沉降已经发生，因此，就表现出桩锚支护结构和土钉墙支护结构（或自然放坡）坑顶地面沉降曲线呈截然不同的特征。这种工程现象提示我们，在进行桩锚支护结构设计计算时，应适当考虑桩、土间摩擦力的作用，从而可适当降低计算的主动土压力并据此降低基坑工程成本。

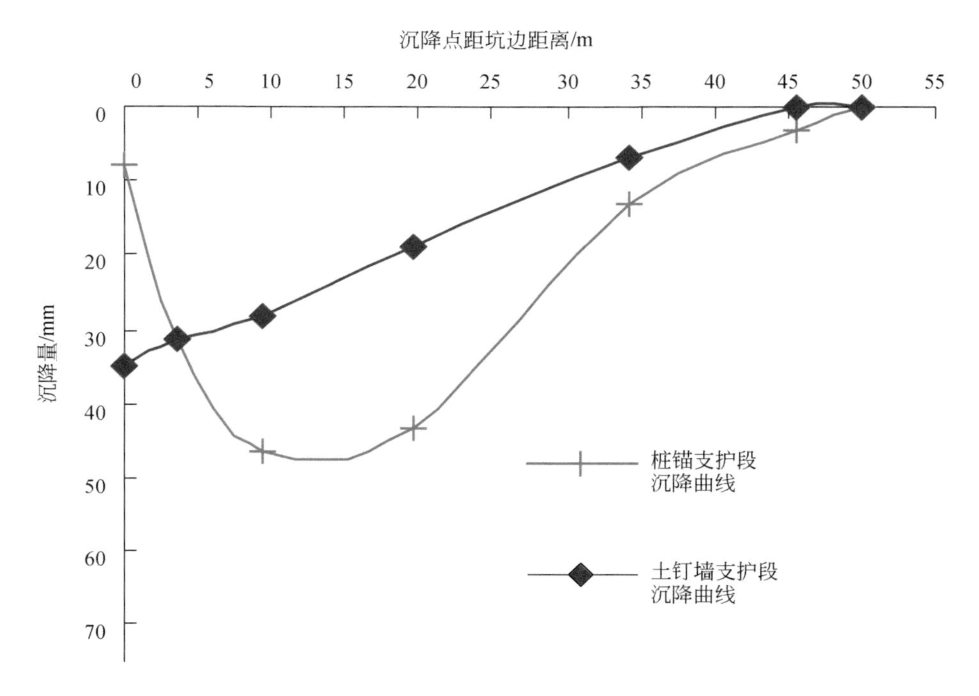

图 2.12　坑顶地面沉降曲线

考虑桩、土间摩擦力的主动土压力计算方法见 2.4 节，不再重复推导过程，下面仅列出非黏性土和黏性土考虑桩、土间摩擦力的主动土压力计算公式。

1. 非黏性土

对于非黏性土，主动土压力的水平分力（E_{ax}）的计算公式为

$$E_{ax}=\frac{1}{2}\gamma H^2 \cdot k_q \cdot K_a \cdot \cos\delta \tag{2.64}$$

$$K_a=\frac{\cos^2\varphi}{\cos\delta\left[1+\sqrt{\dfrac{\sin(\varphi+\delta)\cdot\sin\varphi}{\cos\delta}}\right]^2} \tag{2.65}$$

式中，各变量、参数符号意义同前。

2. 黏性土

对于黏性土，主动土压力的水平分力（E_{ax}）的计算可采用等效内摩擦角的

方法等换成非黏性土并用式（2.64）、式（2.65）计算，也可按行标《水工挡土墙设计规范》(SL379-2007）推荐的公式计算，其计算式为

$$E_{ax}=\frac{1}{2}\gamma H_1^2\cdot k_q\cdot K_a\cdot\cos\delta \tag{2.66}$$

式中，K_a 同式（2.65），其他符号意义同前，H_1 按下式计算：

$$H_1=H-H_c \tag{2.67}$$

$$H_c=2c\cdot\frac{1+\sin(\varphi+\delta)}{\gamma\cdot\cos\varphi\cdot\cos\delta} \tag{2.68}$$

式中，c 为土体的黏聚力；其他符号意义同前。

显然，考虑了桩、土间的摩擦力时，主动土压力的水平分力比不考虑桩、土间摩擦力的朗肯主动土压力要小，其减小的程度随着 δ 值而变化，下面用一算例来分析不同 δ 值条件下的减小程度。

算例：假设某一采用桩锚支护的基坑深为 $H=12$m，土体重度为 $\gamma=19$kN/m^3，内摩擦角为 $\varphi=30°$，地面荷载为 $q_0=15$kPa，采用式（2.59）、式（2.60）及朗肯主动土压力公式计算 δ 分别为 0、10°、15°、20°、30°时的主动土压力的水平分力（E_{ax}）的结果列于表 2.2。

表 2.2　不同 δ 值的主动土压力的水平分力（E_{ax}）（单位：kN/m）

δ/(°)	0	10	15	20	30
本书公式 E_{ax1}	516.0	470.3	450.7	432.5	398.4
朗肯公式 E_{ax2}	516.0	516.0	516.0	516.0	516.0
$(E_{ax2}-E_{ax1})/E_{ax1}$	0	9.7%	14.5%	19.3.%	29.5%

从表 2.2 可以看出：考虑桩、土间摩擦力的主动土压力比不考虑桩、土间摩擦力的朗肯主动土压力小，其差值随 δ 的增大而增大，当 δ 等于土体内摩擦角时，其差值接近 30%。说明朗肯土压力理论用于桩锚支护结构设计计算偏于安全，对桩、土间摩擦力越大的土越有优化的余地，土体内摩擦角越大，桩、土间摩擦力越大，优化的余地越大，越有节约基坑工程成本的空间。

综上所述，桩锚支护结构的基坑坑顶地面沉降曲线呈抛物线形，且坑顶附近沉降较小；而土钉墙或自然放坡的基坑坑顶地面沉降曲线呈近似三角形，且坑顶附近沉降最大。根本原因是桩锚支护结构的桩、土间存在摩擦力，由于摩擦力的存在，阻止了桩侧土体的下滑，故坑顶附近沉降小；而土钉墙或自然放坡由于施工工法的特点，在分层开挖卸荷的过程中，沉降就已经发生，故坑顶附近沉降最大。因此，在基坑支护设计时，宜适当考虑桩、土间的摩擦力以减小主动土压力的计算值，有利于控制基坑工程成本。

3. 工程案例

1）工程概况

深圳世纪假日广场位于深圳世界之窗斜对面，深南大道北侧，基坑南侧紧邻深圳地铁，北侧有两栋3～4层的石房和多栋七层浅基础专混结构的住宅，西侧为交通要道华夏街和分布有多种管线。场地北、东比西、南高为3.5～5.3m，基坑北侧深为16.5～18.3m，东侧深为18.3m，南侧和西侧深为13m。基坑平面呈“L”型，见图2.13。基坑开挖范围内地层有素填土、含黏性土砾砂、含砾黏土、砾砂、砾质黏性土、强风化花岗岩，局部有石英脉出露；坑底以下地层主要是砾质黏性土、强风化、中风化和微风化花岗岩，局部出露石英脉。因场地中部原为坡前凹地，所以含黏性土砾砂和砾砂层主要分布在中部，砂层分布范围见图2.13。场地西、南侧地下水位埋深为1m，北、东侧地下水位埋深为4～6m。

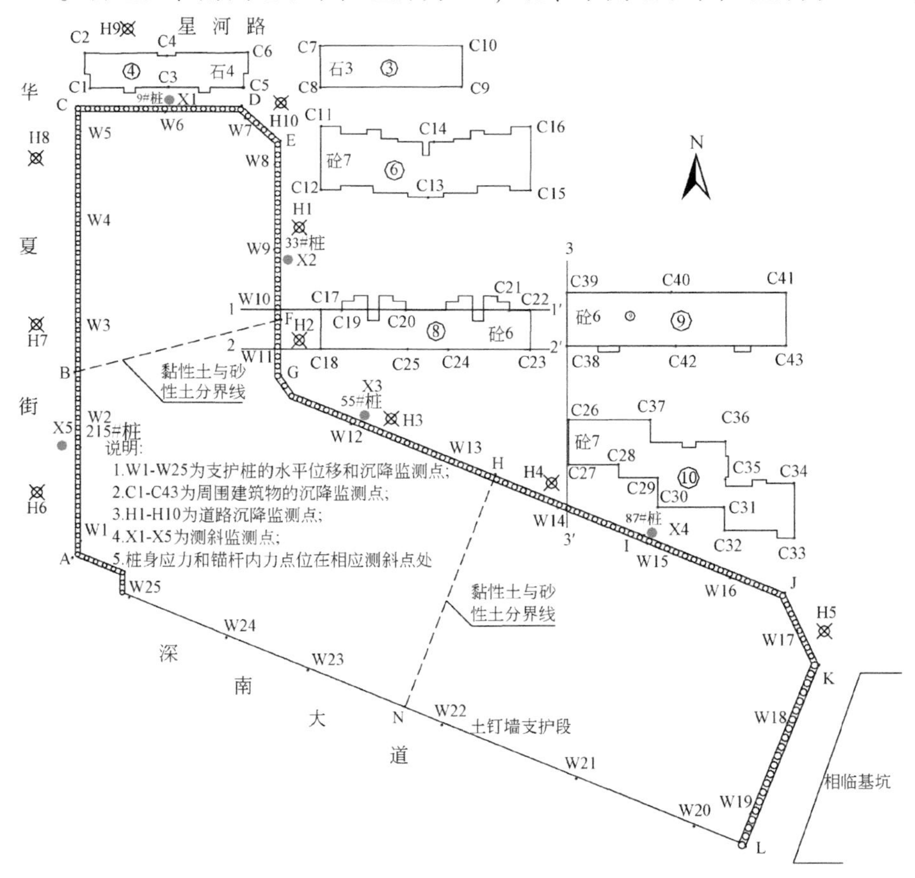

图2.13 基坑支护平面图

2）支护系统设计概况

基坑除南侧外均直立开挖，按安全等级一级基坑设计。西侧 ABC 段采用 Φ1000mm@2000mm 钻孔灌注桩和三排锚杆，在砂层分布段设三管旋喷桩桩间止水；北侧石房 CD 段采用 Φ1200mm@2000mm 钻孔灌注桩和四排锚杆；北侧 DEF 段采用 Φ1200mm@2000mm 钻孔灌注桩和四排锚杆；北侧 FGH 段采用 Φ1200mm@2000mm 钻孔灌注桩和四排锚杆，在砂层分布段设三管旋喷桩桩间止水；北侧 HIJK 段采用 Φ1200mm@2000mm 钻孔灌注桩和四排锚杆，局部（I 点附近）坑底以上约 2～3m 出露石英脉处，桩入石英脉 1m 但不入坑底，增加一排锚杆；东侧先期施工的益田假日广场基坑，深为 16.9m，距本基坑 16m，考虑到打设锚杆长度有限，加之先期锚杆的障碍，支护桩为 Φ1200mm@2000mm 人工挖孔桩，桩顶在地面下 5.3m，桩顶至地面间采用直立土钉支护，锚杆为四排扩大头锚杆，锚杆总长为 16m，其中扩大头长为 5m，扩大头直径为 0.5m；南侧 ANL 段采用 1∶0.3 坡度的土钉墙，第二、四排为加强锚杆，在砂层分布段设三管旋喷桩止水。钻孔灌注桩间的锚杆设计拉力为 690～740kN，锁定拉力均为 500kN；人工挖孔桩间的锚杆设计拉力为 600kN，锁定拉力均为 420kN，锚杆水平间距离均为 2.0m，锚杆竖向间距为 3.5m，第一排距地面 3.0～3.5m。南侧土钉七排，加强锚杆两排，水平间距均为 1.5m，锚杆设计拉力为 300kN，锁定拉力均为 210kN。西侧 ABC 段和南侧 ANL 段路面荷载按 20kPa、北侧 CD 段房屋荷载按 64kPa、北侧 DEFGH 段房屋荷载按 90kPa、北侧 HIJ 段房屋荷载按 105kPa 设计，这些荷载均按局部恒荷载考虑。各岩土层用于设计计算的物理力学指标如表 2.3 所示。

表 2.3　各岩土层用于设计计算的物理力学指标

土层名称	重度（γ）/（kN/m^3）	黏聚力（c）/kPa	内摩擦角（φ）/（°）	极限摩阻力标准值/kPa
素填土	18.0	15	10	20
含黏砾砂	19.2	10	22	120
含砾黏土	18.3	25	25	80
砾砂	20.0	0	28	150
砾质黏性土	18.2	22	23	80
强风化花岗岩	21.0	75	28	200
中风化花岗岩	23.0	300	32	300

3）基坑监测测点布置及结果

（1）测点布置。

根据基坑不同区段位的坑深和环境条件，在压顶梁内边缘设置 25 个坡顶位移监测点；在 AB 段中部、CD 段中部、DEF 段中部、FGH 段中部、I 点处各设一测斜管，共五根；对应管孔处的锚杆和支护桩分别设锚杆应力计共 26 个和桩身钢筋应力计共 132 个，桩身钢筋应力计沿桩长全身内外侧各两米间距布置。基坑周围建筑物的监测主要针对北侧的 3#、4#、6#、8#、9#和 10#民房，在结构柱上共设置沉降监测点 43 个。周围道路沉降监测主要针对西侧的华夏街和北侧的小区道路，共设置沉降监测点 10 个。为防砂层区段地下水流失，在 8#楼四周和 10#楼的西侧设置了八口地下水位观测井，这些观测井兼作回灌井用。所有监测点平面位置见图 2. 13。

（2）监测结果。

水平位移：沿基坑四周原布设了五个测斜孔，施工过程中 X2 号测斜孔遭到破坏，测得的数据异常，实际只有测斜孔 X1、X3、X4 和 X5 的数据正常且具有明显的规律性。图 2. 14 ~ 图 2. 17 展示了四个测斜孔处钻孔桩沿深度的水平位移状况。

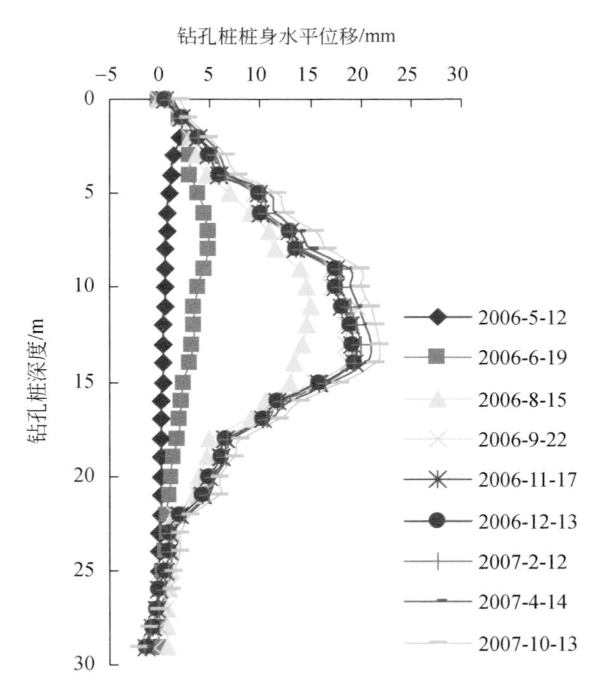

图 2. 14　X1 测点测斜管桩身深部水平位移曲线（9#桩）

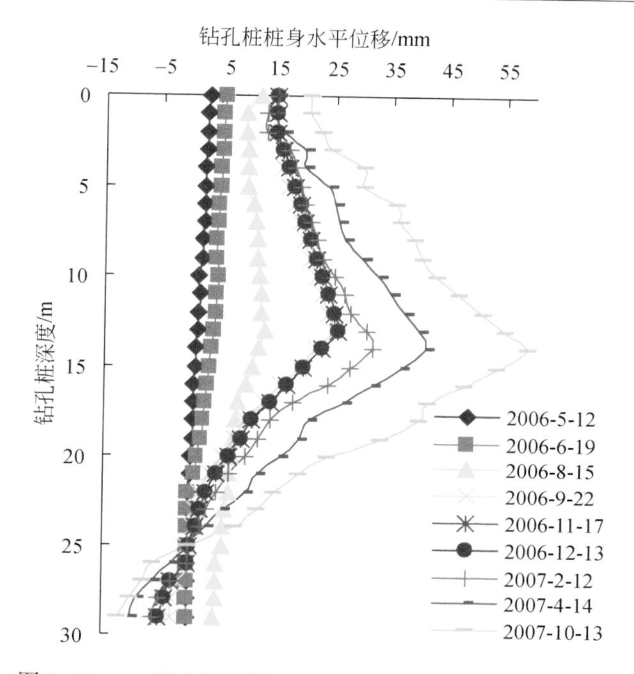

图 2. 15　X3 测点测斜管桩身深部水平位移曲线（55#桩）

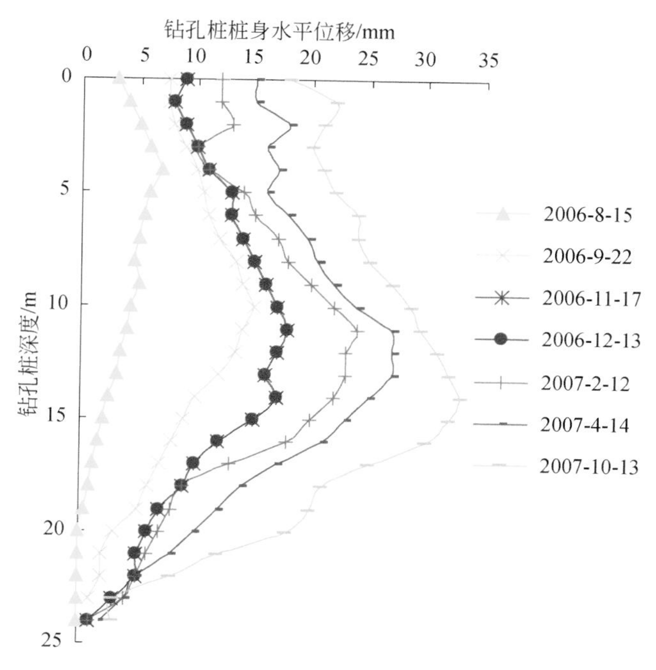

图 2. 16　X4 测点测斜管桩身深部水平位移曲线（87#桩）

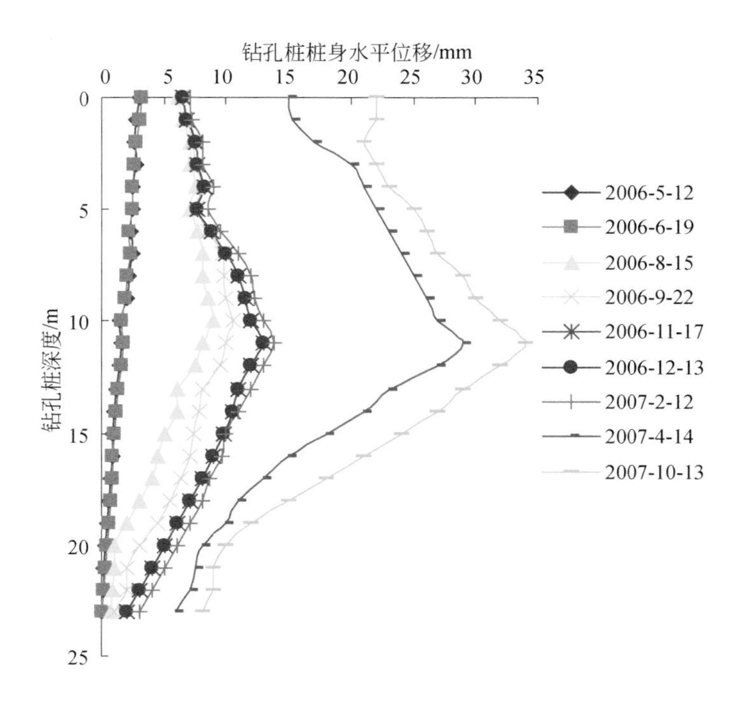

图 2. 17　X5 测点测斜管桩身深部水平位移曲线（215#桩）

图 2. 14 ~ 图 2. 17 四个图中曲线特征显示：桩身水平位移大小随开挖深度的增大而增大，最大水平位移位于开挖深度的 0. 85 ~ 0. 9 倍位置附近，且近似位于钻孔桩长的一半附近；最大位移与开挖深度之比为 1. 3% ~ 3. 5%，绝对值为 2. 1 ~ 5. 7cm；9#桩压顶梁与地面平齐，桩顶位移近似为 0，其他桩顶位于地面下 1 ~ 2m 左右，桩顶位移不为 0。桩体水平位移随着时间的推进有明显的增大，增加幅度约为 15% ~ 45%，该结果说明基坑使用期间的位移增量应引起高度重视。出现该现象可能是桩被动侧土体蠕变和锚杆周围土体蠕变引起的。水平位移监测点 W2、W3 及 W4 监测结果显示，坑顶附近地面堆载明显引起桩顶水平位移增大，最大增量达 5mm，一旦移去堆载，桩顶水平位移很快减小近 5mm。

邻近建筑及道路沉降：对基坑周围建筑物的沉降监测是本工程监测的重点，特别是 8#民房位于砂土层分布范围内，10#民房紧临砂土层边缘，这两栋房屋都是浅基础，受地下水水位变化影响敏感。图 2. 18 ~ 图 2. 20 三个曲线特征显示：由于支护桩的竖向侧摩阻力作用，坑顶处地面沉降量不是最大，最大值发生在距坑顶最近的房屋上，距坑顶越近沉降越大；在基坑开挖到设计标高时其最大沉降 4cm 左右，在基坑使用期间各点的沉降增加了约一倍；前两条沉降曲线呈近似三角形，后一条沉降曲线呈近似抛物线形；砂层分布区域，沉降影响范围在四倍坑

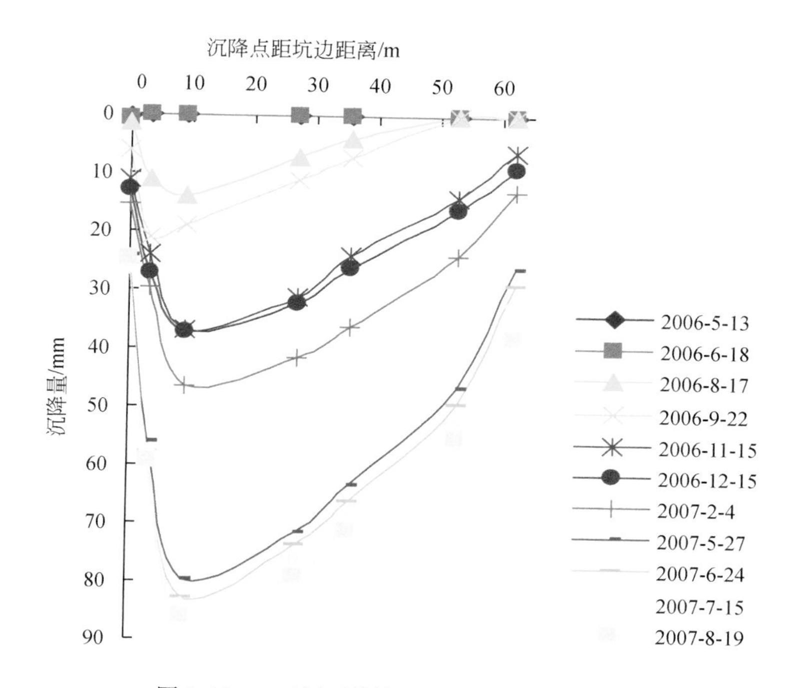

图2.18　1-1′剖面基坑地面及建筑物沉降曲线

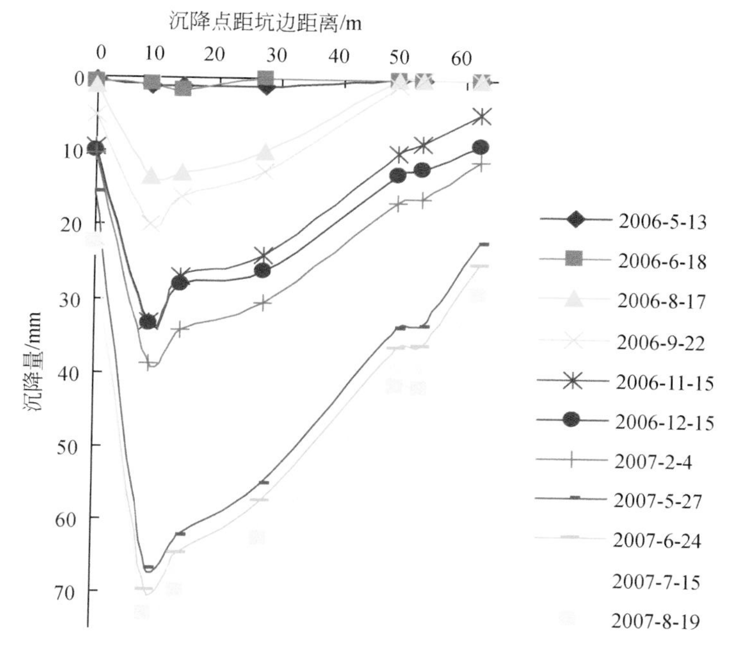

图2.19　2-2′剖面基坑地面及建筑物沉降曲线

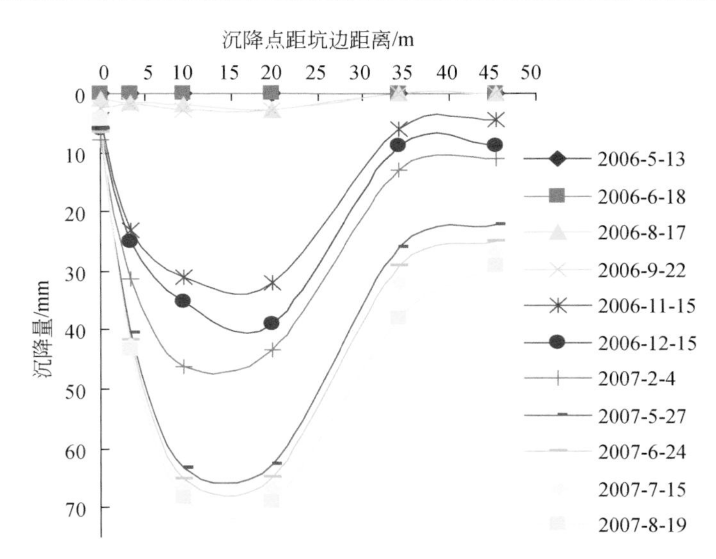

图 2.20　3-3′剖面基坑地面及建筑物沉降曲线

深远处仍较明显，这是类似工程要重视的现象；分析该区域沉降如此大，主要是锚杆施工打穿了止水围幕，锚头渗水没有得到及时封堵，后来采取了回灌，但水位控制得不恰当等原因造成的。4#民房和6#民房的沉降量为1.6～2.1cm，3#民房的沉降量小于0.6cm。华夏路面沉降量为0.96～1.4cm，深南大道路面沉降量1.5cm，GHIJ段小区路面沉降量为4.3～5.7cm，CDEG段小区路面沉降量为1.5～2.5cm。施工过程中，道路及地下管线未出现异常情况。

桩身应力：桩身应力监测和桩侧土压力监测一般较难获得很精确的数据，该基坑工程对有代表性部位的9#、33#、55#、87#和215#桩设置了桩身钢筋应力计监测桩全身内力分布情况，结果只有9#和215#桩监测的数据比较正常，其他桩监测的数据明显失真。图2.21、图2.22分别是9#桩和215#桩桩身应力监测的结果，结果显示桩身最大弯矩发生在坑内侧0.85～0.9倍坑深处，与最大水平位移位置几乎一致；桩身实测弯矩比理论计算的弯矩大，最大大约30%，说明存在锚杆应力松弛和土体的蠕变效应。桩身弯矩反弯点位于坑底下1～2m范围内，与理论反弯点位置差距不大。

锚杆轴力：对于采用桩锚支护的超深基坑，锚杆的工作状态决定了基坑的安全状态，该基坑工程对9#、33#、55#、87#和215#桩处的锚杆锚头设置了锚杆应力计以监测锚杆拉力大小和变化情况。为了对比监测结果，图2.23和图2.24显示了9#桩处四层锚杆应力监测结果和215#桩处三层锚杆应力监测结果。图中显示，9#桩处除第二道锚杆拉力是递增并稳定在616kN外，其余各道锚杆拉力在施加预应力后是递减到并稳定在某一拉力；215#桩所有锚杆拉力在施加预应力后是

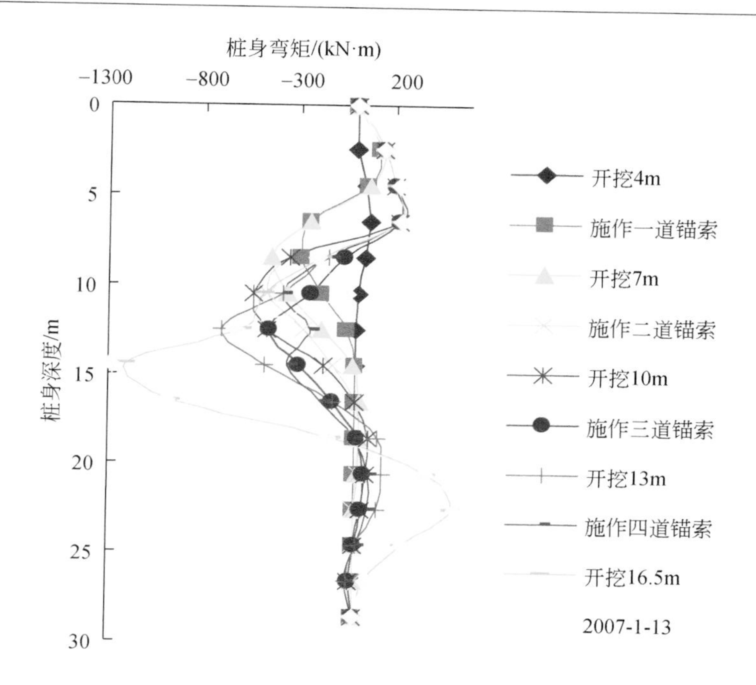

图2.21　9#桩桩身弯矩与深度关系曲线

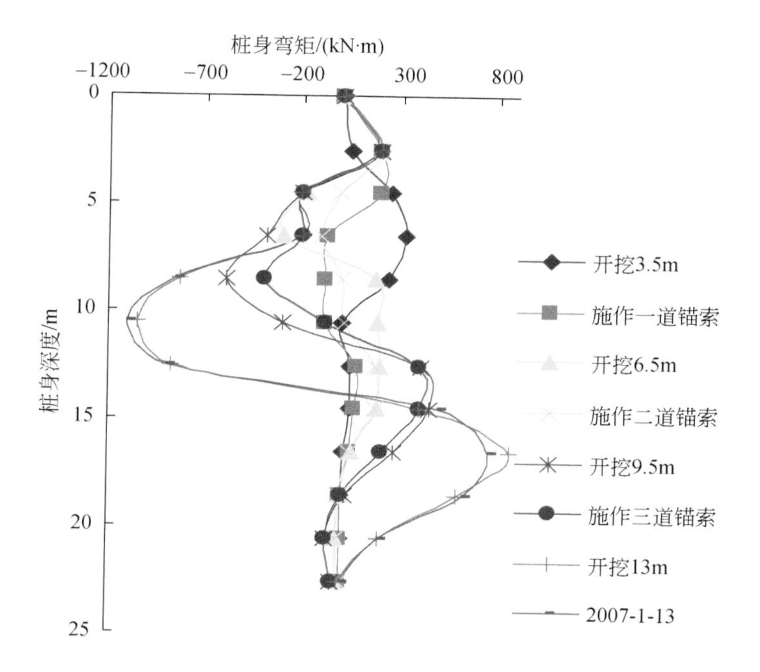

图2.22　215#桩桩身弯矩与深度关系曲线

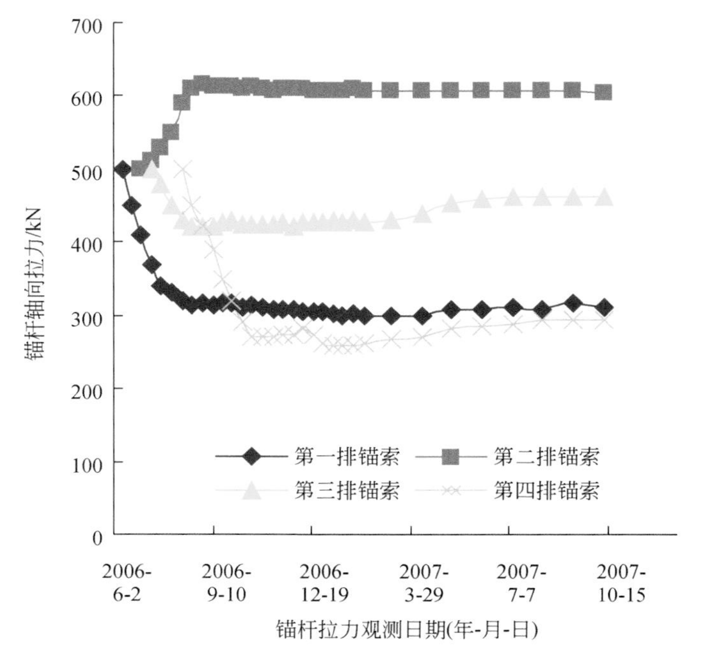

图 2.23　9#桩处四层锚杆轴力与时间关系曲线

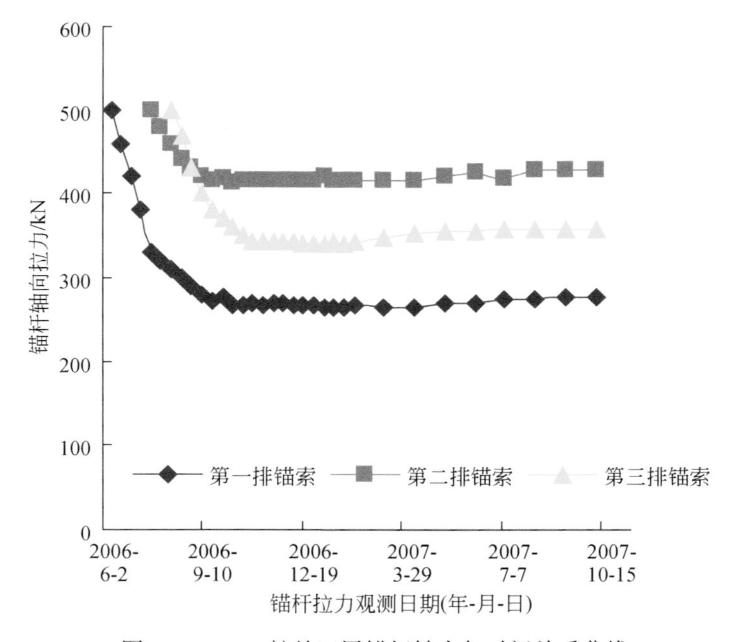

图 2.24　215#桩处四层锚杆轴力与时间关系曲线

递减到并稳定在某一拉力。锚杆施加预应力后，在基坑开挖期间，除 9#桩处第二道锚杆拉力迅速递增外，其他道锚杆拉力均呈递减趋势。当基坑开挖到设计深度后，锚杆拉力基本维持在某一值附近小幅变动；两桩处锚杆最终工作拉力最大值都出现在第二排，最小值出现在第一排或最下一排。这一现象可能是第一排锚索自由段最长、变形最大或产生了一定的蠕动造成应力下降最大，而最下一排的锚索是在基坑变形最大处附近施作的，但基坑开挖到底时桩的侧移足可以使其蠕动从而使应力迅速下降。

4）结论

（1）支护桩桩身水平位移最大处位于基坑开挖深度的 0.85 ~0.9 倍位置附近。桩体水平位移存在时间效应。该结果说明基坑使用期间的位移增量应引起高度重视，出现该现象可能是桩被动侧土体蠕变和锚杆周围土体蠕变引起的。

（2）坑顶附近地面堆载明显引起桩顶水平位移增大，该基坑工程最大增量达 30%，工程实践中应严格限制坡顶堆载。

（3）由于支护桩的竖向侧摩阻力作用，坑顶处地面沉降量不是最大，最大值发生在距坑顶最近的民房，距坑顶越近沉降越大。基坑使用期间的各点沉降在开挖期间沉降量的基础上增加了约一倍；砂层分布区域，沉降影响范围在四倍坑深远处仍较明显，这些现象在类似工程中要高度重视。分析该区域沉降如此大，主要是锚杆施工打穿了止水围幕，锚头渗水没有得到及时封堵，后来采取了回灌，但水位控制得不恰当等原因造成的。

（4）桩身最大弯矩发生在坑内侧 0.85 ~0.9 倍坑深处，与最大水平位移位置几乎一致。桩身实测弯矩比理论计算的弯矩大，最大大约 30%，说明存在锚杆应力松弛和土体的蠕变效应。桩身弯矩反弯点位于坑底下 1 ~2m 范围内，与理论反弯点位置差距不大。

（5）施工期间发现在基坑北侧局部约 30m 范围坑底以上内分布有石英脉，且脉顶高出坑底 2 ~3m，这一地带钻孔桩很难穿越坑底，后来采用了吊脚桩，在桩端上方附近增加了 1 ~2 道锚索锁脚，基坑开挖和使用期间未出现异常情况，该工程实践说明特定条件下，吊脚桩也可限制使用。

第3章　不同成钉方法的土钉抗拔承载力

3.1　概　　述

土钉墙支护技术由20世纪90年代初主要用于坡残积土发展到现在几乎用于所有的土层之中，土钉的钉材由以往常用的钢筋拓展到现在常用的钢管和钢绞线，相应地，土钉的成孔方式也由过去常用的人工掏土和机械掏土发展到现在的打入式一次性成钉。一般在黏性土和砂质黏性土中基本上采用掏土式，而在杂填土、软弱土及砂性土中则常采用钢管打入式或钢绞线一次性成钉式。由此，将土钉成钉方式分为掏土式和打入式两种，打入式土钉抗拔承载力比掏土式土钉的抗拔承载力大很多。作者在多项不同土质条件的基坑工程现场试验结果显示：在松散填土和软弱土层中，打入式土钉抗拔承载力是掏土式土钉抗拔承载力的1.6倍以上；在砂质黏性土和砂土中，打入式土钉抗拔承载力是掏土式土钉抗拉承载力的1.3倍以上。

虽然行标《建筑基坑支护技术规程》(JGJ 120-2012)、深圳市标《基坑支护技术标准》(SJG 05-2020) 列出了一些土层注浆土钉和打入钢管土钉的黏结强度标准值，但打入钢管土钉的黏结强度标准值取值偏小、依据不够充分，而且打入钢管土钉的直径按钢管直径计算也是偏小的。所以，工程实践中，如何合理地设计土钉的长度和密度是值得深入研究的。

本章从掏土式和打入式两种土钉孔壁的径向应力分析入手，利用弹塑性理论的基本原理，去分析两种不同成钉方式下孔壁的径向应力的差异性机理，从而推导出两种不同成钉方式下孔壁径向应力的解析公式，以此解决打入式土钉抗拔力的计算理论和工程设计依据。最后，列举了多项工程现场试验检测数据，归纳总结出了一般规律，为类似工程设计提供参考。

3.2　土钉孔壁径向应力的基本原理

3.2.1　掏土式土钉孔壁径向应力推导

如图3.1（a）所示，为便于分析，假设土钉孔轴线呈水平状，土钉孔周围应力呈平面轴对称。并假设掏土前，孔壁周围各向应力呈静水压力状态，应力大小（σ_0）等于其上覆土体自重应力（γh，式中，γ 为上覆土体平均重度；h 为孔轴线埋深）；掏土后，孔壁周围应力发生变化，取图 3.1（b）的微分体进性分析，假设不考虑微分体的自重，则沿微分体的径向列力的平衡方程式后形成如下等式：

$$\frac{\mathrm{d}\sigma_{\mathrm{r}}}{\mathrm{d}r}+\frac{\sigma_{\mathrm{r}}-\sigma_{\theta}}{r}=0 \tag{3.1}$$

式中，σ_{r}、σ_{θ} 分别为径向应力和环向应力。式（3.1）表示，孔壁周围不管是弹性区还是塑性区，均应满足上述力的平衡条件。在塑性区，其主应力 σ_{r}、σ_{θ} 还应满足莫尔–库仑极限平衡条件（这时 $\sigma_{\mathrm{r}}=\sigma_3$，$\sigma_{\theta}=\sigma_1$）：

$$\frac{\sigma_{\theta}-\sigma_{\mathrm{r}}}{\sigma_{\theta}+\sigma_{\mathrm{r}}+2\cdot c\cdot \mathrm{ctg}\varphi}=\sin\varphi \tag{3.2}$$

式中，c、φ 为土的黏聚力和内摩擦角。联立式（3.1）、式（3.2），并利用已知条件：当 $r=r_0$ 时，$\sigma_{\mathrm{r}}=p$（p 为孔内压力），通过求解微分方程，得到 σ_{r} 的表达式为

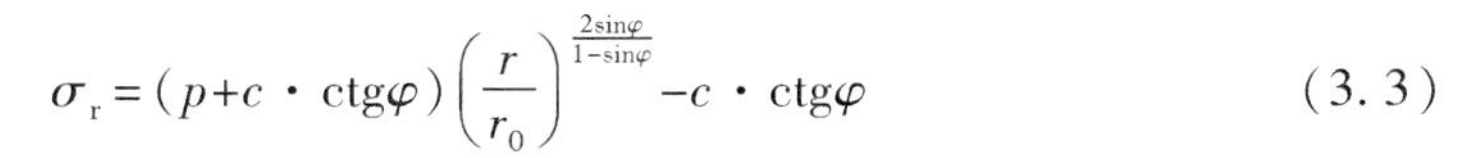

$$\sigma_{\mathrm{r}}=(p+c\cdot \mathrm{ctg}\varphi)\left(\frac{r}{r_0}\right)^{\frac{2\sin\varphi}{1-\sin\varphi}}-c\cdot \mathrm{ctg}\varphi \tag{3.3}$$

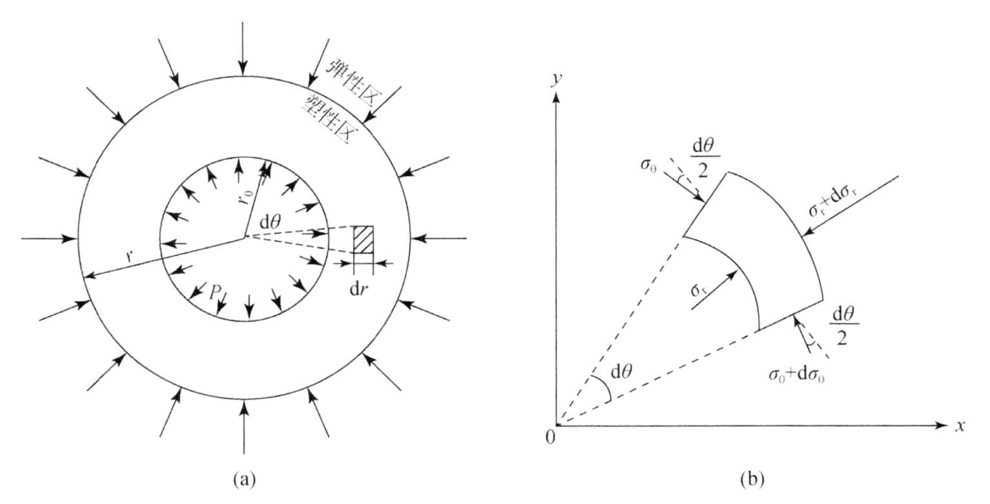

图 3.1　土钉孔壁周围应力弹塑性分析简图

在塑性区和弹性区分界面上，σ_{r}、σ_{θ} 均应满足式（3.2）；由弹性力学知道，在塑性区和弹性区分界面 r 处的应力 σ_{r}、σ_{θ} 为

$$\sigma_{\mathrm{r}}=\sigma_0\left(1-\frac{r_0^2}{r^2}\right) \tag{3.4}$$

$$\sigma_\theta=\sigma_0\left(1+\frac{r_0^2}{r^2}\right) \tag{3.5}$$

于是，由式（3.4）和式（3.5）得到 $\sigma_r+\sigma_\theta=2\sigma_0$，代入式（3.2）中，得到 σ_r 的表达式为

$$\sigma_r=\sigma_0(1-\sin\varphi)-c\cdot\mathrm{ctg}\varphi\cdot\sin\varphi \tag{3.6}$$

需要说明的是，式（3.4）和式（3.5）是借用隧道围岩压力弹塑性理论，虽然采用了一系列的假定和孔径存在较大差异，但由于土钉孔和隧道孔受力机理雷同且以上两式能给出一个解析解，并通过表达式可分析参数之间的函数关系，从而建立宏观现象和内在机理的正确概念。

假设刚掏完孔即插入钉材并注满浆，也就是不让塑性区出现，这时，锚固体也即孔壁上的径向应力为 $\sigma_r=\sigma_0(1-\sin\varphi)-c\cdot\mathrm{ctg}\varphi\cdot\sin\varphi$，这是掏土法最理想的状况，一般发生在较好的黏性土中。在较差的填土、软弱土及砂性土中，往往形成较大的塑性区，塑性区的半径可把式（3.6）代入式（3.3）中得

$$r=r_0\left[(1-\sin\varphi)\frac{\sigma_0+c\cdot\mathrm{ctg}\varphi}{p+c\cdot\mathrm{ctg}\varphi}\right]^{\frac{1-\sin\varphi}{2\sin\varphi}} \tag{3.7}$$

算例1：假设在某填土或软弱土土中采用掏土式成孔，孔埋深为3m，上覆土层自重应力为48kN/m^2，土的内摩擦角为 $\varphi=5°$，黏聚力为 $c=10$kPa，由式（3.7）得出其塑性区半径为 $r=6.3r_0$；如在某砂土中采用掏土式成孔，孔埋深也为3m，上覆土层自重应力也是48kN/m^2，而土的内摩擦角为 $\varphi=30°$，黏聚力为 $c=1$kPa，则由式（3.7）得出其塑性区半径 $r=3.8r_0$。由此可见，对于较差的填土、软弱土或砂性土，采用掏土式很难成孔或保持孔壁稳定。

3.2.2 打入式土钉孔壁径向应力及孔径的确定

1. 孔壁径向应力

对于打入式土钉，孔壁径向应力的分析仍可采用图3.1，力的平衡方程仍符合式（3.1），只是在塑性区，其主应力 $\sigma_r=\sigma_1$、$\sigma_\theta=\sigma_3$（这是打入式和掏土式土钉孔壁受力的本质区别），于是，莫尔-库仑极限平衡条件为

$$\frac{\sigma_r-\sigma_\theta}{\sigma_r+\sigma_\theta+2\cdot c\cdot\mathrm{ctg}\varphi}=\sin\varphi \tag{3.8}$$

式中，符号意义同前。联立式（3.8）和式（3.1），先消去 σ_θ，并利用微分性质 $\mathrm{d}(\sigma_r+c\cdot\mathrm{ctg}\varphi)=\mathrm{d}\sigma_r$，有如下微分等式：

$$\frac{\mathrm{d}(\sigma_r+c\cdot\mathrm{ctg}\varphi)}{\sigma_r+c\cdot\mathrm{ctg}\varphi}=-\frac{2\sin\varphi}{1+\sin\varphi}\cdot\frac{\mathrm{d}r}{r} \tag{3.9}$$

对式（3.9）两边积分得

$$\ln(\sigma_r+c\cdot \text{ctg}\varphi)=-\frac{2\sin\varphi}{1+\sin\varphi}\ln r+A \tag{3.10}$$

利用初始条件：当 $r=r_0$ 时，$\sigma_r=p$，p 打入时产生的径向挤压应力，得到积分常数（A）为

$$A=\ln(p+c\cdot \text{ctg}\varphi)+\frac{2\sin\varphi}{1+\sin\varphi}\ln r_0 \tag{3.11}$$

将式（3.11）代入式（3.10），得到径向应力（σ_r）的表达式为

$$\sigma_r=(p+c\cdot \text{ctg}\varphi)\left(\frac{r}{r_0}\right)^{-\frac{2\sin\varphi}{1+\sin\varphi}}-c\cdot \text{ctg}\varphi \tag{3.12}$$

同样，在塑性区和弹性区分界面上，σ_r、σ_θ 均应满足式（3.4）、式（3.5）和式（3.8），联立该三式得到径向挤压应力（σ_r）为

$$\sigma_r=\sigma_0(1+\sin\varphi)+c\cdot \text{ctg}\varphi\cdot\sin\varphi \tag{3.13}$$

将式（3.13）代入式（3.12）得到塑性区半径（r）的表达式为

$$r=r_0\left[(1+\sin\varphi)\frac{\sigma_0+c\cdot \text{ctg}\varphi}{p+c\cdot \text{ctg}\varphi}\right]^{-\frac{1+\sin\varphi}{2\sin\varphi}} \tag{3.14}$$

假设打入时产生的径向挤压应力不足以使孔壁周围土体破坏，即不出现塑性区，则得到孔壁径向挤压应力（p）为

$$p=\sigma_0(1+\sin\varphi)+c\cdot \text{ctg}\varphi\cdot\sin\varphi \tag{3.15}$$

2. 打入式土钉孔径的确定

打入式土钉的钉材大多采用 Φ48mm×3.25mm、Φ48mm×3.5mm、Φ50mm×4mm、Φ57mm×5mm 或 Φ60mm×5mm 等型号的热轧钢管（少数用冷轧钢管）。由于钢管长度一般为6m，因此，当设计土钉长度大于6m时，均需焊接接长，一般是先对焊再帮焊；另外，为了便于打完钢管后利于注浆，通常是在管身设置螺旋型溢浆孔并在孔口前上方设置前倾角盖。这样，在成钉后锚固体的直径不是钢管外径，而是钢管外径（D）加 ΔD 值。根据大量的现场拉拔试验和局部开挖量测的结果，一般 ΔD 值在 20～25mm。因此，打入式土钉锚固体的计算直径可取 D+20mm 至 D+25mm。

3.3　打入式土钉抗拔承载力计算

比较式（3.15）和式（3.6），可得出结论：打入式土钉产生的孔壁径向挤压应力永远大于掏土式土钉孔壁径向应力，这就是打入式土钉锚固体与孔壁的摩阻力大于掏土式土钉锚固体与孔壁的摩阻力，从而打入式土钉抗拔承载力大于掏

土式土钉抗拔承载力的本质所在。计算出了打入式土钉孔壁径向应力后，就可以按下述公式计算打入式土钉抗拔承载力（f）：

$$f=\sigma_{r}\cdot \mathrm{tg}\varphi+c \tag{3.16}$$

式中，各符号意义同前。

算例 2：仍用前述算例 1 的两种土层，对于填土或软弱土：采用掏土式成孔时，土钉孔壁径向应力为 $\sigma_{r}=33.9\mathrm{kPa}$；采用打入式时，土钉孔壁径向应力为 $\sigma_{r}=62.1\mathrm{kPa}$。对于砂土：采用掏土式成孔时，土钉孔壁径向应力为 $\sigma_{r}=23.1\mathrm{kPa}$；采用打入式时，土钉孔壁径向应力为 $\sigma_{r}=72.9\mathrm{kPa}$。假若土钉锚固体与孔壁的摩阻力采用式（3.16），则对于填土或软弱土：采用掏土式成孔时，$f=13.0\mathrm{kPa}$；采用打入式时，$f=15.4\mathrm{kPa}$。对于砂土：采用掏土式成孔时，$f=14.3\mathrm{kPa}$；采用打入式时，$f=43.1\mathrm{kPa}$。计算结果说明，打入式土钉锚固体与孔壁的摩阻力比掏土式土钉锚固体与孔壁的摩阻力大，土的内摩擦角越大，差异性越大。

3.4 工程现场试验

1. 工程试验结果

表 3.1 是作者完成的九个基坑工程的现场试验实测数据，从表中各项数据分析，在松散填土和软土层中，打入式土钉锚固体与孔壁的摩阻力是掏土式土钉锚固体与孔壁的摩阻力的 1.54～2.03 倍，极限拉拔试验时，短钢管被拉出，而长钢管则被拉屈服；在砂质黏性土和砂土中，极限拉拔试验时，由于锚固力足够，总是钢管被拉屈服，打入式土钉锚固体与孔壁的摩阻力至少是掏土式土钉锚固体与孔壁的摩阻力的 1.3～1.44 倍。现行规范、规程推荐的极限摩阻力小于掏土式的试验实测值，更小于打入式的试验实测值。这些数据说明，采用打入式的土钉进行边坡支护时，土钉极限摩阻力还有更大潜力，同时解决了掏土塌孔和对环境的影响问题。

表 3.1 掏土式和打入式土钉现场拉拔试验数据一览表

工程名称（土类）	土钉长度/m	钉材/mm（孔径/mm）	行业规程推荐的极限摩阻力/kPa	掏土式土钉试验的极限摩阻力/kPa	打入式土钉试验的极限摩阻力/kPa	打入式与掏土式试验的极限摩阻力之比	打入式试验与规范推荐的极限摩阻力之比	备注
深圳世纪村二期基坑（填土）	18	Φ48（70）	20	25	45	1.80	2.25	钢管拔出

续表

工程名称（土类）	土钉长度/m	钉材/mm（孔径/mm）	行业规程推荐的极限摩阻力/kPa	掏土式土钉试验的极限摩阻力/kPa	打入式土钉试验的极限摩阻力/kPa	打入式与掏土式试验的极限摩阻力之比	打入式试验与规范推荐的极限摩阻力之比	备注
深圳港中旅二期基坑（填土）	6、9、12、15	Φ48（70）	20	35 ~40	50 ~80	1.43 ~ 2.00	2.50 ~ 4.05	钢管拔出或屈服
深圳永润大厦基坑（填土）	6	Φ48（70）	20	35	65	1.86	3.25	钢管拔出
深圳福田某厂房基坑（软土）	18	Φ48（70）	16	25	40	1.60	2.50	钢管拔出
深圳华强花园基坑（砂质黏性土）	15	Φ60（80）	70	85	120	>1.41	>1.71	钢管屈服
深圳香密三村 5 号楼基坑（填土、砂土）	5、6、8、10、12、18	Φ50、Φ60（70、80）	20、80	95	50、125	>1.32	>2.50、>1.56	钢管屈服
深圳建艺名苑基坑（砂土）	15	Φ60（80）	80	90	125	>1.39	>1.56	钢管屈服
深圳汝南大厦基坑（砂土）	18	Φ60（80）	80	100	130	>1.30	>1.63	钢管屈服
深圳会展中心（填土、淤泥质黏土、砂土）	10、12、15、18	Φ48、Φ57（70、80）	20、20、80	35、40、95	50、55、130	>1.43、>1.38、>1.37	>2.50、>2.75、>1.66	钢管拔出或屈服

2. 结论

本书从土钉孔壁的径向应力分析入手，利用弹塑性理论的基本原理，分析了两种不同成钉方式下的孔壁的径向应力的差异性，从而，揭示出两种不同成钉方式下的锚固体和其周围土体的摩阻力差异性的本质和量化求算公式。工程现场试验检测数据验证了理论的正确性，在松散填土和软土层中，打入式土钉锚固体与孔壁的摩阻力是掏土式土钉锚固体与孔壁的摩阻力的 1.5 倍以上；在砂质黏性土和砂土中，打入式土钉锚固体与孔壁的摩阻力至少是掏土式土钉锚固体与孔壁的摩阻力的 1.3 倍以上。现行规范、规程推荐的极限摩阻力标准值小于掏土式的试验实测值，更小于打入式的试验实测值，本书的研究结论对类似基坑工程支护设计计算有较好的参考使用价值。下节将列举 2000 年前后作者完成的两个打入式钢管土钉支护的深基坑工程案例，以帮助读者了解作者对该课题的研究历程和工程应用成效。

3.5 工程案例

1. 工程案例 1

1) 工程概况

工程案例 1 为 1998 年 7 月完成的深圳市天健 5 号楼基坑工程。该工程位于深圳市福田区新洲路与红荔西路交汇西南角部位，基坑开挖深度约为 11.0m，平面长为 123m、宽为 52m。基坑北侧距离红荔西路较远，为临时建筑用地，作为临时堆放材料和临建工棚用地，临时荷载约为 30kN/m^2，如图 3.2 所示；基坑西侧北半区域距离基坑开挖底边线 8m 处有一栋 22 层人工挖孔桩基础的 4 号楼，基础底板埋深为 4.5m，如图 3.3 所示；基坑西侧南半区域距离基坑开挖边线 5m 处有一栋 22 层浅基础的 2 号楼，筏板基础，基础底板埋深为 4.5m，基础平面尺寸为长为 60m、宽为 20m，如图 3.4 所示；基坑南侧根据施工需要须在基坑边 3m 范围内堆放材料，材料荷载约为 30kN/m^2；基坑东侧为香蜜八号路，路宽及绿化带宽共约 12m，绿化带外侧为新洲河，常年有水流经过，该侧距离坑底开挖边线 1.5m 分布一埋深为 6.2m 且平行坑边线 Φ1200mm 的排污管。基坑开挖范围内岩土层主要由人工填土层、黏土层、粗砂层、残积黏土层和下伏花岗岩风化层等构成，地层分布比较均匀。各岩土层的主要物理状态、重度和力学性质指标为：①素填土：结构松散，$\gamma=18$kN/m^3，$c=10$kPa，$\varphi=12°$，层厚为 1.0 ~ 1.5m；②黏土：硬塑，局部可塑，$\gamma=19.3$kN/m^3，$c=40$kPa，$\varphi=15°$，层厚为 3.0 ~ 3.5m；③粗砂：稍-中密，底部夹卵石，$\gamma=19.5$kN/m^3，$c=0$，$\varphi=30°$，层厚为 6.8 ~ 7.2m；④残积黏土：可-硬塑，$\gamma=18$kN/m^3，$c=18$kPa，$\varphi=23°$，层厚 5.0 ~ 12.0m。场地地下水属潜水类型，微具承压性，受大气降水补给，地下水与新洲河中的地表水存在一定的水力联系，勘察期间稳定水位 1.5 ~ 4.5m。基坑工程东、西两侧安全等级一级，南、北两侧安全等级为二级。

2) 基坑支护方案选取与设计计算

根据基坑开挖深度、基坑开挖深度范围内的地层分布情况、地下水埋藏条件、东侧河流状态、基坑西侧建筑物分布特征和工程建设成本及工期等诸多影响因素，该基坑支护以打入式土钉墙支护结构为主，局部黏土层层位采用掏土式土钉墙支护结构。沿基坑四周设置封闭式截水帷幕，截水帷幕采用三重管高压摆喷桩和旋喷桩，其中，基坑东侧及西侧 2 号楼处采用旋喷桩，设计桩径为 1.2m、桩距为1.0m；基坑其余各侧采用摆喷桩，设计桩距为1.5m，摆喷角为20°，摆喷桩形成的摆喷墙厚度要求≥15cm；摆喷桩桩顶高于粗砂层顶面1.0m，摆喷桩桩底入残积黏土2.0m；基坑西侧邻近2号楼处由于采取了地下水回灌措施和在旋喷桩中插入工字钢加强措施，该段旋喷桩桩顶标高稍高于基础底面标高，旋喷桩桩底深入坑底2.5m。

为了解决松散填土层、深厚粗砂层掏土式土钉成孔困难和采用支护桩成本高、工期长以及锚杆成孔困难和成孔穿越截水帷幕造成孔口涌水等问题，本基坑经多种方案比较后，最终设计采用以打入式土钉墙支护方式的低价方案竞标成功。

该基坑打入式土钉的钉材选取两种：一种是Φ50mm×4mm的热轧钢管，另一种是Φ60mm×5mm的热轧钢管。考虑到钢管管身设置了螺旋式溢浆孔，钢管土钉的孔径取钢管外径加20mm，依钢管外径不同钢管土钉的孔径分别取70mm和80mm。土钉抗拔承载力依据现场抗拔试验结果确定，根据素填土和含黏中粗砂地层中打入钢管土钉的现场抗拔试验，得到素填土和含黏中粗砂地层中的注浆体与孔壁土层之间的黏结强度标准值分别为50kPa和125kPa。根据素填土和含黏中粗砂地层中注浆体与孔壁土层之间的黏结强度标准值分别计算得到Φ50mm×4mm钢管在素填土中每延米抗拔承载力极限值为10.99kN，在含黏中粗砂中每延米抗拔承载力极限值为27.47kN；Φ60mm×5mm钢管在素填土中每延米抗拔承载力极限值为12.56kN，在含黏中粗砂中每延米抗拔承载力极限值为31.40kN。根据行标《建筑基坑支护技术规程》(JGJ 120-99）和深圳市标《深圳地区建筑深基坑支护技术规范》(SJG 05-96）对基坑各支护断面进行钢管土钉的设计和局部稳定性及整体稳定性验算，下面将其中的三个典型支护剖面的设计计算数据和剖面图列出供读者深入了解设计计算过程。

（1）基坑北侧支护剖面设计计算如图3.2所示，该侧坑顶分布有地面超载，超载影响深度为$L_0\tan(45°+\varphi/2)=3\text{m}\times1.3=3.9\text{m}$，超载为$q_0=30\text{kPa}$，钢管土钉水平间距按1.5m设置，于是每一排土钉处土压力分布强度及合力：

第一排钢管土钉：$h_1=1.2\text{m}$，$e_{a1}=19.04\text{kN/m}^2$，$E_{a1}=34.28\text{kN}$；

第二排钢管土钉：$h_2=2.4\text{m}$，$e_{a2}=17.594\text{kN/m}^2$，$E_{a2}=31.67\text{kN}$；

第三排钢管土钉：$h_3=3.6\text{m}$，$e_{a3}=31.4\text{kN/m}^2$，$E_{a3}=56.52\text{kN}$；

第四排钢管土钉：$h_4=4.8\text{m}$，$e_{a4}=31.2\text{kN/m}^2$，$E_{a4}=56.16\text{kN}$；

第五排钢管土钉：$h_5=6.0\text{m}$，$e_{a5}=39.0\text{kN/m}^2$，$E_{a5}=58.5\text{kN}$。

第六、第七、第八排钢管土钉位于一级平台下方，平台上不计临时荷载，土压力计算方法同上。经钢管局部稳定性和整体稳定性验算，最终确定的各排土钉参数见图3.2。

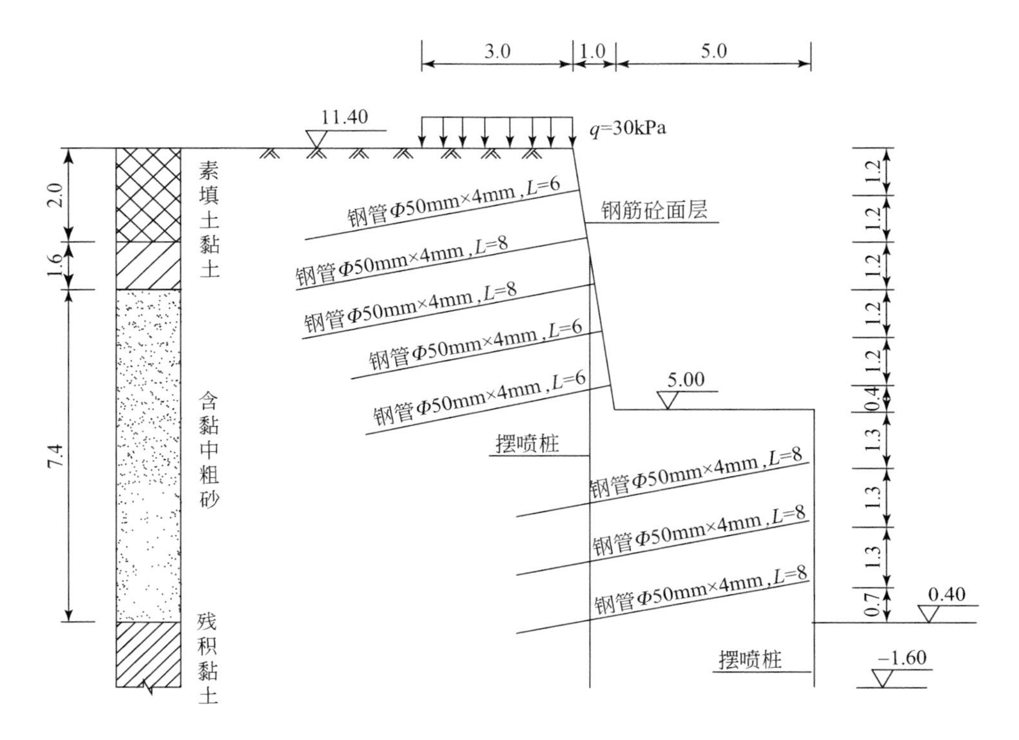

图 3.2　基坑北侧支护剖面图（单位：m）

（2）基坑西侧邻近 4 号楼基坑支护剖面设计计算如图 3.3 所示，该侧邻近的 4 号楼为人工挖孔桩基础，基础埋深 4.5m，该楼至坑边土体以填土为主，设计计算将基础底标高以上土体按超载考虑，超载（q_0）取 85.5kPa，超载影响深度为 $L_0\tan(45°+\varphi/2)=6.3\times1.73=10.9\text{m}$，超载影响深度超过坑底，钢管土钉水平间距按 1.5m 设置，于是，每一排土钉（指 4 号楼基础底标高以下 1.3m 处及以下的五排钢管土钉）处土压力分布强度及合力：

第一排土钉：$h_1=1\text{m}$，$e_{a1}=34.9\text{kN/m}^2$，$E_{a1}=83.84\text{kN}$；

第二排土钉：$h_2=2.2\text{m}$，$e_{a2}=42.65\text{kN/m}^2$，$E_{a2}=76.78\text{kN}$；

第三排土钉：$h_3=3.4\text{m}$，$e_{a3}=50.37\text{kN/m}^2$，$E_{a3}=90.07\text{kN}$；

第四排土钉：$h_4=4.6\text{m}$，$e_{a4}=58.09\text{kN/m}^2$，$E_{a4}=104.57\text{kN}$；

第五排土钉：$h_5=5.8\text{m}$，$e_{a5}=65.81\text{kN/m}^2$，$E_{a5}=98.72\text{kN}$。

经钢管局部稳定性和整体稳定性验算，最终确定的各排土钉参数见图 3.3。

（3）基坑西侧邻近 2 号楼支护剖面设计计算。基坑西侧邻近 2 号楼支护剖面采用了两种方法进行设计计算比较。第一种方法是假定 2 号楼基础外侧土体沿潜在滑移面向坑内滑移，根据滑移面上力的平衡原理计算钢管土钉受到的水平荷

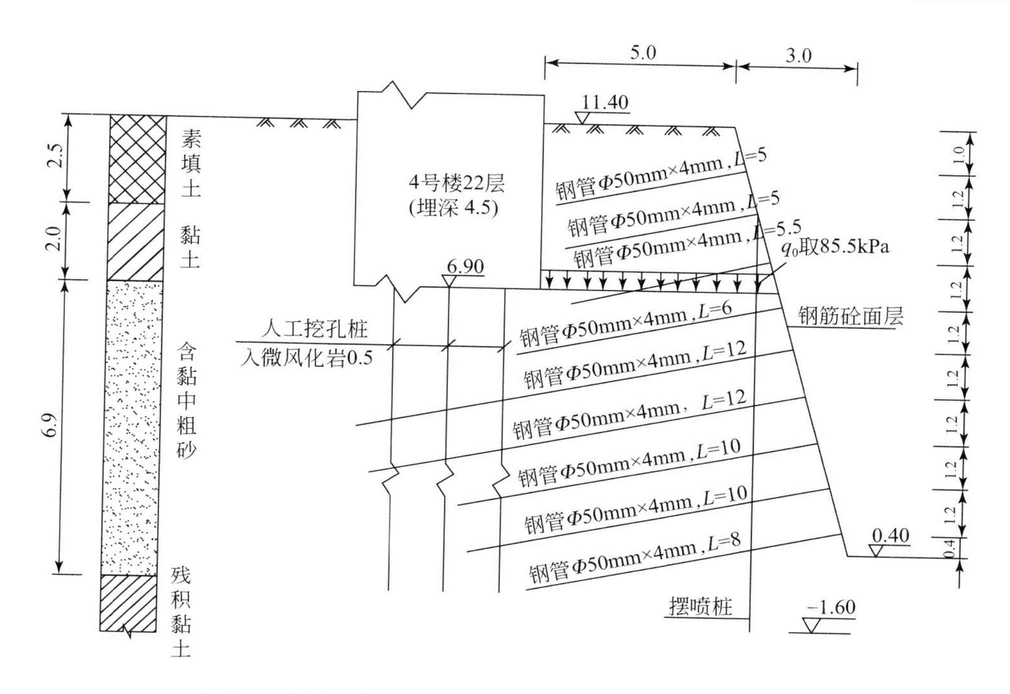

图3.3　基坑西侧邻近4号楼基坑支护剖面图（单位：m）

载，从而对钢管长度和密度进行设计；第二种方法是按超载产生的水平荷载进行钢管的长度荷密度设计。

第一种方法：如图3.4所示，假定2号楼基础外侧土体沿着 AB 连线滑移面滑移，该滑移面上土体下滑力为 $F=W\sin\theta-W\cos\theta\tan\varphi$，$W$ 为基础外侧滑移面以上全部土体的重量等于747.88kN/m，滑裂角（θ）为50°，土体内摩擦角（φ）为30°。于是，计算得到滑移面上土体下滑力为 $F=295.36$kN/m，如果利用钢管土钉抗拔力（T）来平衡土体下滑力，则 T 应该 $\geqslant F\cos(50°+5°)=514.94$kN/m。假定钢管土钉水平间距取1.2m，并考虑一个1.5的安全系数，则钢管土钉极限抗拔力（T）应该 $\geqslant 514.94$kN/m×1.2m×1.5=926.9kN。如果设计四排钢管土钉，第一、二排极限抗拔力取225kN，第三、四排极限抗拔力取270kN，合力为990kN，满足极限抗拔力要求。

第二种方法：因2号楼基础长边垂直于基坑边线，故不宜按深圳市标《深圳地区建筑深基坑支护技术规范》（SJG 05-96）的 θ 取30°方法计算建筑物超载产生的水平荷载，而应按 θ 取 $45°-\varphi/2$ 角方法计算建筑物超载产生的水平荷载。计算超载产生的水平荷载以基础底面为基准面，该基准面上的超载包括2号楼建筑物荷载（q_1）、基坑地面荷载（q_2）和基准面以上土体自重（q_3）。2号楼建筑物荷载（q_1）取 244. 5kPa，q_1的影响起始深度为 2. 89m（从基准面计）、终止深度为 8. 66m（超过坑底）；基坑地面荷载（q_2）取 0；基准面以上土体自重（q_3）取 85. 5kPa；q_2和 q_3的影响起始深度为基准面、终止深度为 8. 66m（超过坑底）。如果同样设计四排钢管土钉，竖向间距为 1. 5m、水平间距为 1. 2m，于是每根钢管土钉承受的水平荷载（T_i）分别如下：

第一排钢管土钉：$h_1 = 1.5\text{m}$，$e_{a1} = 38.25\text{kN/m}^2$，$T_1 = E_{a1} = 98.1\text{kN}$；

第二排钢管土钉：$h_2 = 2\text{m}$，$e_{a2} = 48\text{kN/m}^2$，$T_2 = E_{a2} = 86.4\text{kN}$；

第三排钢管土钉：$h_3 = 4.5\text{m}$，$e_{a3} = 57.75\text{kN/m}^2$，$T_3 = E_{a3} = 103.95\text{kN}$；

第四排钢管土钉：$h_4 = 6\text{m}$，$e_{a4} = 67.5\text{kN/m}^2$，$T_4 = E_{a4} = 101.25\text{kN}$。

四排钢管土钉承受的水平荷载合力（T）为 389. 7kN，乘以 1. 5 的安全系数，为 586. 8kN，比按假定滑移面计算的结果小，因此，实际工程最后按照规程土压力理论设计钢管土钉，土钉布置如图 3. 4 所示。

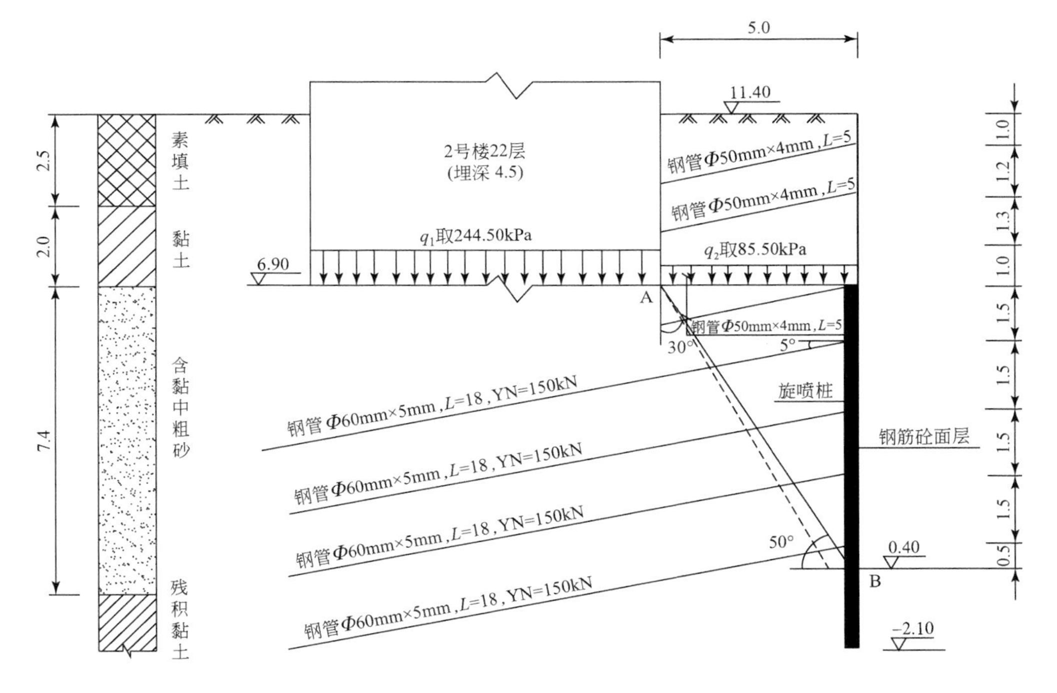

图 3. 4　基坑西侧邻近 2 号楼支护剖面图（单位：m）

3）变形监测

基坑开挖及使用过程中的变形监测显示：基坑西侧 2 号楼总体沉降≤20mm，最大沉降点位于建筑物东侧，东侧南北两测点沉降量分别为 18mm 和 19mm，倾斜率小于0.1‰；基坑西侧4号楼和南侧华强学校教学楼均未发生沉降；基坑东侧排污管未出现渗漏现象；基坑地面除局部因填土遇水湿陷沉降达40mm外，水平位移均不足30mm。总之，该基坑设计方案新颖合理、经济，施工过程中相关各方质量管控严密、效果显著，竣工验收时被评为优良工程。由于进行了设计创新，不仅节约了工程造价20%以上，而且还获得了2002年深圳市第十届优秀岩土工程设计奖一等奖。

2. 工程案例2

1）工程概况

工程案例2是作者2002年10月完成的深圳会议展览中心基坑工程。深圳会展中心是2002年深圳市政府重点投资的大型公共建筑项目，其基坑规模是当时粤港澳地区最大的基坑工程。项目场地位于深圳市福田区福华三路、金田路、益田路、滨河大道之间，属于市中心区11号地块，占地面积约22万m^2。本工程为大跨度展览建筑，地上五层，长为540m、宽为280m，周长达1640m，基坑开挖平面呈“王”字形，空间多级平台，形成的开挖空间极为复杂。该会展中心为30m×30m柱网的框架结构，东西两边为125m跨、柱距为30m的双柱拱架，单柱荷载值较大，会展中心中部地段设地下室一层，深为6.0m，四周因建筑结构主体的施工形成深约10.9～15.1m的深基坑，因平面布局复杂，多处形成坑中坑现象。

根据岩土工程勘察报告，拟建场地基坑支护范围内地层处于两个不同的单元，Ⅰ区地貌单元为皇岗河冲洪积阶地，原始地面标高为2.02～12.06m（相对标高为-5.3～4.56m），后回填整平；Ⅱ区地貌单元为一级台地，原始地面标高为8.5～26.2m（相对标高为1.0～18.5m），植被发育。工程建设时场地内地形总体比较平整，地势由中部、西南部向东、北部缓慢倾斜。场地地层自上而下分布有人工填土层、第四系冲洪积层（包括淤泥质黏土、中粗砂、砾砂、粉细砂）、第四系坡残积含砾黏土、燕山期花岗岩（全、强、中、微风化层），各层分布不均，厚度不一。场地地下水按性质分第四系冲洪积地层中的上层滞水和赋存于基岩中的裂隙水两种类型，地下水水位变幅较大，埋深为2～15.8m。基坑工程安全等级大部分区段为二级，局部一级。

2）基坑支护设计方案选取

由于该基坑周长超过1600m，而且基坑中心区域开挖深度较浅，四周基坑开挖深度较深，形成典型的坑中套坑、边界复杂的基坑群，正在施工中的地铁隧道由北向南从基坑东侧底部穿过；场地Ⅰ区土质较差，分布的深厚软弱土层（素填土、淤泥质黏土及中粗砂、砾砂）中地下水丰富，渗透性强、渗透系数较大，止水或降水对Ⅰ区的基坑支护至关重要；Ⅱ区土质较好，分布的坡、残积砾质黏土和全风化花岗岩中的地下水渗透性弱、渗透系数较小，有利于基坑放坡开挖和支护。考虑到基坑周边地面空旷、无重要建筑物分布等特点，会展中心基坑采取分区开挖分区设计、边界加强，以打入式钢管土钉墙结合截水和放坡为主的支护方案，同时，场地范围大，需要分区获得软弱土层的钢管抗拔承载力设计参数，工程钢管土钉大量施工前应进行不同地层的钢管土钉极限抗拔承载力试验。分层开挖过程中，采取动态设计和信息化施工原则，根据试验结果对原设计参数进行修正。下面对会展中心四种支护型式进行简要介绍，然后给出三个典型剖面的支护结构设计参数。

（1）自然放坡。

自然放坡区域包括16个剖面，根据开挖深度不同，有一坡到底的，也有分两级放坡的。放坡坡率在1∶0.8～1∶1.2，坡面挂钢筋网Φ6mm@300mm×300mm，喷射C20砼厚40mm。

（2）土钉墙支护。

土钉墙支护区域包括10个剖面，根据基坑深度不同，分别采用Φ20mm或Φ22mm纵横间距为1.5m左右、长度3～10m不等的钢筋土钉，放坡坡率在1∶1～1∶0（直立），坡面挂钢筋网Φ6mm@200mm×200mm（或Φ6mm@300mm×300mm），喷射C20砼厚80mm（或40mm）。

（3）水泥搅拌桩+自然放坡支护。

水泥搅拌桩+自然放坡支护区域包括两个剖面，均位于场地土质较差的Ⅰ区，场地分布有深厚填土及砾砂层。设计一排水泥搅拌桩作截水帷幕，搅拌桩设计参数：桩径为550mm、桩距为400mm、桩长为6～10m不等，实际施工时以桩端进入残积黏土1.0m或全风化岩层层面来控制桩长。该区域基坑深度3～4m，采用1∶1自然放坡，坡面挂钢筋网Φ6mm@300mm×300mm，喷射C20砼厚40mm。

（4）水泥搅拌桩+土钉墙支护。

水泥搅拌桩+土钉墙支护区域包括12个剖面，主要位于用于土质较差的Ⅰ区，该区分布有深厚填土及砾砂透水层。设计采用上部放坡、下部搅拌桩截水+打入式钢管土钉墙支护的复合支护型式。搅拌桩桩顶以上放坡坡度1∶0.3～1∶1不等。设计采用Φ48mm×3.5mm和Φ57mm×5mm的两种热轧钢管作为打入钉材。参照工程案例1，在钢管管身设置了螺旋式溢浆孔，钢管土钉的孔径取钢管外径加22～23mm，依钢管外径不同钢管土钉的孔径分别取70mm和80mm。土钉抗拔承载力根据现场抗拔试验结果取值，素填土、淤泥质黏土和砾砂地层中，注浆体与孔壁土层之间的黏结强度标准值分别为50kPa、55kPa和130kPa。根据素填土、淤泥质黏土和砾砂地层中注浆体与孔壁土层之间的黏结强度标准值分别计算得到

Φ48mm×3.5mm 钢管在素填土中每延米抗拔承载力极限值为 10.99kN，在淤泥质黏土中每延米抗拔承载力极限值为 12.09kN，在砾砂中每延米抗拔承载力极限值为 28.5kN；Φ57mm×5mm 钢管在素填土中每延米抗拔承载力极限值为 12.56kN，在淤泥质黏土中每延米抗拔承载力极限值为 13.3kN，在砾砂中每延米抗拔承载力极限值为 32.66kN。根据行标《建筑基坑支护技术规程》(JGJ 120–99) 和深圳市标《深圳地区建筑深基坑支护技术规范》(SJG 05–96) 对基坑各支护断面进行钢管土钉的设计和局部稳定性及整体稳定性验算，下面仅将其中的三个典型支护剖面的设计图图 3.5、图 3.6 和图 3.7 列出供读者阅览。

图 3.5 为 A-A'支护剖面，基坑深度为 10.9m，分布有约 3.8m 厚的老填土、1.7m 厚的淤泥质黏土和 4.5m 厚的砾砂层。设置一排水泥搅拌桩截水，桩顶标高设在淤泥质黏土层上方 3.8m 处，搅拌桩的设计参数：桩径为 550mm、桩距为 400mm、桩长为 7.1m，实际施工时以桩端进入残积层 1.0m 或全风化层层面来控

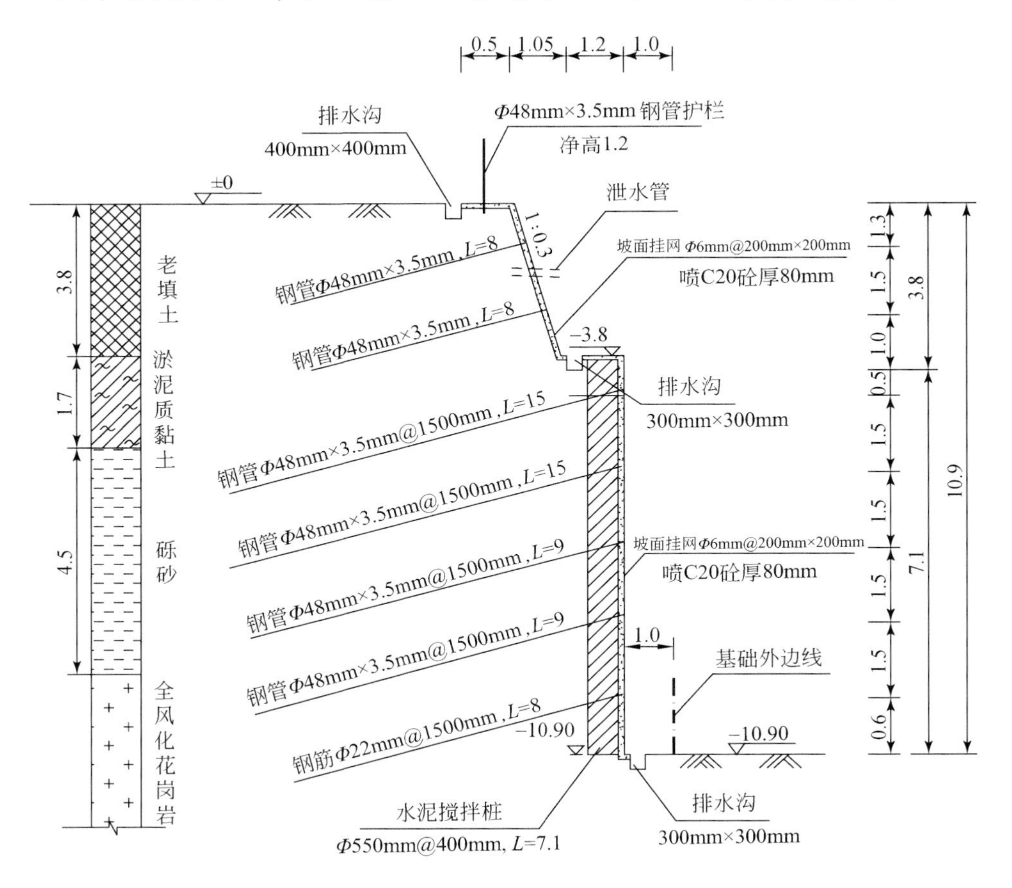

图 3.5　深圳会展中心基坑 A-A'支护剖面（原 3-3′剖面；单位：m）

制。自上至下设置六排钢管土钉和一排钢筋土钉。钢管土钉：钢管 Φ48mm×3.5mm、纵横间距为 1500mm，长为 8m、9m 和 15m；最下一排为钢筋土钉：钢筋 Φ20mm、纵横间距为 1500mm，长为 8m。上下坡面均挂钢筋网 Φ6mm@200mm×200mm，喷射 C20 砼厚 80mm。该剖面为原设计 3-3′剖面。

图 3.6 为 *B-B′*支护剖面，基坑深度为 10.9m，分布有约 4.1m 厚的夯实回填土、1.5m 厚的老填土和 8.3m 厚的砾砂层。设置一排水泥搅拌桩截水，桩顶标高设在砾砂层上方 0.5m 处，搅拌桩的设计参数：桩径为 550mm、桩距为 400mm、桩长为 9.8m，实际施工时以桩端进入残积层 1.0m 或全风化层层面来控制。自上至下设置三排短钢筋土钉：钢筋 Φ14mm、纵横间距为 2000mm，长为 0.5m；下部设置四排钢管土钉：钢管 Φ57mm×5mm、纵横间距为 1500mm，长为 10m、15m。上部 1∶1 放坡坡面挂钢筋网 Φ6mm@300mm×300mm，喷射 C20 砼厚为 40mm；下部直立坡面挂钢筋网 Φ6mm@200mm×200mm，喷射 C20 砼厚 80mm。该剖面为原设计 8-8′剖面。

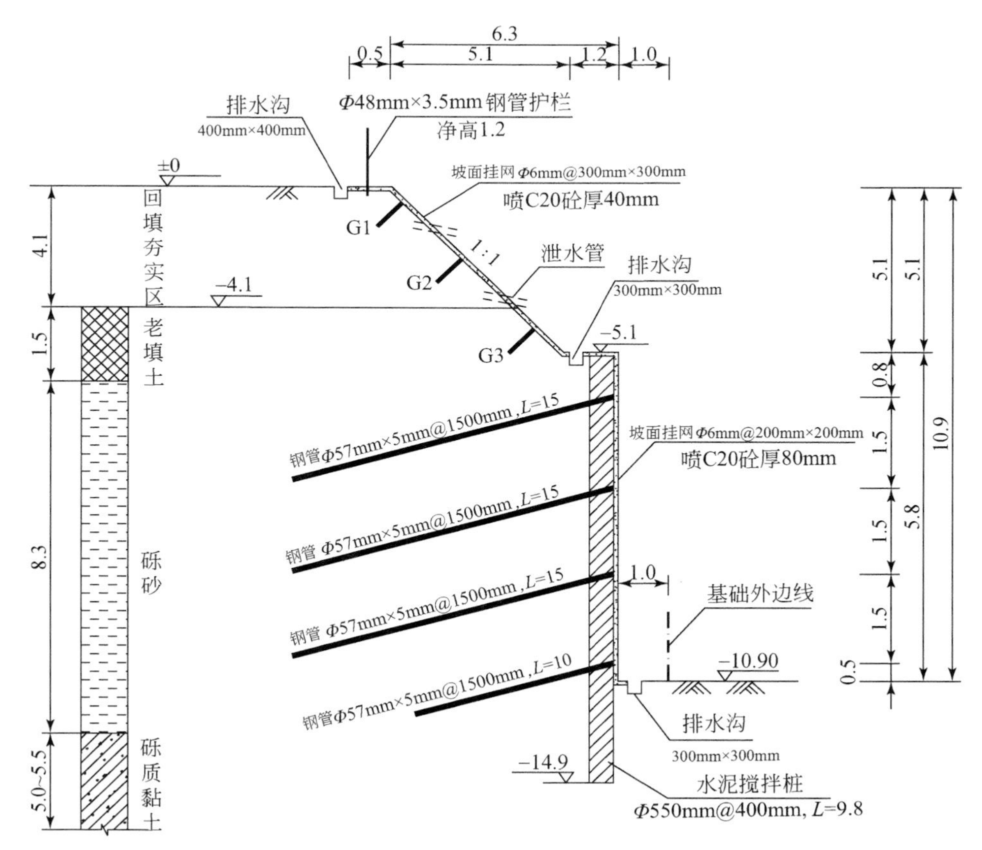

图 3.6　深圳会展中心基坑 *B-B′*支护剖面（原 8-8′剖面；单位：m）

图 3.7 为 C-C' 支护剖面，基坑深度为 13.1m，分布有 4.1m 厚的夯实回填土、1.5m 厚的老填土、2.0m 厚的淤泥质黏土和约 8.8m 厚的砾砂层。设置一排水泥搅拌桩截水，桩顶标高设在淤泥质黏土上方 0.5m 处，搅拌桩的设计参数：桩径为 550mm、桩距为 400mm、桩长为 12.3m，实际施工时以桩端进入残积层 1.0m 或全风化层层面来控制。自上至下设置 9 排钢管土钉。其中，上部设置的五排钢管土钉：钢管 Φ48mm×3.5mm、纵横间距为 1500mm，长为 10m、12m 和 18m；下部设置的四排钢管土钉：钢管 Φ57mm×5mm、纵横间距为 1500mm，长为 10m 和 12m。上下坡面均挂钢筋网 Φ6mm@200mm×200mm，喷射 C20 砼厚为 80mm。该剖面为原设计 18-18′剖面。

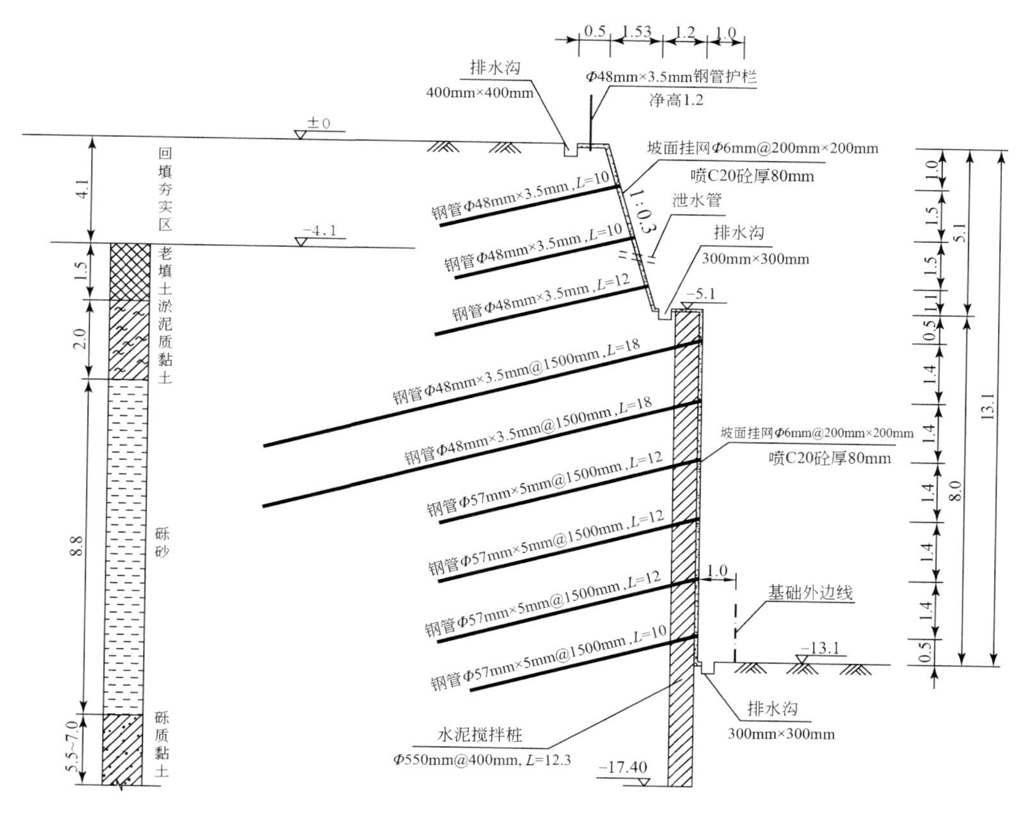

图 3.7　深圳会展中心基坑 C-C' 支护剖面（原 18-18′剖面；单位：m）

3）变形监测

为保证基坑自身及周边道路的安全，在基坑施工和地下室施工期间对其进行了坡顶水平位移和沉降的监测。布设的变形监测点（沉降及水平位移观测合二为一）101 个，土方开挖期间每 1 ~ 3 天观测一次，数据稳定后 5 ~ 7 天观测一次；监测在地下工程完成之后结束。101 个变形监测点数据显示，基坑坡顶及周围地面最大沉降为 38.3mm，基坑坡顶和支护结构最大水平位移为 34.6mm，均未超出规范限值。

该项目由于应用了打入式土钉抗拔承载力的创新理论，不仅节约了三分之一工程造价，而且获得了 2004 年广东省地质科学技术奖一等奖。

4）结论

上述两个打入式钢管土钉工程案例和表 3.1 中的另外七个打入式钢管土钉工程案例完成之前，如何确定打入式土钉的极限黏结强度和孔径大小是没有参考标准的，行标《建筑基坑支护技术规程》（JGJ 120-2012）和深圳市标《深圳市基坑支护技术规范》（SJG 05-2011）虽然给出了部分土层打入式土钉的极限黏结强度建议值，但是它们发布实施分别是在 2011 年和 2012 年之后，而且均未给出打入式土钉的孔径确定建议。本书给出的工程案例相关数据可供类似基坑工程参考选用。

第4章　支护桩变形计算若干问题探讨

4.1　概　　述

行标《建筑基坑支护技术规程》(JGJ 120-2012）第3章基本规定第3.1.2条强制性条款规定，基坑支护应满足保证基坑周边建（构）筑物、地下管线、道路的安全和正常使用，以及保证主体地下结构的施工空间；基本规定第3.1.4条规定支护结构设计时应采用承载能力极限状态和正常使用极限状态两种状态，其中的第2款要求基坑开挖造成基坑周边建（构）筑物、地下管线、道路等损坏或影响其正常使用的支护结构位移，因地下水位下降、地下水渗流或施工因素而造成基坑周边建（构）筑物、地下管线、道路等损坏或影响其正常使用的土体变形，影响主体地下结构正常施工的支护结构位移等应满足使用要求；基本规定第3.1.5条第2款规定了由支护结构的位移、基坑周边建筑物和地面的沉降等控制的正常使用极限状态设计，应符合下式［即《建筑基坑支护技术规程》(JGJ 120-2012）公式（3.1.5-4)］要求：

$$S_d \leqslant C \tag{4.1}$$

式中，S_d为用作标准组合的效应（位移、沉降等）设计值；C为支护结构的位移、基坑周边建筑物和地面的沉降的限值。

基本规定第3.1.8条规定，基坑支护设计应按下列要求设定支护结构的水平位移控制值和基坑周边环境的沉降控制值：

（1）当基坑开挖影响范围内有建筑物时，支护结构水平位移控制值、建筑物的沉降控制值应按不影响其正常使用的要求确定，并应符合现行国标《建筑地基基础设计规范》(GB 50007-2011）中对地基变形允许值的规定；当基坑开挖影响范围内有地下管线、地下构筑物、道路时，支护结构水平位移控制值、地面沉降控制值应按不影响其正常使用的要求确定，并应符合现行相关标准对其允许变形的规定；

（2）当支护结构构件同时用作主体地下结构构件时，支护结构水平位移控制值不应大于主体结构设计对其变形的限值；

（3）当无本条上述第1款、第2款情况时，支护结构水平位移控制值应根据地区经验按工程的具体条件确定。

深圳市标《基坑支护技术标准》(SJG 05-2020) 第 3 章基本规定第 3.1.6 条规定，基坑支护设计时，变形的控制应按周边环境要求和支护结构安全分别考虑，并符合下列要求：

(1) 处于地铁保护范围内，或受基坑开挖影响范围内有明确变形控制要求的重要建（构）筑物或有中高压燃气管线、高压电缆、供水干管等重要管线时，应满足其特殊的变形控制要求；

(2) 当基坑开挖影响范围内有建（构）筑物时，支护结构应保证邻近的建（构）筑物的沉降变形不会影响其正常使用，而且建（构）筑物的沉降差、局部倾斜、整体倾斜及基础倾斜不应超过现行国标《建筑地基基础设计规范》(GB 50007-2011) 规定的允许值；支护结构应保证邻近的道路、桥梁和管线的变形不超过相关规范的规定或影响其正常使用；

(3) 支护结构顶部最大水平位移控制值可参照表 4.1 [深圳市标《基坑支护技术标准》(SJG 05-2020) 表 3.1.6] 的规定确定，且位移值不应超过正常使用极限状态荷载效应标准组合的计算值；当围护体系采用排桩或地下连续墙时，桩（墙）身的弯曲变形应符合钢筋混凝土梁的允许挠度值，且不大于 $L/300$ [L 为各种工况下相邻支座的桩（墙）的长度或者最下边支座到桩端的长度]；

(4) 当周边环境的允许变形值与支护结构的计算变形控制值不一致时，应以较小数值进行控制；如果周边环境要求很高，基坑支护结构设计很难满足其要求或基坑支护结构的代价很高时，宜对周边建（构）筑物进行预加固；

(5) 基坑工程变形预警值可取控制值的 80%。

表 4.1　支护结构顶部最大水平位移控制值

基坑支护安全等级	排桩、地下连续墙加内支撑支护	排桩、地下连续墙加锚杆支护	坡率法、土钉墙或复合土钉墙、水泥土挡墙、悬臂式排桩、双排桩、钢板桩等
一级	0.002h 与 30mm 的较小值	0.004h 与 40mm 的较小值	
二级	0.004h 与 50mm 的较小值	0.006h 与 60mm 的较小值	0.01h 与 80mm 的较小值
三级		0.01h 与 80mm 的较小值	0.02h 与 100mm 的较小值

注：h 为基坑深度，mm。

从行标《建筑基坑支护技术规程》(JGJ 120-2012) 和深圳市标《基坑支护技术标准》(SJG 05-2020) 的基本规定内容来看，基坑工程进行支护结构变形和周围环境的影响计算和评估是基本要求，也是必要要求，而且计算精度要求应达到毫米级，这对基坑工程来讲要求是很高的。因此，从计算的方法上，对于复杂的基坑工程，周围环境的影响计算和评估基本上要依赖数值分析，如有限元法、边界元法等，想寻求解析解是相当困难的。有限元法虽然能适应复杂的几何形状和边界条件，也适用于求解非线性、非匀质问题，但是，由于有限元法必须同时对所有计算区域内的节点和边界节点联立求解，故有限元待求未知数多、要求解的方程规模大、需要输入的数据多、计算的准备工作和计算工作量大、工程应用上就不太方便。相比较而言，对支护结构的变形计算方法选取就容易一些。

虽然基坑支护型式多样化，但经过近三十年的快速发展和经验总结，基坑支护结构型式用得比较普遍的还是悬臂桩、锚杆桩和支撑桩。作者在 21 世纪早期经常设计悬臂桩和锚杆桩作为支护结构，近十年来又以支撑桩作为首选。在进行悬臂桩、锚杆桩和支撑桩设计计算和工程实测数据分析时发现，悬臂桩变形计算虽然可以采用有限杆件单元法，也可以采用解析法，但是，经常是实测值大于计算值；锚杆桩计算锚杆水平刚度系数各规范推荐的公式存在差异，而且地基土的水平刚度系数的比例系数存在人为取值差异；支撑桩计算支撑水平刚度系数存在人为差异和未考虑温度变化对内支撑轴力和变形的影响等突出问题，这些问题能否探索一个解析解方法，如果有一个解析解方法，那么就可以避面人为误差或差异。因此，近二十年来，作者就上述这些问题结合工程实际进行了理论探索和工程实践，有关支撑桩计算支撑水平刚度系数解析和温度变化对内支撑轴力和变形的影响等问题将在本书第 6 章和第 8 章中介绍，本章针对就悬臂桩变形计算采用解析法、锚杆桩锚杆水平刚度系数理论推导和地基土的水平刚度系数的比例系数近似计算公式的认识进行介绍。

4.2　悬臂桩变形计算解析解

4.2.1　理论推导

当基坑深度不大时，悬臂式支护桩是常用的一种支护结构，因不需要分析锚杆或支撑的影响，其变形计算相对简单些。目前，悬臂桩变形计算方法有线弹性地基反力系数法、弹性理论法和有限元法等三种基本方法，其中线弹性地基反力系数法依据地基反力系数与深度的函数关系式不同又细分为张氏法、m 法、c 法和 K 值法等。在这些方法中，m 法是行标《建筑基坑支护技术规程》(JGJ 120－2012）推荐的方法，该法假定地基土水平反力系数（k_s）与深度（x）呈线性变化，即 $k_s=mx$，m 为地基土水平反力系数的比例系数（单位：kN/m^4）。计算悬臂桩的变形时，把桩分成两部分，如图 4.1 所示，假设坑底以上部分按悬臂梁计算，坑底以下部分按线性地基梁计算。图 4.1（a）为悬臂桩的工作状态；图 4.1（b）为坑底以下部分计算简图，即把坑底以上主动土压力移植到坑底处，图中 Q_0 为主动土压力合力、M_0 为主动土压力形成的力矩，于是建立桩身挠度微分方程式：

$$E_pI_p\frac{d^4y}{dx^4}+b_0k_sy=0 \tag{4.2}$$

式中，E_pI_p 为支护桩抗弯刚度，kN · m^2；k_s 为地基土水平反力系数，kN/m^3，$k_s=mx$，m 为地基土水平反力系数的比例系数，kN/m^4，宜按支护桩的水平载荷试验及地区经验取值，缺少经验时，可按行标《建筑基坑支护技术规程》(JGJ 120–2012）第 4 章第 4.1.6 条的式（4.1.6）计算；b_0 为支护桩土反力计算宽度，m，计算公式参见行标《建筑基坑支护技术规程》(JGJ 120–2012）第 4 章支挡式结构第 4.1.7 条的式（4.1.7–1）~ 式（4.1.7–4）。

式（4.2）可采用幂级数法进行求解，求解过程参见胡人礼编著的《桥梁桩基础分析和设计》。

作者认为，图 4.1（a）的悬臂桩工作状态应该按图 4.1（c）的受力状态进行分析，变形分析简图应按图 4.1（d），即应该考虑支护桩坑底以上主动侧土体超载 P_0(kN/m^2）的影响，并把该超载 P_0 简化为作用在支护桩坑底以下部分主动侧的土压力，因此，这时坑底以下部分桩身挠度微分方程式应为

$$E_pI_p\frac{d^4y}{dx^4}+b_0mxy=b_aP_0K_a \tag{4.3}$$

式中，K_a 为主动土压力系数；b_a 为支护桩水平间距，m；P_0 为坑底以上主动侧土体超载，kN/m^2，由坑底以上土重和地面荷载构成。

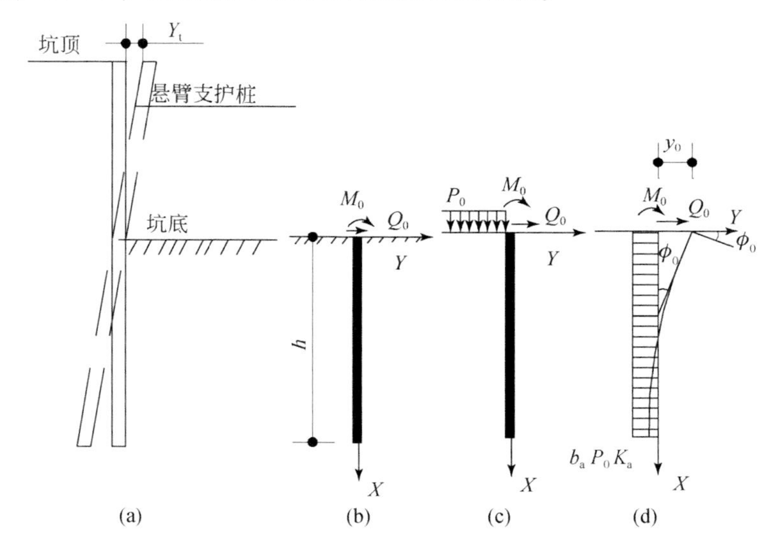

图 4.1 悬臂桩变形计算简图

y_0 向右为正；M 顺时针为正；Q 向右为正

为求解式（4.3），作者也是采用幂级数法进行求解。作者在前人研究成果的基础上，对该微分方程式求解进行了详细推导，下面是采用幂级数法的推导过程。

1. 设定微分方程式（4.3）的已知条件

设定悬臂支护桩在坑底以下部分桩身挠度微分方程式（4.3）的初始条件为 $y\mid_{x=0}=y_0$；$\left.\frac{\mathrm{d}y}{\mathrm{d}x}\right|_{x=0}=\phi_0$；$\left.\frac{\mathrm{d}^2y}{\mathrm{d}x^2}\right|_{x=0}=\frac{M_0}{E_\mathrm{p}I_\mathrm{p}}$，$\left.\frac{\mathrm{d}^3y}{\mathrm{d}x^3}\right|_{x=0}=\frac{Q_0}{E_\mathrm{p}I_\mathrm{p}}$。

2. 假定微分方程式（4.3）的通解

微分方程式（4.3）的通解可用幂级数来表示

$$y=\sum_{i=0}^{\infty}a_ix^i \tag{4.4}$$

式中，a_i 为待求常数。通过对式（4.4）两边求导得

$$\frac{\mathrm{d}y}{\mathrm{d}x}=\sum_{i=1}^{\infty}ia_ix^{i-1} \tag{4.5}$$

$$\frac{\mathrm{d}^2y}{\mathrm{d}x^2}=\sum_{i=2}^{\infty}i(i-1)a_ix^{i-2} \tag{4.6}$$

$$\frac{\mathrm{d}^3y}{\mathrm{d}x^3}=\sum_{i=3}^{\infty}i(i-1)(i-2)a_ix^{i-3} \tag{4.7}$$

$$\frac{\mathrm{d}^4y}{\mathrm{d}x^4}=\sum_{i=4}^{\infty}i(i-1)(i-2)(i-3)a_ix^{i-4} \tag{4.8}$$

将式（4.4）、式（4.8）代入式（4.3）中，得

$$\sum_{i=4}^{\infty}(i-3)(i-2)(i-1)ia_ix^{i-4}=-\frac{mb_0}{E_\mathrm{p}I_\mathrm{p}}\sum_{i=0}^{\infty}a_ix^{i+1}+\frac{b_\mathrm{a}P_0K_\mathrm{a}}{E_\mathrm{p}I_\mathrm{p}} \tag{4.9}$$

式（4.9）应为一恒等式，通过对两边展开，并比较等式两边的对应项，得出各系数为 $a_4=\frac{b_\mathrm{a}P_0K_\mathrm{a}}{24E_\mathrm{p}I_\mathrm{p}}$；$a_5=\frac{mb_0}{E_\mathrm{p}I_\mathrm{p}}\frac{1}{5!}a_0$；$a_6=-\frac{mb_0}{E_\mathrm{p}I_\mathrm{p}}\frac{2!}{6!}a_1$；$a_7=-\frac{mb_0}{E_\mathrm{p}I_\mathrm{p}}\frac{3!}{7!}a_2$；$a_8=-\frac{mb_0}{E_\mathrm{p}I_\mathrm{p}}\frac{4!}{8!}a_3$；$a_9=-\frac{mb_0}{E_\mathrm{p}I_\mathrm{p}}\frac{5!}{9!}a_4$。若写成通式，则各系数为

$$\left.\begin{aligned}
a_{5k} &= (-1)^k \left(\frac{mb_0}{E_pI_p}\right)^k \frac{(5k-4)!!}{(5k)!}a_0 \\
a_{5k+1} &= (-1)^k \left(\frac{mb_0}{E_pI_p}\right)^k \frac{(5k-3)!!}{(5k+1)!}a_1 \\
a_{5k+2} &= (-1)^k \left(\frac{mb_0}{E_pI_p}\right)^k \frac{2(5k-2)!!}{(5k+2)!}a_2 \\
a_{5k+3} &= (-1)^k \left(\frac{mb_0}{E_pI_p}\right)^k \frac{6(5k-1)!!}{(5k+3)!}a_3 \\
a_{5k+4} &= (-1)^k \left(\frac{mb_0}{E_pI_p}\right)^k \frac{24(5k)!!}{(5k+4)!}a_4
\end{aligned}\right\} \tag{4.10}$$

式中，k 为自然数 1，2，3，…，∞；“!!”为一种符号，如（$5k$）!!，当 $k=5$ 时，$(5k)!!=5\cdot5\cdot5\cdot4\cdot5\cdot3\cdot5\cdot2\cdot5\cdot1=25\cdot20\cdot15\cdot10\cdot5$。

于是，从式（4.4）和式（4.10）可得

$$\begin{aligned}
y &= \sum_{i=0}^{\infty} a_i x^i = a_0 + a_1x + a_2x^2 + a_3x^3 + a_4x^4 + a_5x^5 + \cdots \\
&= a_0 + a_1x + a_2x^2 + a_3x^3 + a_4x^4 + \sum_{k=1}^{\infty} a_{5k}x^{5k} + \sum_{k=1}^{\infty} a_{5k+1}x^{5k+1} \\
&\quad + \sum_{k=1}^{\infty} a_{5k+2}x^{5k+2} + \sum_{k=1}^{\infty} a_{5k+3}x^{5k+3} + \sum_{k=1}^{\infty} a_{5k+4}x^{5k+4} \\
&= a_0\left[1 + \sum_{k=1}^{\infty}(-1)^k\left(\frac{mb_0}{E_pI_p}\right)^k \frac{(5k-4)!!}{(5k)!}x^{5k}\right] \\
&\quad + a_1\left[x + \sum_{k=1}^{\infty}(-1)^k\left(\frac{mb_0}{E_pI_p}\right)^k \frac{(5k-3)!!}{(5k+1)!}x^{5k+1}\right] \\
&\quad + a_2\left[x^2 + \sum_{k=1}^{\infty}(-1)^k\left(\frac{mb_0}{E_pI_p}\right)^k \frac{2(5k-2)!!}{(5k+2)!}x^{5k+2}\right] \\
&\quad + a_3\left[x^3 + \sum_{k=1}^{\infty}(-1)^k\left(\frac{mb_0}{E_pI_p}\right)^k \frac{6(5k-1)!!}{(5k+3)!}x^{5k+3}\right] \\
&\quad + a_4\left[x^4 + \sum_{k=1}^{\infty}(-1)^k\left(\frac{mb_0}{E_pI_p}\right)^k \frac{24(5k)!!}{(5k+4)!}x^{5k+4}\right] \\
&= a_0y_0(x) + a_1y_1(x) + a_2y_2(x) + a_3y_3(x) + a_4y_4(x)
\end{aligned} \tag{4.11}$$

式中，$y_0(x)$、$y_1(x)$、$y_2(x)$、$y_3(x)$、$y_4(x)$ 分别为a_0、a_1、a_2、a_3、a_4后括号内的表示式。令$\frac{mb_0}{E_pI_p}=\alpha^5$，代入式（4.11）并根据已知条件就可以求得$a_0=y_0$；$a_1=$

ϕ_0；$a_2=\dfrac{M_0}{2E_pI_p}$；$a_3=\dfrac{Q_0}{6E_pI_p}$，加上前面计算出的a_4，于是式（4.11）就可以写为

$$y=y_0y_0(x)+\phi_0y_1(x)+\frac{M_0}{2E_pI_p}y_2(x)+\frac{Q_0}{6E_pI_p}y_3(x)+\frac{b_aP_0K_a}{24E_pI_p}y_4(x) \tag{4.12}$$

式（4.11）也可以写为

$$y=y_0A_1+\frac{\phi_0}{\alpha}B_1+\frac{M_0}{\alpha^2E_pI_p}C_1+\frac{Q_0}{\alpha^3E_pI_p}D_1+\frac{b_aP_0K_a}{\alpha^4E_pI_p}E_1 \tag{4.13}$$

因此，转角（ϕ）、弯矩（M）、剪力（Q）为

$$\phi=\alpha y_0A_2+\phi_0B_2+\frac{M_0}{\alpha E_pI_p}C_2+\frac{Q_0}{\alpha^2E_pI_p}D_2+\frac{b_aP_0K_a}{\alpha^3E_pI_p}E_2 \tag{4.14}$$

$$M=\alpha E_pI_p(\alpha y_0A_3+\phi_0B_3)+M_0C_3+\frac{Q_0}{\alpha}D_3+\frac{b_aP_0K_a}{\alpha^2}E_3 \tag{4.15}$$

$$Q=\alpha^2E_pI_p(\alpha y_0A_4+\phi_0B_4)+\alpha M_0C_4+Q_0D_4+\frac{b_aP_0K_a}{\alpha}E_4 \tag{4.16}$$

式（4.13）~式（4.16）中的A_1，B_1，C_1，D_1，…，A_4，B_4，C_4，D_4的表达式请参见行标《建筑桩基技术规范》(JGJ 94-2018）或胡人礼编著的《桥梁桩基础分析和设计》。这里仅列出E_1、E_2、E_3和E_4的表达式如下：

$$\left.\begin{aligned}
E_1&=\frac{1}{4!}(\alpha x)^4-\frac{5}{9!}(\alpha x)^9+\frac{5\cdot 10}{14!}(\alpha x)^{14}-\cdots\\
E_2&=\frac{1}{3!}(\alpha x)^3-\frac{5}{8!}(\alpha x)^8+\frac{5\cdot 10}{13!}(\alpha x)^{13}-\cdots\\
E_3&=\frac{1}{2!}(\alpha x)^2-\frac{5}{7!}(\alpha x)^7+\frac{5\cdot 10}{12!}(\alpha x)^{12}-\cdots\\
E_4&=(\alpha x)-\frac{5}{6!}(\alpha x)^6+\frac{5\cdot 10}{11!}(\alpha x)^{11}-\cdots
\end{aligned}\right\} \tag{4.17}$$

为了工程设计计算方便，作者把E_1、E_2、E_3和E_4根据不同的换算深度$\bar{h}=\alpha x$编制成表 4.2。

计算悬臂支护桩坑底有超载P_0时的y_0、ϕ_0值，可先分别假设当$Q_0=1$、$M_0=1$和$b_aP_0K_a=1$时的δ_{QQ}、δ_{MQ}、δ_{QM}、δ_{MM}、δ_{PP}和$\delta_{\phi P}$值，δ_{PP}和$\delta_{\phi P}$分别为当$b_aP_0K_a=1$时坑底处桩身水平位移和转角；δ_{QQ}、δ_{MQ}、δ_{QM}和δ_{MM}分别为当$Q_0=1$和$M_0=1$时坑底处桩身水平位移和转角，其推导过程和计算式参见胡人礼编著的《桥梁桩基础分析和设计》和行标《建筑桩基技术规范》(JGJ 94-2018)。这里只列出δ_{PP}和$\delta_{\phi P}$的计算式如下：

$$\delta_{PP}=\frac{1}{\alpha^4E_pI_p}\cdot\frac{(B_3E_4-B_4E_3)+K_h(B_2E_4-B_4E_2)}{(A_3B_4-A_4B_3)+K_h(A_2B_4-A_4B_2)} \tag{4.18}$$

$$\delta_{\phi P}=\frac{1}{\alpha^3E_pI_p}\cdot\frac{(A_3E_4-A_4E_3)+K_h(A_2E_4-A_4E_2)}{(A_3B_4-A_4B_3)+K_h(A_2B_4-A_4B_2)} \tag{4.19}$$

式中，K_h 为桩底特征系数，$K_h=\frac{C_0}{\alpha E}\cdot\frac{I_0}{I}=\frac{C_0}{\alpha E}$（支护桩一般不扩底，$I_0=I$），$C_0$为桩底土的竖向地基反力系数（$kN/m^3$），其取值方法参见行标《建筑桩基技术规范》（JGJ 94-2018），$C_0=m_0h$，m_0为地基竖向反力（抗力）系数的比例系数（kN/m^4），一般可取$m_0=m$，h 为桩入土深度。当桩底嵌固于岩层中时，δ_{PP}和 $\delta_{\phi P}$分别为

$$\delta_{PP}=\frac{1}{\alpha^4E_pI_p}\cdot\frac{B_2E_1-B_1E_2}{A_2B_1-A_1B_2}\tag{4.20}$$

$$\delta_{\phi P}=\frac{1}{\alpha^3E_pI_p}\cdot\frac{A_2E_1-A_1E_2}{A_2B_1-A_1B_2}\tag{4.21}$$

表 4.2　影响函数值 E_1、E_2、E_3和 E_4计算表

换算深度（$\bar{h}$）$=\alpha x$	E_1	E_2	E_3	E_4
0	0	0	0	0
0.1	0	0.00017	0.00500	0.10000
0.2	0.00007	0.00133	0.02000	0.20000
0.3	0.00034	0.00450	0.04500	0.29999
0.4	0.00107	0.01067	0.08000	0.39997
0.5	0.00260	0.02083	0.12499	0.49989
0.6	0.00540	0.03600	0.17997	0.59968
0.7	0.01000	0.05716	0.24492	0.69918
0.8	0.01706	0.08531	0.31979	0.79818
0.9	0.02733	0.12145	0.40453	0.89631
1.0	0.04165	0.16654	0.49901	0.99306
1.1	0.06097	0.22157	0.60307	1.08770
1.2	0.08633	0.28747	0.71645	1.17926
1.3	0.11886	0.36516	0.83878	1.26650
1.4	0.15978	0.45550	0.96955	1.34776
1.5	0.21041	0.55932	1.10806	1.42101
1.6	0.27212	0.67734	1.25340	1.48371
1.7	0.34772	0.81019	1.40435	1.53281

续表

换算深度 $(\bar{h})=\alpha x$	E_1	E_2	E_3	E_4
1.8	0.43467	0.95835	1.55938	1.56110
1.9	0.53856	1.12214	1.71655	1.57475
2.0	0.65962	1.30165	1.87344	1.55812
2.2	0.95947	1.70684	2.17388	1.41995
2.4	1.34612	2.16820	2.42879	1.09191
2.6	1.82963	2.67236	2.59313	0.50057
2.8	2.41635	3.19537	2.60557	-0.44309
3.0	3.10653	3.69914	2.38556	-1.84215
3.5	5.19024	4.44757	0.09113	-8.40464
4.0	7.20694	3.07048	-6.53869	-19.34330

当计算求出了δ_{QQ}、δ_{MQ}、δ_{QM}、δ_{MM}、δ_{PP}和$\delta_{\phi P}$后，就可以求出y_0和ϕ_0，计算公式为

$$y_0=Q_0\delta_{QQ}+M_0\delta_{MQ}+b_aP_0K_a\,\delta_{PP} \tag{4.22}$$

$$\phi_0=-(Q_0\delta_{QM}+M_0\delta_{MM}+b_aP_0K_a\,\delta_{\phi P}) \tag{4.23}$$

4.2.2　基于桩基规范的简化计算方法

从式（4.13）~式（4.16）和式（4.20）~式（4.23）可以看到，悬臂支护桩在坑底水平位移（y_0）和转角（ϕ_0）是由两部分构成的，即由Q_0、M_0产生的和由超载P_0产生的，其计算工作量比只考虑Q_0、M_0时要大约50%。为了减少这部分计算工作量，作者在实际工程设计时，曾对图4.1（a）的计算简图做了进一步的简化。如图4.2（a）所示，把由超载P_0产生的作用在桩主动侧的土压力$b_aP_0K_a$移植到坑底桩截面上，形成水平剪力（Q_{P_0}）和弯矩（M_{P_0}），其中$Q_{P_0}=b_aP_0K_ah$（与Q_0同向），$M_{P_0}=\dfrac{1}{2}b_aP_0K_ah^2$（与$M_0$反向），做了如此简化后，就可以按图4.2（b）受力计算简图计算桩身变形，这时有关计算公式中的Q_0应换成（$Q_0+Q_{P_0}$），M_0应换成（$M_0-M_{P_0}$）。这就是基于现行行标《建筑桩基技术规范》(JGJ 94-2018）基础上的简化计算方法，该简化计算方法与幂级数法结果一致。悬臂支护桩变形计算的理论探讨完全可以用于桩锚支护结构和桩支护结构。

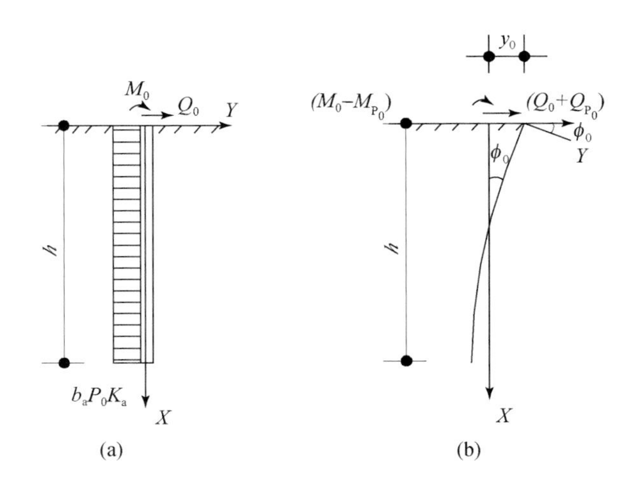

图 4.2　简化计算方法图

4.2.3　工程案例

1. 工程概况

广州某座 24 层的综合楼，采用人工挖孔桩基础，地下室基坑开挖深度为 5.5m，也采用人工挖孔桩支护结构。支护桩设计桩径为 1.3m、桩距为 1.3m（密排）、桩长为 9.0m，桩身混凝土强度等级 C25。基坑坑底以上和坑底以下土层基本上为粉质黏土层，坑底以上土层可塑状态、坑底以下土层硬塑状，红-棕色，局部含粉细砂透镜体。粉质黏土层的主要物理力学指标为：含水量（w）= 26%，$\gamma=19.7\text{kN/m}^3$，$c=35\text{kPa}$，$\varphi=16.7°$。挖孔桩施工过程中，在桩侧埋设了土压力盒，基坑开挖过程中随时测量土压力变化情况，基坑开挖至设计标高时测得的主动侧土压力分布状况见图 4.3，基坑变形监测只测到了支护桩的水平位移和周边建筑物的沉降，测得人工挖孔桩桩顶水平位移最终值为 20.89mm（两种不同的测量方法测得的值分别为 21.02mm 和 20.77mm，取其平均值）。

2. 按现行规范计算桩顶水平位移

按行标《建筑桩基技术规范》（JGJ 94-2018）计算支护桩的桩顶水平位移（y_t）时，计算参数为：$Q_0=78.5\text{kN}$，$M_0=135.9\text{kN}\cdot\text{m}$，$E_pI_p=3.1\times10^6\text{kN}\cdot\text{m}^2$；取 $m=25\times10^3\text{kN/m}^4$，$b_0=b_a=1.3\text{m}$，则桩的水平变形系数 $\alpha=0.4\text{m}^{-1}$；桩底特征系数 $K_h=7.8\times10^{-3}$，桩的换算埋深 $\alpha_h=1.4<2.5$。

根据以上参数计算得到：$\delta_{QQ}=39.47\times10^{-6}\text{m/kN}$，$\delta_{MQ}=\delta_{QM}=14.93\times10^{-6}\text{rad/kN}$，

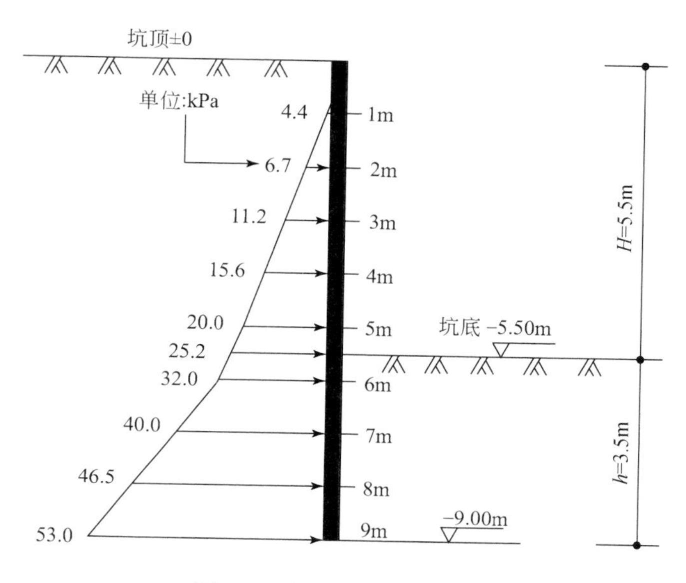

图4.3 实测土压力分布图

$\delta_{MM}=6.78\times10^{-6}$rad/(kN·m)。

于是，桩身的坑底水平位移为 $y_0=Q_0\delta_{QQ}+M_0\delta_{MQ}=5.1\times10^{-3}$m，转角为 $\phi_0=-(Q_0\delta_{QM}+M_0\delta_{MM})=-2.1\times10^{-3}$rad。

支护桩在坑底以上部分在主动土压力作用下桩顶处的弹性变形为 $\Delta y=0.2\times10^{-3}$m。因此，悬臂支护桩的桩顶水平位移为 $y_t=\Delta y+y_0-\phi_0H=16.85$mm。该值比实测值20.89mm小19.3%。

3. 按本书幂级数法计算桩顶水平位移

按本书推导的幂级数法计算桩顶水平位移（y_t）的计算参数为 Q_0、M_0、E_pI_p、m、b_a、b_0、α、K_h、α_h；取 $b_0P_0K_a=1.3\text{m}\times25.2\text{kPa}=32.76$kN/m，不考虑坑底以下部分桩主动侧土体自重产生的土压力。

根据这些参数计算得到：$\delta_{QQ}=39.47\times10^{-6}$m/kN，$\delta_{MQ}=\delta_{QM}=14.93\times10^{-6}$rad/kN，$\delta_{MM}=6.78\times10^{-6}$rad/(kN·m)，$\delta_{PP}=47.27\times10^{-6}$m/kN，$\delta_{\phi P}=12.89\times10^{-6}$rad/kN。

于是，桩身的坑底水平位移为 $y_0=Q_0\delta_{QQ}+M_0\delta_{MQ}+\delta_{PP}b_aP_0K_a=6.65\times10^{-3}$m，转角为 $\phi_0=-(Q_0\delta_{QM}+M_0\delta_{MM}+b_0P_0K_a\delta_{\phi P})=-2.52\times10^{-3}$rad，$\Delta y=0.2\times10^{-3}$m。因此，悬臂支护桩的桩顶水平位移为 $Y_t=\Delta y+y_0-\phi_0H=20.71$mm。该值与实测值较好吻合。

4. 简化的现行规范法计算桩顶水平位移

采用基于上述行标《建筑桩基技术规范》(JGJ 94-2018) 基础上的简化计算方法时，$Q_0+Q_{P_0}=193.08\text{kN}$；$M_0-M_{P_0}=-64.74\text{kN}\cdot\text{m}$。这时，$\delta_{QQ}$、$\delta_{MQ}$、$\delta_{MM}$以及$\Delta y$与上述简化计算方法相同。于是，桩身的坑底水平位移为$y_0=Q_0\delta_{QQ}+M_0\delta_{MQ}=6.65\times10^{-3}\text{m}$，转角为$\phi_0=-(Q_0\delta_{QM}+M_0\delta_{MM})=-2.45\times10^{-3}\text{rad}$；故桩顶水平位移为$Y_t=\Delta y+y_0-\phi_0 H=20.31\text{mm}$。该值与实测值也较吻合。

5. 结论

(1) 行标《建筑基坑支护技术规程》(JGJ 120-2012)、手册或指南等推荐的悬臂支护桩变形计算方法中，因没有考虑支护桩主动侧边坡土体在坑底处形成的超载，其计算的桩身变形值偏小。文中工程实例，按现行规范法计算的桩顶水平位移理论值比实测值小4.04mm (19.3%)，当坑底以下为软弱土时，其差值会更明显，在工程实践中是偏危险的。桩锚支护结构和桩撑支护结构也存在相同的问题，基坑支护设计施工应重视此问题。

(2) 作者在前人研究成果的基础上，推导了考虑悬臂支护桩主动侧边坡土体在坑底处形成超载时桩身变形计算公式，并提出了基于行标《建筑桩基技术规范》(JGJ 94-2018) 基础上的简化计算方法。从基坑工程实例可以看到，作者提出的两种计算方法计算的桩身水平位移与实测值较吻合，说明这两种计算方法计算悬臂支护桩的变形均较合理。

4.3　锚杆水平刚度系数问题

行标《建筑基坑支护技术规程》(JGJ 120-2012) 第4章支挡式结构第4.1.9条对锚拉式支挡结构的弹性支点刚度系数的确定规定如下：

(1) 锚拉式支挡结构的弹性支点水平刚度系数 (K_T) 宜通过本规程附录A的锚杆抗拔试验按下式 [《建筑基坑支护技术规程》(JGJ 120-2012) 中式 (4.1.9-1)] 计算：

$$K_T=\frac{(Q_2-Q_1)b_a}{(s_2-s_1)s} \tag{4.24}$$

式中，Q_1、Q_2为锚杆循环加荷或逐级加荷试验中$Q-s$曲线上对应锚杆锁定值与轴向拉力标准值的荷载，kN，对锁定前进行预张拉的锚杆，应取循环加荷试验中在相当于预张拉荷载的加载量下卸载后的再加载曲线上的荷载；s_1、s_2为$Q-s$曲线上对应于荷载为Q_1、Q_2的锚头位移，m；b_a为结构计算宽度，m，对单根支护桩，取支护桩水平间距，对单幅地下连续墙，取包括接头的单幅墙宽度；s 为锚杆水平间距，m。

（2）对拉伸型钢绞线锚杆或普通钢筋锚杆，在缺少试验时，弹性支点水平刚度系数（K_T）也可按下式［《建筑基坑支护技术规程》(JGJ 120-2012）中式（4.1.9-2）］计算：

$$K_T=\frac{3E_sE_cA_pAb_a}{(3E_cAl_f+E_sA_pl_a)s} \tag{4.25}$$

式中，E_s 为锚杆杆体弹性模量，kPa；A_p 为锚杆杆体截面面积，m^2；A 为锚杆固结体截面面积，m^2；l_f 为锚杆自由段长度，m；l_a 为锚杆锚固段长度，m；E_m 为锚杆固结体弹性模量，kPa；E_c 为锚杆复合弹性模量，kPa，按下式［《建筑基坑支护技术规程》(JGJ 120-2012）中式（4.1.9-3）］计算。

$$E_c=\frac{E_sA_p+E_m(A-A_p)}{A} \tag{4.26}$$

（3）当锚杆腰梁或冠梁的挠度不可忽略不计时，应考虑梁的挠度对弹性支点刚度系数的影响。

深圳市标《基坑支护技术标准》(SJG 05-2020）第 6 章排桩支护第 6.2.7 条对锚拉式支挡结构锚杆的线刚度规定宜通过锚杆的基本试验确定。试验确定锚杆的线刚度方法和缺少试验资料时推荐的计算宽度内支点刚度系数计算公式与行标《建筑基坑支护技术规程》(JGJ 120-2012）第 4 章支挡式结构第 4.1.9 条一致，这里不重复列出公式。但是，这两个规程和标准均未说明上述计算公式（4.25）计算得到的数值是锚杆支点的水平刚度系数还是锚杆支点的轴向刚度系数。

再看看行标《建筑基坑支护技术规程》(JGJ 120-99）附录 C 锚杆支点水平刚度系数（K_T）推荐的计算公式［式（C.1.1）］如下：

$$K_T=\frac{3\,E_sE_cA_pAb_a}{(3E_cAl_f+E_sA_pl_a)s}\cdot\cos^2\theta \tag{4.27}$$

式（4.27）仅对式（C.1.1）分子添加了结构计算宽度（b_a）和分母添加了锚杆水平间距（s）。对比式（4.25）和式（4.27），可明显看出两个公式计算值的大小是不一样的，后者是前者的 $\cos^2\theta$，对一个 15°倾角的锚杆，后者是前者的 0.93 倍；对一个 30°倾角的锚杆，后者是前者的 0.75 倍；对一个 45°倾角的锚杆，后者是前者的 0.50 倍。随着锚杆倾角的增大，这种差异在增大。行标《建筑基坑支护技术规程》(JGJ 120-2012）未明确其式（4.1.9-2）是锚杆支点的轴向刚度系数还是水平刚度系数，可能是因为行标《建筑基坑支护技术规程》(JGJ 120-99）的式（C.1.1）存在异议，故修编后的 2012 版回避了这个问题。

再看看广州市标《广州地区建筑基坑支护技术规定》(GJB 02-98）附录 C 第 C.0.6 条推荐的锚杆水平刚度系数（K_T）计算公式［式（C.0.6）］为

$$K_{\mathrm{T}}=\frac{3E_{\mathrm{s}}E_{\mathrm{c}}A_{\mathrm{p}}Ab_{\mathrm{a}}}{(3E_{\mathrm{c}}Al_{\mathrm{f}}+E_{\mathrm{s}}A_{\mathrm{p}}l_{\mathrm{a}})s\cos\theta} \tag{4.28}$$

式（4.28）仅对式（C.0.6）分子添加了结构计算宽度（b_{a}）和分母添加了锚杆水平间距（s）。对比式（4.25）和式（4.28），可明显看出两个公式大小也是不一样的，后者是前者的 $\cos^{-1}\theta$，对一个15°倾角的锚杆，后者是前者的1.035倍；对一个30°倾角的锚杆，后者是前者的1.155倍；对一个45°倾角的锚杆，后者是前者的1.414倍。随着锚杆倾角的增大，这种差异也在增大。

如果将式（4.27）与式（4.28）进行比较，则后者是前者的 $\cos^{-3}\theta$ 倍，对一个15°倾角的锚杆，后者是前者的1.11倍；对一个30°倾角的锚杆，后者是前者的1.54倍；对一个45°倾角的锚杆，后者是前者的2.829倍。显然，行标《建筑基坑支护技术规程》(JGJ 120-99）和广州市标《广州地区建筑基坑支护技术规定》(GJB 02-98）推荐的锚杆支点水平刚度系数的差异随着锚杆倾角的增大其差异更加显著。形成这种差异的根本原因是什么呢？下面对行标《建筑基坑支护技术规程》(JGJ 120-99）和广州市标《广州地区建筑基坑支护技术规定》(GJB 02-98）的两个计算公式进行推导。

如图4.4所示，假设锚杆支点水平刚度系数为 K_{T}，锚杆自由段长度为 l_{f}，锚杆锚固段长度为 l_{a}，锚杆杆体弹性模量为 E_{s}，锚杆杆体截面面积为 A_{p}，锚杆固结体截面面积为 E_{m}，注浆固结体横截面积为 A，锚杆复合弹性模量为 E_{c}，锚杆倾角为 θ。则当锚杆支点受到一水平荷载 $F=1$ 的作用力时，锚杆轴向荷载为 $1/\cos\theta$，因此，锚杆轴向伸长量（Δl）为

$$\Delta l=\left(\frac{l_{\mathrm{f}}}{E_{\mathrm{s}}A_{\mathrm{p}}}+\frac{l_{\mathrm{a}}}{3E_{\mathrm{c}}A}\right)\frac{1}{\cos\theta} \tag{4.29}$$

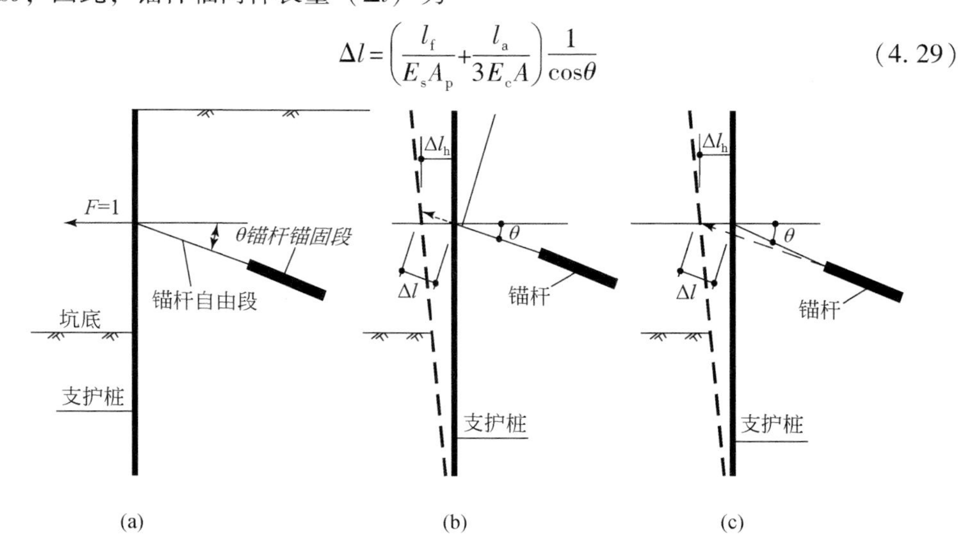

图4.4　锚杆支点水平刚度系数计算简图

如果锚杆支点沿着锚杆轴线向坑内位移，位移方向与水平线夹角为 θ，那么，锚杆支点沿轴线位移的水平向分量为 $\Delta l\cos\theta$。按照锚杆支点刚度系数的定义，锚杆支点水平刚度系数（K_T）为锚杆支点水平作用力除以作用力方向上的位移，即 $K_T=1/(\Delta l\cos\theta)$，将式（4.29）代入到此式中，于是，得到锚杆支点水平刚度系数（K_T）的计算公式如下：

$$K_T=\frac{3E_sE_cA_pA}{3E_cAl_f+E_sA_pl_a} \tag{4.30}$$

将式（4.30）分子和分母分别乘以结构计算宽度（b_a）和锚杆水平间距（s），则得到的锚杆支点水平刚度系数（K_T）的计算公式与式（4.25）完全一致。这就是说，行标《建筑基坑支护技术规程》(JGJ 120-2012）推荐的锚杆支点刚度系数（K_T）的计算公式（4.1.9-2）是假定锚杆支点产生向上位移的水平刚度系数。如果工程实际不出现锚杆支点向上位移的可能，则锚杆支点水平刚度系数（K_T）按式（4.1.9-2）计算是不正确的。如果工程实际不出现锚杆支点向上位移的可能，则锚杆受到的轴向荷载等于 $1/\cos\theta$，于是，锚杆的轴向伸长仍按式（4.29）计算。因此，锚杆支点水平位移（Δl_h）等于 $\Delta l/\cos\theta$，将式（4.29）代入此式中，得

$$\Delta l_h=\left(\frac{l_f}{E_sA_p}+\frac{l_a}{3E_cA}\right)\frac{1}{\cos^2\theta} \tag{4.31}$$

根据锚杆支点水平刚度系数得定义，计算锚杆支点水平刚度系数（K_T）用等于“1”的作用力除以式（4.31）Δl_h 并将表达式分子和分母分别乘以结构计算宽度（b_a）和锚杆水平间距（s），得到的锚杆支点只产生水平位移的刚度系数即是式（4.25）。

因此，我们可以得出结论：行标《建筑基坑支护技术规程》(JGJ 120-99)的式（C.1.1）是假定锚杆支点不产生竖向位移的锚杆水平刚度系数计算公式；而行标《建筑基坑支护技术规程》(JGJ 120-2012）的式（4.1.9-2）是假定锚杆支点产生竖向位移的锚杆水平刚度系数计算公式。由于锚杆头部一般是固定在支护桩桩身上的，支护桩发生向上的位移可能性很小，因此，锚杆发生竖向位移的可能性很小，除非锚杆头部在支护桩外侧是自由的。照此推理，行标《建筑基坑支护技术规程》(JGJ 120-99）的公式（C.1.1）计算锚杆水平刚度系数更合理，前述的广州市标《广州地区建筑基坑支护技术规定》(GJB 02-98）等其他的一些地方相关规范推荐的锚杆水平刚度系数计算公式都存在与实际不符的问题。

由于锚杆杆体为线材，又假设锚杆支点仅发生水平位移，因此，可认为锚杆支点水平位移与锚杆轴向伸长量相同，即锚杆水平位移 $\Delta l_h\cong\Delta l$，根据锚杆水平刚度系数的定义，$K_T=F/\Delta l_h$，则 K_T 的计算公式为

$$K_T = \frac{3E_s E_c A_p A\cos\theta}{(3E_c A l_f + E_s A_p l_a)} \tag{4.32}$$

将式（4.32）分子和分母分别乘以结构计算宽度（b_a）和锚杆水平间距（s），则得到作者推荐的锚杆水平刚度系数计算通式为

$$K_T = \frac{3E_s E_c A_p A b_a \cos\theta}{(3E_c A l_f + E_s A_p l_a)s} \tag{4.33}$$

式（4.33）是作者推荐的假设锚杆支点仅产生水平向位移的水平刚度系数计算公式，该式计算的数值介于行标《建筑基坑支护技术规程》(JGJ 120-99）的公式和广州市标《广州地区建筑基坑支护技术规定》(GJB 02-98）之间，下面用一个算例来加以对比。

算例：假定某一锚杆采用 3×7Φ5mm 的钢绞线，锚固体直径为 150mm，自由段长为 6m，锚固段长为 15m，锚杆杆体（钢绞线）弹性模量 $E_s=1.95\times10^8$kPa，锚杆固结体弹性模量为 $E_m=2.55\times10^7$kPa。假定 b_a 等于 s。用本书推荐的计算公式和行标《建筑基坑支护技术规程》(JGJ 120-99）推荐的计算公式和广州市标《广州地区建筑基坑支护技术规定》(GJB 02-98）推荐的计算公式分别进行计算，计算时锚杆倾角分别取 15°、20°、25°及 30°，计算结果列于表 4.3。

表 4.3 不同倾角的锚杆水平刚度系数的计算结果

θ/(°)	本书公式 K_{T1}/(MN/m)	《建筑基坑支护技术规程》(JGJ 120-99) K_{T2}/(MN/m)	《广州地区建筑基坑支护技术规定》(GJB 02-98) K_{T3}/(MN/m)	$(K_{T2}-K_{T1})/K_{T1}$
15	14.6	14.2	15.6	-2.7%
20	14.3	13.4	16.2	-6.3%
25	13.8	12.5	16.8	-9.4%
30	13.2	11.4	17.6	-13.6%

从表 4.3 可以得出如下结论：

（1）行标《建筑基坑支护技术规程》(JGJ 120-99）的公式计算的锚杆水平刚度系数比本书公式的计算值小，其差异程度随锚杆倾角的增大而增大，当锚杆倾角为 30°时其差异程度达到 13.6%。

（2）广州市标《广州地区建筑基坑支护技术规定》(GJB 02-98）的公式计算的锚杆水平刚度系数比本书公式的计算值大，其差异程度随锚杆倾角的增大而增大，当锚杆倾角为 30°时其差异程度达到 33.3%。而且，广州市标《广州地区建筑基坑支护技术规定》(GJB 02-98）的公式计算的锚杆水平刚度系数随锚杆倾角的增大而增大，意指锚杆倾角越大其抵抗水平位移的能力越大，这显然有悖常理，因此，广州市标《广州地区建筑基坑支护技术规定》(GJB 02-98）的计算公

式明显存在问题，采用其计算锚杆水平刚度系数须慎重。

4.4　地基土水平反力系数的比例系数（m）的计算问题

4.4.1 《建筑基坑支护技术规程》推荐的 m 计算公式

地基土水平反力（抗力）计算是基坑支护设计计算的重要内容，支护结构的变形大小取决于地基土的水平抗变形能力，因此，行标《建筑基坑支护技术规程》(JGJ 120-2012）第4章第4.1.4条、第4.1.5条和第4.1.6条进行了专门的规定。

第4.1.4条规定了作用在挡土构件上的分布土反力计算公式［《建筑基坑支护技术规程》(JGJ 120-2012）的式（4.1.4-1）］和土反力合力应符合的条件［《建筑基坑支护技术规程》(JGJ 120-2012）的式（4.1.4-2)］如下：

（1）分布土反力计算公式为

$$p_s = k_s v + p_{s0} \tag{4.34}$$

（2）挡土构件嵌固段上的基坑内侧土反力应符合下列条件，当不符合时，应增加挡土构件的嵌固长度或取 $P_s = E_p$ 时的分布土反力。

$$P_s \leqslant E_p \tag{4.35}$$

式中，p_s 为分布土反力，kPa；k_s 为地基土水平反力系数，kN/m^3，按规程第4.1.5条的规定取值；v 为挡土构件在分布土反力计算点使土体压缩的水平位移，m；p_{s0}为初始土反力强度，kPa，挡土构件嵌固段上的基坑内侧初始土压力强度可按行标《建筑基坑支护技术规程》(JGJ 120-2012）的式（3.4.2-1）或式（3.4.2-5）计算，但应将公式中的 p_{ak}用 p_{s0}代替、σ_{ak}用 σ_{pk}代替、u_a 用 u_p 代替，且不计（$2c_i\sqrt{K_{a,i}}$）项；P_s为挡土构件嵌固段上基坑内侧的土反力合力，kN，通过按规程的式（4.1.4-1）计算的分布土反力得出；E_p 为挡土构件嵌固段上的被动土压力合力，kN，通过按行标《建筑基坑支护技术规程》(JGJ 120-2012）的式（3.4.2-3）或式（3.4.2-6）计算的被动土压力强度得出。

第4.1.5条规定基地土水平反力系数按下式［《建筑基坑支护技术规程》(JGJ 120-2012）的式（4.1.5)］计算：

$$k_s = m(z-h) \tag{4.36}$$

式中，m 为地基土水平反力系数的比例系数，kN/m^4，按行标《建筑基坑支护技术规程》(JGJ 120-2012）的第4.1.6条确定；z 为计算点距地面的深度，m；h 为计算工况下的基坑开挖深度，m。

第4.1.6条推荐的地基土水平反力系数的比例系数的经验公式［《建筑基坑

支护技术规程》(JGJ 120－2012) 的式 (4.1.6)] 为

$$m=\frac{0.2\varphi^2-\varphi+c}{v_b} \tag{4.37}$$

式中，m 为地基土水平反力系数的比例系数，MN/m^4；c、φ 为土的黏聚力(kPa)、内摩擦角 (°)，按行标《建筑基坑支护技术规程》(JGJ 120－2012) 的第3.1.14条确定，对多层土，按不同土层分别取值；v_b 为挡土构件在坑底处的水平位移，mm，当此处的水平位移不大于10mm时，可取 $v_b=10mm$。

湖北省地方标准《基坑工程技术规程》(DB42T 159－2012) 附录C的第C.0.1条规定，地基土水平反力系数的比例系数 (m) 采用式 (4.37)，但在等式右边乘以一个经验系数 (ξ)，如式 (4.38)。一般黏性土、砂性土 ξ 取1.0，老黏性土、中密以上砾卵石 ξ 取1.8～2.0，淤泥、淤泥质土 ξ 取0.6～0.8。

$$m=\xi\frac{0.2\varphi^2-\varphi+c}{v_b} \tag{4.38}$$

4.4.2 《建筑桩基技术规范》推荐的 *m* 经验值

现行行标《建筑桩基技术规范》(JGJ 94－2018) 规定，地基土水平反力系数的比例系数 (m) 原则上宜通过单桩水平静载试验确定，当无静载试验资料时，可按第5章桩基计算第5.7.5条的规定取值，见表4.4 [《建筑桩基技术规范》(JGJ 94－2018) 中的表5.7.5]。

表4.4 地基土水平抗 (反) 力系数的比例系数 (*m*) 值

序号	地基土类别	预制桩、钢桩		灌注桩	
		m /(MN/m^4)	相应单桩在地面处水平位移/mm	m /(MN/m^4)	相应单桩在地面处水平位移/mm
1	淤泥、淤泥质土、饱和湿陷性黄土	2.0～4.5	10	2.5～6	6～12
2	软塑 ($I_L>1$)、流塑状黏性土 ($0.75<I_L\leq1$)，$e>0.9$ 粉土，松散粉细砂，松散、稍密填土	4.5～6.0	10	6～14	4～8
3	可塑 ($0.25<I_L\leq0.75$) 状黏性土、湿陷性黄土，$e=0.75$～0.9粉土，中密填土，稍密细砂	6.0～10	10	14～35	3～6

续表

序号	地基土类别	预制桩、钢桩		灌注桩	
		m /(MN/m^4)	相应单桩在地面处水平位移/mm	m /(MN/m^4)	相应单桩在地面处水平位移/mm
4	硬塑（$0<I_L\leqslant 0.25$）、坚硬（$I_L\leqslant 0$）状黏性土、湿陷性黄土，$e<0.75$ 粉土，中密的中粗砂，密实老填土	10 ~ 22	10	35 ~ 100	2 ~ 5
5	中密、密实的砾砂、碎石类土	—	10	100 ~ 300	1.5 ~ 3

注：(1) 当桩顶水平位移大于表列数值或灌注桩配筋率较高（≥0.65%）时，m 值应适当降低；当预制桩的水平向位移小于 10mm 时，m 值可适当提高；

(2) 当水平荷载为长期或经常出现的荷载时，应按表列数字乘以 0.4 降低采用；

(3) 当地基为可液化土层时，应将表列数值乘以行标《建筑桩基技术规范》(JGJ 94-2018) 表 5.3.12 中相应的系数 Ψ_1。

4.4.3　波勒斯地基土水平反力系数的经验公式

波勒斯（Joseph E. Bowles）在其著作 *Foudation Analysis and Design*（5th Edith，1996 年；见童小东等译，《基础工程分析与设计》第 1 版，2004 年）中，推荐了地基土水平反力系数（k_s）经验公式。波勒斯认为对不能进行载荷试验的工程，必须估算地基土水平反力系数是不切实际的，但是，如果希望它的正确值在其真值 0.5 倍 ~ 2.0 倍范围内，下面的经验公式可以进行估算，即 k_s 经验公式为

$$k_s = A_s + B_s Z^n \tag{4.39}$$

式中，Z 为计算点深度，m；n 取为 0.4 ~ 0.6，以使 k_s 不会随深度无限增大；A_s、B_s 为常数，计算式如下：

$$\left.\begin{aligned} A_s &= C_m C_d(cN_c + 0.5\gamma B_p N_r) \\ B_s Z^n &= C_m C_d(\gamma N_q Z^n) \end{aligned}\right\} \tag{4.40}$$

式中，c 为地基土的黏聚力，kPa；γ 为地基土的重度，kN/m^3；B_p 为支护桩直径，m；C_d 为地基土达到极限承载力时假设位移的倒数，当假设位移分别为 0.0254m、0.02m、0.012m、0.006m 时，C_d 分别为 40m^{-1}、50m^{-1}、80m^{-1}、170m^{-1}；C_m 为尺寸系数，波勒斯认为支护桩桩侧存在剪力，如图 4.5 所示。对于直径小的桩，侧面承载力可能接近正面承载力，两项加起来就相当于 2 倍的正面承载力。当桩径较大时，在桩的正面提供了承载阻力后，侧面剪力就有一个极限值，于是波勒斯提出了一个尺寸修正系数 C_m，当桩径小于 0.45m 时，C_m 取 2.0；

当桩径大于 0.45m 时，C_m取 $1+(0.45/D)^{0.75}$；当桩径大于 1.2m 时，C_m取 1.25。N_c、N_q、N_r为地基土的承载力系数，它们的计算公式如下：

$$N_q = e^{\pi\tan\varphi} \cdot \tan^2\left(45^\circ + \frac{\varphi}{2}\right) \tag{4.41}$$

$$N_c = (N_q - 1) \cdot \cot\varphi \tag{4.42}$$

$$N_r = \begin{cases} (N_q-1)\tan 1.4\varphi, \text{Meyerhof} \\ 1.5(N_q-1)\tan\varphi, \text{Hansen} \\ 2(N_q+1)\tan\varphi, \text{Vesic} \end{cases} \tag{4.43}$$

式（4.43）中，承载力系数 N_r 目前有三个计算公式，分别是 Meyerhof 于 1963 年提出的、Hansen 于 1970 年提出的和 Vesic 于 1975 年提出的。表 4.5 给出了三个承载力系数的计算代表值，N_r有三个不同公式计算的结果。

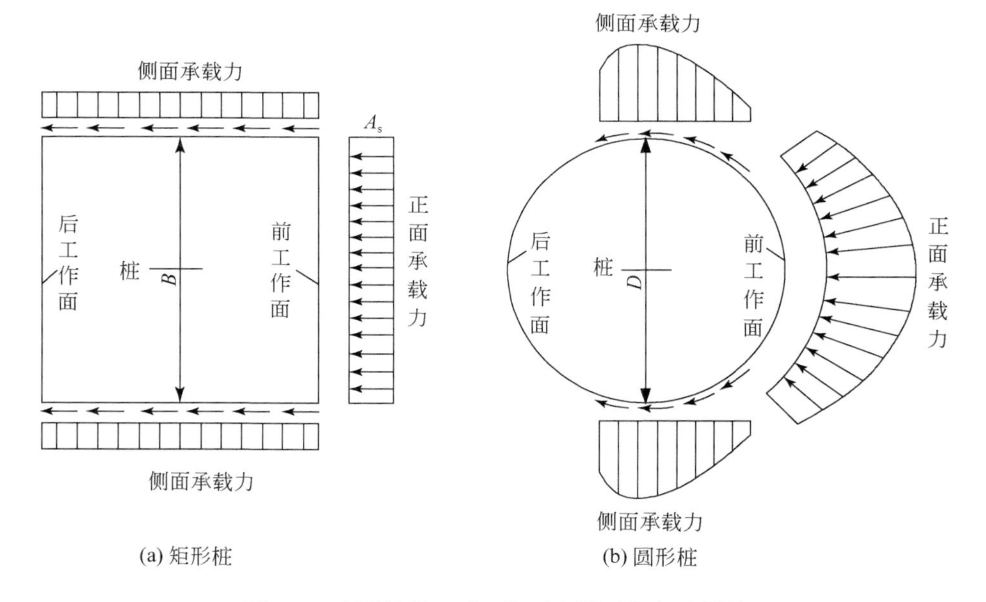

图 4.5　水平桩前、后工作面和侧面抗力示意图

表 4.5　地基土承载力系数 N_c、N_q、N_r计算代表值一览表

内摩擦角（φ）/(°)	N_c	N_q	N_r(Meyerhof)	N_r(Hansen)	N_r(Vesic)
0	5.14	1.0	0	0	0
5	6.49	1.6	0.1	0.1	0.4
10	8.34	2.5	0.4	0.4	1.2
15	10.97	3.9	1.1	1.2	2.6

续表

内摩擦角（φ）/（°）	N_c	N_q	N_r(Meyerhof)	N_r(Hansen)	N_r(Vesic)
20	14.83	6.4	2.9	2.9	5.4
25	20.71	10.7	6.8	6.8	10.9
26	22.25	11.8	8.0	7.9	12.5
28	25.79	14.7	11.2	10.9	16.7
30	30.13	18.4	15.7	15.1	22.4
32	35.47	23.2	22.0	20.8	30.2
34	42.14	29.4	31.1	28.7	41.0
36	50.55	37.7	44.4	40.0	56.2
38	61.31	48.9	64.0	56.1	77.9
40	75.25	64.1	93.6	749.4	109.3
45	133.73	134.1	262.3	200.5	271.3
50	266.50	318.5	871.7	567.4	761.3

注：（1）当 $\varphi=0$ 时，$N_c=\pi+2=5.14$；

（2）N_r(Meyerhof)、N_r(Hansen)、N_r(Vesic) 分别表示 Meyerhof、Hansen 和 Vesic 的承载力系数 N_r 计算值。

波勒斯在同一场地黏性土地基中桩的对比试验中对 k_s 反算研究表明，式（4.40）应进一步考虑水平桩的断面形状，因此，应写成如下形式：

$$\left.\begin{aligned} A_s &= F_1 C_m C_d (cN_c + 0.5\gamma B_p N_r) \\ B_s Z^n &= F_2 C_m C_d (\gamma N_q Z^n) \end{aligned}\right\} \tag{4.44}$$

式中，F_1、F_2为桩的形状系数，对方桩和HP桩均取1.0，对圆桩F_1取1.3～1.7、F_2取2.2～2.4。

波勒斯在其著作中还提供了多种其他的地基土水平反力系数（k_s）求算公式，如根据现场试验求得的地基土承载力得到的k_s经验公式、根据现场钻孔压力计试验和扁式膨胀仪试验间接得到的k_s经验公式，以及根据应力应变模量来计算的k_s经验公式，供我们学习参考，还提供了一些地基土水平反力系数（k_s）的代表值范围，见表4.6。

总之，获取地基土水平反力系数（k_s）和地基土水平反力系数的比例系数（m）的方法较多，但是，我们在学习这些方法中也发现各种方法不管是理论方法、试验方法或经验方法，它们之间都存在较大差异。究其根本原因还是地基土的区域性和个体性差异所致，不同试验方法和条件的局限性和差异性所致，不同方法的理论基础差异性所致。因此，我们在计算获取地基土水平反力系数（k_s）

和获取地基土水平反力系数的比例系数（m）时，一定要根据工程地区经验和试验条件综合考虑，采取符合实际的求取方法。

表 4.6 地基土水平反力系数（k_s）的代表值范围

土的类别	k_s/(kN/m^3)
密实砾砂	220～400
中密粗砂	157～300
中砂	110～280
细砂	80～200
硬黏土（湿）	60～220
硬黏性土（饱和）	30～110
中性黏土（湿）	39～140
中性黏土（饱和）	10～80
软黏土	2～40

4.4.4 计算地基水平反力比例系数 *m* 的反演法

作者在本书第 8 章中，利用内支撑–支护桩–土相互作用且变形协调的基本原理，提出了采用弹性抗力法对单道支撑和多道支撑的温度应力解析解计算方法，结合多道内支撑的深基坑工程案例，采用自主研发的地质灾害与工程结构安全自动化监测预警平台，实现了深基坑内支撑系统温度变化影响的实时、连续、在线的自动化监测，工程实测结果与理论计算结果比较吻合，从而建立了考虑温度影响的自动化监测预警预报机制。在影响内支撑轴力和变形大小的众多因素中，地基土水平反（抗）力系数（k_s）的影响尤为突出。关于单道支撑和多道支撑温度应力的计算模型和计算公式的推导过程详见第 8 章，下面仅列出温度变化引起支撑轴力和变形增量的计算公式。

1. 单道支撑轴力增量和变形增量计算公式

第 8 章图 8.2（a）、（b）分别是基坑支护单道支撑剖面示意图和基坑支护单道支撑假定支护桩后土体、支护桩和腰梁为并联弹簧模型示意图。式（4.45）和式（4.46）分别是支撑因温度变化引起的轴力增量（N_t）的计算公式和支撑因温度变化引起的轴向变形增量（Δ）的计算公式为

$$N_{\mathrm{t}}=\frac{\alpha\Delta T}{\dfrac{1}{EA}+\dfrac{2}{KL}} \tag{4.45}$$

$$\Delta = 0.5[\alpha\Delta TL - N_t L/(EA)] \tag{4.46}$$

式中，EA 为支撑杆件抗压（拉）刚度，kN：α 为支撑杆件材料线膨胀系数，砼材料取 1.0×10^{-5}/℃，钢材取 1.2×10^{-5}/℃；ΔT 为温度变化量，℃；L 为支撑杆件长度，m。

2. 多道支撑轴力和变形增量计算公式

第 8 章图 8.6（a）、（b）分别是基坑多道支撑计算几何示意图和变形计算模型示意图。与单道支撑温度应力增量计算原理相同，第 i 道支撑温度升高引起的轴力增量 $N_t(i)$ 的基本计算公式为

$$N_t(i) = E_i A_i\left(\alpha_i \Delta T - \frac{2\Delta_i}{L_i}\right) \tag{4.47}$$

式中，E_iA_i 为第 i 道支撑杆件抗压（拉）刚度；α_i 为第 i 道支撑杆件线膨胀系数；Δ_i 为第 i 道支撑因温度变化引起的轴向变形增量；L_i 为第 i 道支撑长度；下标 i 表示第 i 道支撑。将支护桩后土体在支点处的水平刚度系数 $n\times1$ 阶矩阵 $[K_s(i)]$ 拓展成 $n\times n$ 阶矩阵 $[K_s(i,\ j)]$，当 $i=j$ 时，$K_s(i,j)=K_s(i)$；当 $i\neq j$ 时，$K_s(i,j)=0$。于是，得到第 i 道支撑因温度变化引起的轴力增量矩阵 $[N_t(i)]$ 和第 i 道支撑因温度变化引起的轴向变形增量矩阵 $[\Delta_i]$ 的矩阵关系式为

$$[N_t(i)] = [K_s(i,j) + K'_p(i,j)][\Delta_i] \tag{4.48}$$

$$[\Delta_i] = [K_s(i,j) + K'_p(i,j) + \eta(i,j)]^{-1}[\xi(i)] \tag{4.49}$$

式中，$K'_p(i,\ j)$ 为第 j 道支撑支点单位作用力引起第 i 道支撑支点的水平位移，$[K'_p(i,\ j)]$ 是 $[1/K_p(i,\ j)]$ 的逆矩阵；$E_iA_i\alpha_i\Delta T=\xi(i)$，$2E_iA_i/L_i=\eta(i)$，并将 $[\eta(i)]$ 拓展为 $[\eta(i,\ j)]$，当 $i=j$ 时，$\eta(i,j)=\eta(i)$；当 $i\neq j$ 时，$\eta(i,j)=0$。

本书第 8 章中的多道支撑工程实例中，支护桩桩后土层共 4 层，计算地基土水平反力系数的比例系数的加权平均值（$\overline{m}$）为 6660kN/m^4。其测点 DC2-4 第四道支撑在最高温度持续升高的一个星期内，支撑轴力随温度升高而增加，最大温差引起的支撑轴力增量约占支撑轴力的 29.2%，实测单位温度下支撑轴力日增量为 162.92～220.15kN/℃，平均值为 196.83kN/℃（按 7 天计），按本书理论公式计算的结果为 232.14kN/℃，大于实测值 17.94%。第四道支撑在最高温度变化较为平缓的一个星期内，最大温差引起的支撑轴力增量约占支撑轴力的 9.6%，实测单位温度下支撑轴力日变化量为 191.92～261.52kN/℃，平均值为 220.01kN/℃（按 7 天计），理论公式计算的结果为 232.14kN/℃，大于实测值 5.51%。

从上述式（4.45）～式（4.49）均可发现，温度变化引起支撑轴力增量和变形增量的大小与地基土水平反力系数的比例系数是相关联的，它们之间存在什么

样的函数关系呢？经过多种函数相关性拟合发现，第 i 道支撑因温度变化引起的轴力增量 $N_t(i)$ 和轴向变形增量（Δ_i）的大小与地基土水平反（抗）力系数的比例系数（m）均存在一元多次多项式函数关系，当取 m 的四次多项式函数关系时，它们之间的相关性系数是1.0；当取 m 的二次多项式函数关系时，它们之间的相关性系数最小值达到0.9952。因此，就该工程实例而言，当取 m 的二次多项式拟合其与第 i 道支撑因温度变化引起的轴力增量 $N_t(i)$ 和轴向变形增量（Δ_i）完全满足精度要求，其四道支撑的轴向变形增量 Δ_1 ~ Δ_4 和轴力增量 $N_t(1)$ ~ $N_t(4)$ 与地基土水平反力系数的比例系数的加权平均值（$\overline{m}$）的拟合函数关系式见下列式（4.50）~式（4.57），拟合曲线见图4.6和图4.7。

$$\Delta_1 = 5\times10^{-11}\overline{m}^2 - 3\times10^{-6}\overline{m} + 0.1112, R^2 = 1.0000 \quad (4.50)$$

$$\Delta_2 = 4\times10^{-10}\overline{m}^2 - 9\times10^{-6}\overline{m} + 0.1067, R^2 = 0.9984 \quad (4.51)$$

$$\Delta_3 = 5\times10^{-10}\overline{m}^2 - 1\times10^{-5}\overline{m} + 0.1072, R^2 = 0.9964 \quad (4.52)$$

$$\Delta_4 = 4\times10^{-10}\overline{m}^2 - 1\times10^{-5}\overline{m} + 0.0833, R^2 = 0.9952 \quad (4.53)$$

$$N_t(1) = -1\times10^{-7}\overline{m}^2 + 0.0062\,\overline{m} + 0.6783, R^2 = 1.0000 \quad (4.54)$$

$$N_t(2) = -9\times10^{-7}\overline{m}^2 + 0.0225\,\overline{m} + 11.4400, R^2 = 0.9984 \quad (4.55)$$

$$N_t(3) = -2\times10^{-6}\overline{m}^2 + 0.0378\,\overline{m} + 13.8200, R^2 = 0.9964 \quad (4.56)$$

$$N_t(4) = -1\times10^{-6}\overline{m}^2 + 0.0314\,\overline{m} + 90.9410, R^2 = 0.9952 \quad (4.57)$$

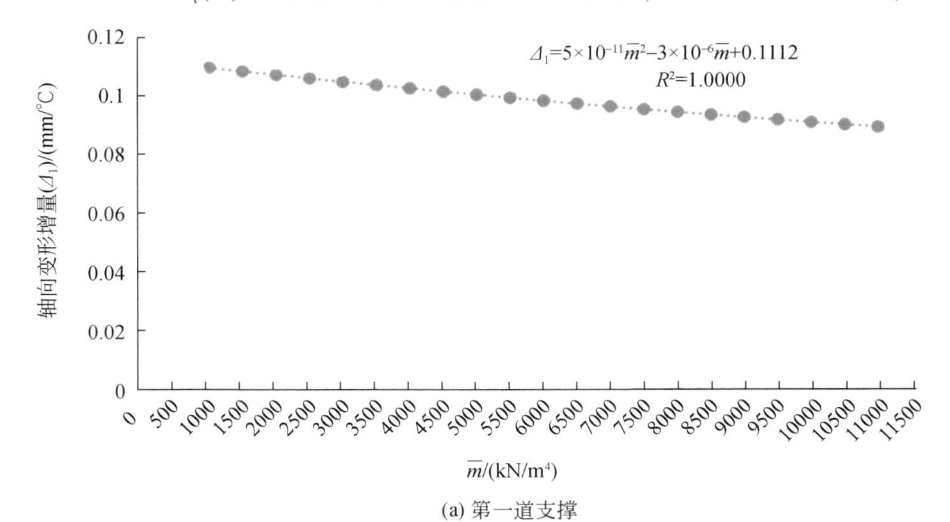

(a) 第一道支撑

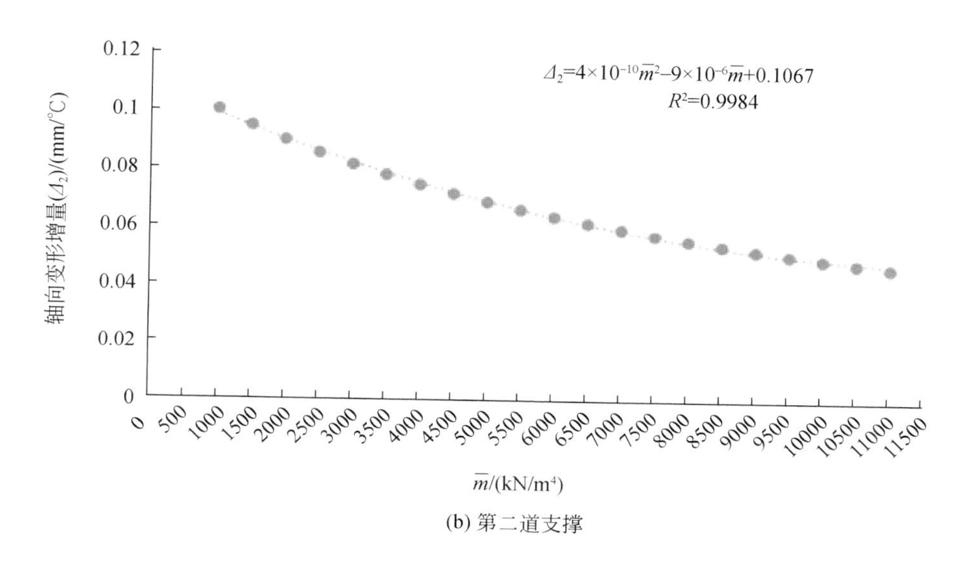

(b) 第二道支撑

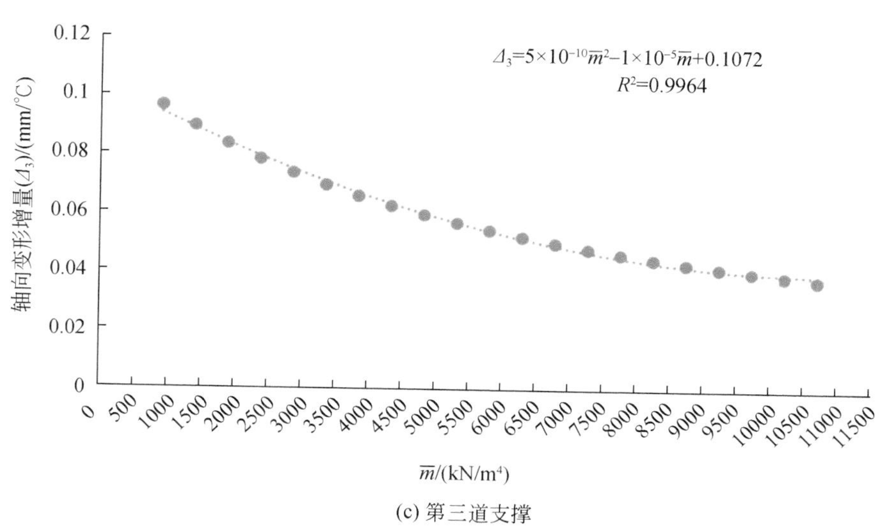

(c) 第三道支撑

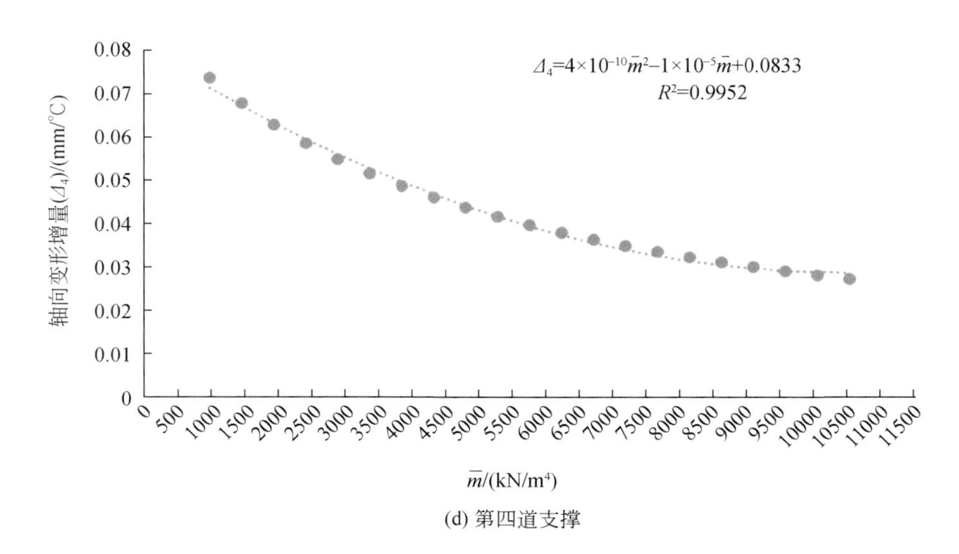

(d) 第四道支撑

图 4.6　支撑轴向变形增量与地基土水平反力系数的比例系数的加权平均值（$\overline{m}$）的关系

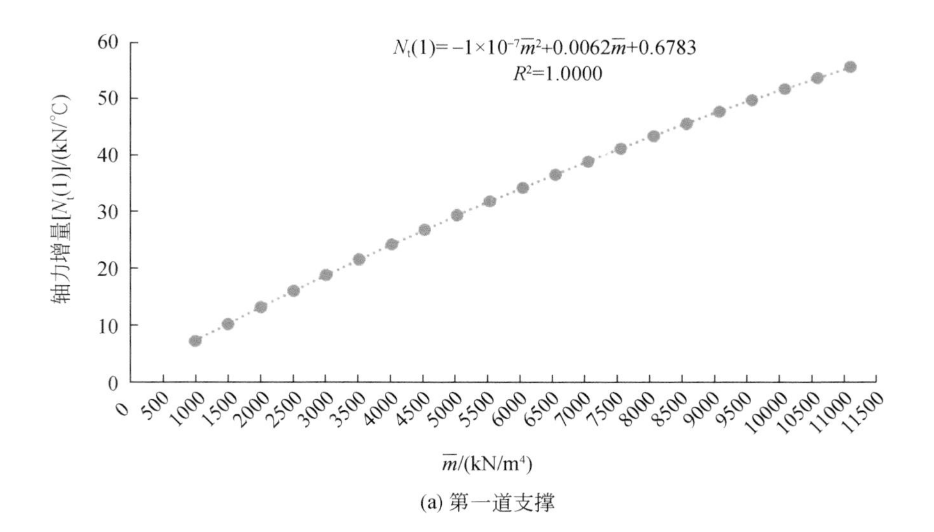

(a) 第一道支撑

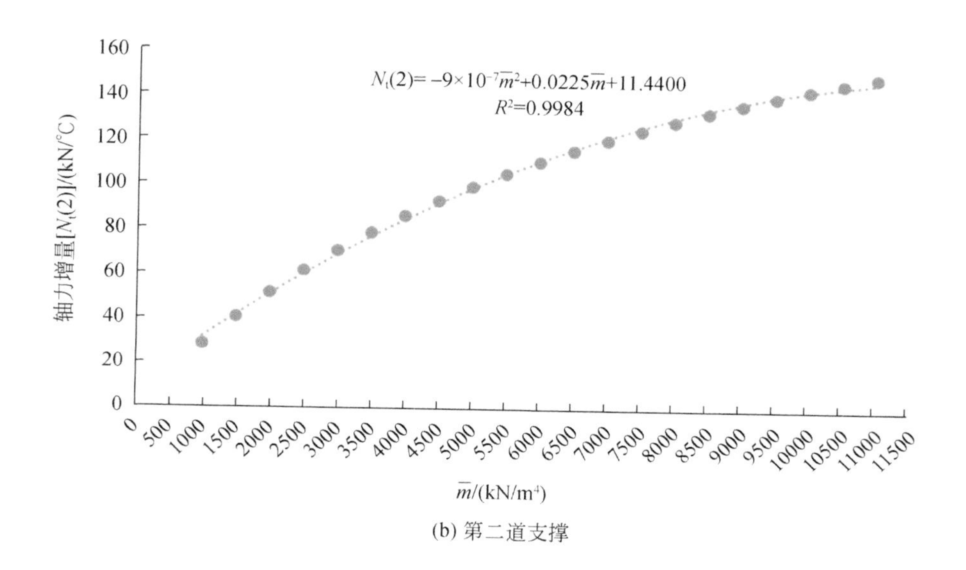

(b) 第二道支撑

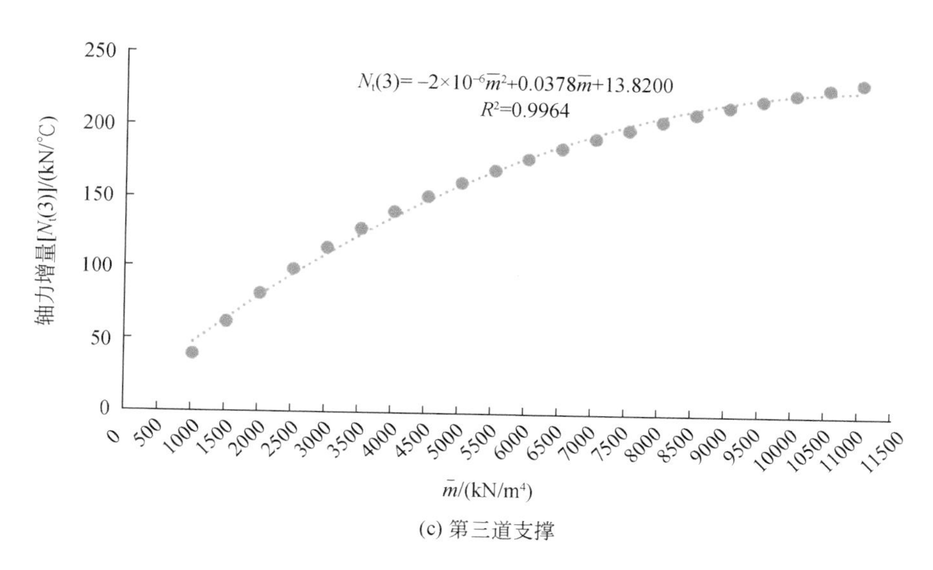

(c) 第三道支撑

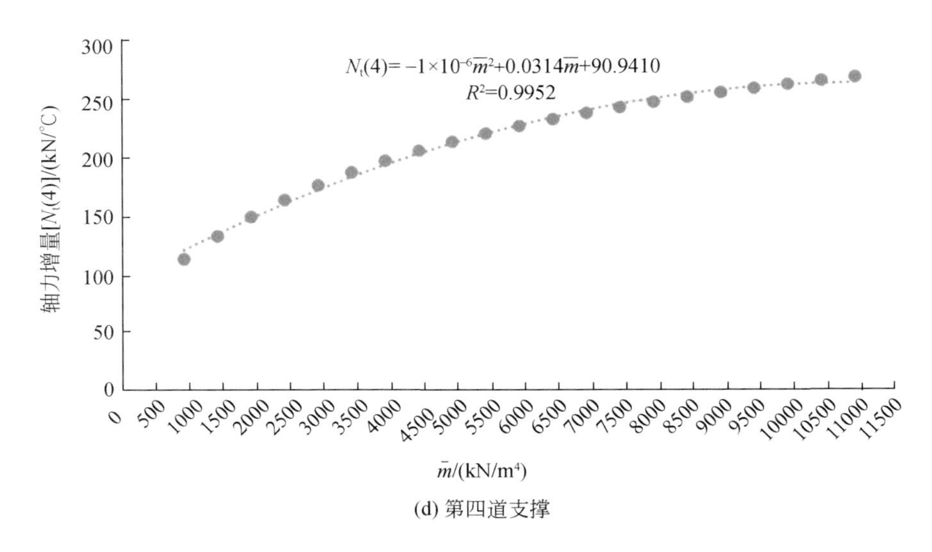

(d) 第四道支撑

图 4.7　支撑轴力增量与地基土水平反力系数的比例系数的加权平均值（$\overline{m}$）的关系

对一个具体的基坑工程，按照上述方法建立了第 i 道支撑由温度变化引起的轴力增量［N_t（i）］和轴向变形增量（Δ_i）与地基土水平反（抗）力系数的比例系数（m）的一元二次多项式函数关系后，就可以根据实测的支撑轴力增量或变形增量反算地基土水平反（抗）力系数的比例系数（m）。例如，将上述工程实例实测的 DC2-4 测点的单位温度下支撑轴力日增量的平均值 196.83kN/℃ 和 220.01kN/℃代入式（4.57）中就可以求出地基土水平反力系数的比例系数的加权平均值（$\overline{m}$）为 3845kN/m^{4}和 4864kN/m^4。显然，地基土的水平反力比例系数越大，温度变化引起的支撑轴力增量越大。为什么会出现同一个支撑有两个不同的$\overline{m}$呢？主要是因为支撑构件存在温度效应滞后特性，当大气气温持续升高时，传感器测得的温度与大气温度存在差异，这时基坑工作环境也不是很稳定；当大气气温维持缓慢变化时，传感器测得的温度与大气温度差异性变小，这时基坑工作环境也相对稳定。基于此，实际工程应采用大气气温缓变时段和基坑工作环境稳定时的支撑轴力或变形实测值来反算地基土的水平反力比例系数。考虑到温度变化引起的支撑支点位移难以精准监测到，因此，基于实测的支撑轴力增量和变形增量反算地基土水平反（抗）力系数的比例系数（m）应以实测的支撑轴力增量来反算地基土水平反（抗）力系数的比例系数（m）的方法为主要方法。

理论研究和工程实践表明，利用实时、在线、连续的自动化监测技术，特别是利用支撑轴力或变形实测值来反算地基土的水平反力比例系数是一种技术创新，为探索求取地基土水平反力系数的比例系数（m）开辟了一条新的有效途径。

第5章　地连墙槽壁稳定性及加固设计计算方法

5.1　概　　述

地连墙由于具有截水和支挡双重功能，在建筑基坑和地铁基坑支护工程中被广泛应用。工程实践表明，在可塑-坚硬黏性土、密实砂土、残积土及风化岩层中地连墙采用泥浆护壁成槽，槽壁是能自稳的，墙体厚度和混凝土质量有保证。在软土中成槽，经常由于槽壁向槽内位移，导致实际墙体厚度小于设计值或墙体出现夹泥等现象。在松散砂土和松散填土中成槽，经常由于槽壁失稳，导致墙体出现夹砂夹土现象或槽壁坍塌无法成墙或增加处理坍塌成本等问题。因此，槽壁稳定问题是地连墙施工质量和施工安全最关键的问题。

大约20多年前深层搅拌桩（简称搅拌桩）就开始应用于地连墙的槽壁加固，如1997年的深圳荔园大厦基坑支护工程就采用了搅拌桩加固地连墙的槽壁，基坑深为9m，紧邻基坑北侧有一栋人工挖孔桩基础的高层民宅，基坑与民宅之间埋藏有多条管线，软弱土（含填土、淤泥质土和松散砂土）分布厚度约8.5m，基岩埋深为12～15m，地下水埋深为2m，基坑支护采用地连墙加钢筋混凝土内支撑结构。由于地连墙既是临时支护结构又是永久承重结构，要求地连墙入中风化花岗岩3m。为防止地连墙成槽过程中软弱土和入岩冲击等因素造成塌孔，继而影响北侧小区地面塌陷和管线安全，在基坑北侧地连墙成槽前，在槽段南北两侧均布置了两排搅拌桩，搅拌桩的桩径为550mm、桩间距为400mm、桩排距为350mm，搅拌桩桩长为10～12m（桩长以搅拌机搅不动为终搅标准）。在基坑其他三侧，只布置了一排相同参数的搅拌桩。监测结果显示，地连墙成槽施工较为顺利，对环境影响较小，坑边最大地面沉降小于5mm，其中入岩成槽增加约2mm。

目前，深、大基坑工程越来越多，特别是地铁基坑，仅深圳每年就有百余项，深度大多在20m左右，也有相当一部分超过25m。随着城市地下空间开发利用快速发展，更深、更大基坑将会层出不穷，地连墙作为多功能地下结构，其工程数量每年也将会成倍增加。但是，由于行标《建筑基坑支护技术规程》(JGJ 120-2012）既没有提出槽壁加固深度和宽度计算方法，也没有提出加固后槽壁稳定性判定标准，深圳市标《基坑支护技术标准》(SJG 05-2020）虽然提出了泥浆护壁地连墙槽壁稳定性安全系数计算方法和稳定性判定标准，但没有提出搅拌桩加固深度和宽度计算方法，也没有提出加固后槽壁稳定性判定标准。各个具体工程项目都是凭经验设计和施工，深圳荔园大厦基坑支护工程地连墙施工过程是安全的，但是不是偏于保守？那时是无法用量化数据来求证。因此，深入对地连墙成槽槽壁稳定性的研究十分必要。

作者在论文《地连墙槽壁加固稳定性计算方法研究》(金亚兵，2017a）中，分析了槽壁失稳机制及形态；总结了各种槽壁抗失稳加固措施的优缺点；提出了搅拌桩合理加固深度建议值；归纳了槽壁在泥浆护壁条件下各种稳定性安全系数计算方法的适用条件；探讨了各种安全系数取值的合理性；提出了槽壁在搅拌桩加固条件下槽壁稳定性安全系数计算方法和加固后槽壁稳定性判定标准的建议。论文中列举了两个分别分布有较厚松散砂土和软土的工程实例，计算了槽壁在泥浆护壁条件下各种计算方法的稳定性安全系数和作者提出的搅拌桩加固槽壁条件下的稳定性安全系数，提出了搅拌桩加固槽壁的稳定性判定标准。

作者在论文《地连墙槽壁加固深度和宽度计算方法研究》(金亚兵，2017b）中，分析了槽壁加固条件下影响槽壁稳定性的各种影响因素与槽壁稳定性安全系数的关系；总结出加固体深度和宽度是关键影响因素，也是工程施工前需要设计的重要控制参数；提出了搅拌桩加固体抗滑（剪)、抗倾覆和抗弯能力验算原则和安全性判定标准；提出了搅拌桩加固深度（长度）和宽度的计算方法；提出了在搅拌桩桩顶插入钢性筋并嵌固于导墙中和搅拌桩平面外拱布置等方法以提高槽壁稳定性的措施；利用工程实例，对论文提出的搅拌桩加固体深度和宽度计算方法，以及对提出的搅拌桩桩顶插入钢性筋并嵌固于导墙和搅拌桩平面外拱布置提高的槽壁稳定性安全系数进行了演算。

本章综合论文《地连墙槽壁加固稳定性计算方法研究》(金亚兵，2017a）和《地连墙槽壁加固深度和宽度计算方法研究》(金亚兵，2017b）的研究成果，对地连墙槽壁失稳机制及抗失稳措施分析、槽壁稳定性影响因素分析及稳定性系数计算、泥浆护壁槽壁稳定性计算、搅拌桩加固槽壁稳定性计算、搅拌桩深度和宽度以及抗滑、抗倾和抗弯能力验算、提高搅拌桩稳定性措施等结合工程案进行了全面系统的阐述。

5.2　槽壁失稳机制及抗失稳措施分析

5.2.1　槽壁失稳机制及形态

地连墙成槽过程中，槽孔内土体被切出，原本处于静止状态的侧壁土体处于临空状态，虽然切槽同时有泥浆护壁，但当泥浆压力不能平衡静止土压力时，侧壁土体必然向槽孔内位移，土体位移后，土体作用于泥浆面上的压力逐渐降低至主动土压力，如果泥浆压力还不能平衡主动土压力，侧壁土体就会继续向槽孔内位移直至沿某一平面或曲面整体坍塌。这就是槽壁失稳的机制。

由于地连墙普遍深度较大，且都是在水下成槽和水下灌注混凝土，施工设备体量和施工震动影响大，因此，地基强度及土层结构、地下水位及活动状态、槽段大小及形状、槽孔内泥浆重度及浆面高度、成槽设备性能和地面动、静荷载等因素都会影响槽壁的稳定性，其中地基强度及土层结构、泥浆浓度及浆面高度的影响尤其明显。不同的影响因素导致槽壁失稳的形态不一样，当地基上软下硬时一般会出现上部槽壁整体失稳；当软硬土层交替分布时会在软弱土层中会出现局部失稳，施工机械对槽壁的碰撞、硬土层中的软弱土透镜体也会出现局部失稳，有时局部失稳处理不当或不及时就会导致整体失稳。因此，槽壁的失稳形态可分为整体失稳和局部失稳等两种型式。

5.2.2　槽壁抗失稳措施

传统的地连墙槽壁稳固措施基本上靠加大泥浆重度，少数软弱土层位于表层且厚度较小时，也有采用增大导墙高度或对浅层地基进行振冲、强夯或高压旋喷等预加固处理后，再采用泥浆护壁；对少数特殊地质条件和敏感环境条件的槽段，也有采用微型桩或大直径灌注桩直接进行槽壁加固的。但是，加大泥浆重度是有限度的，一般泥浆重度不宜大于13kN/m^3，重度过大、粗颗粒下沉快、下沉量大，既不利于清底，又不利于混凝土灌注。振冲对松散砂层有密实效果，对软土加固作用就不明显。强夯对浅层松散填土有密实效果，对松散砂层和深部软土或软弱夹层密实作用不大。采用微型桩或大直径灌注桩虽然固壁效果好，但成本高、工期长。高压旋喷往往桩径大小难以控制，桩径偏大了，成槽难度增大；桩径偏小了，桩与槽孔之间的薄层土体易坍塌，增加清槽难度和混凝土灌注量。总之，这些方法都不是最理想和普适性方法。

基于上述各种槽壁加固方法的局限性考虑，搅拌桩加固槽壁就成了工程首选。随着搅拌桩施工机械性能的改进，搅拌桩长度、直径和搅拌能力都得到了显著的提高，基本上能够满足地连墙槽壁加固的深度和地层可搅拌的要求，而且加固宽度可控。因此，搅拌桩是目前地连墙槽壁加固的主要抗失稳措施。

5.2.3　搅拌桩合理加固深度和宽度

搅拌桩的固壁机制是什么？目前国外未见相关文献，国内只见工程实例和王盼等（2016）个别作者的论文，但王盼等认为搅拌桩的固壁机制是搅拌桩横断面提供的抗剪力去平衡土压力与泥浆压力差，搅拌桩横断面抗剪力计算公式如下：

$$T_c = \tau dH \tag{5.1}$$

式中，τ 为搅拌桩抗剪强度；d 为搅拌桩咬合厚度；H 为失稳体高度。

作者认为其分析搅拌桩固壁机制和提出的计算公式是不全面的。首先，搅拌桩长度一般不会超过槽深，不可能是其横断面提供剪力去平衡压力差。其次，其忽视了槽段成槽是逐槽跳槽施工的，没有考虑槽段长度的影响。实际上搅拌桩对单个槽段来讲，就是一块水泥土板在两侧槽头处的搅拌桩咬固作用下阻止土体向槽内位移，搅拌桩固壁机制就是搅拌桩墙两侧槽头处的搅拌桩的全长横向抗剪力去平衡土压力与泥浆压力差。因此，搅拌桩合理的加固深度是指满足地连墙槽壁稳定性要求前提下桩的合理长度，其计算公式应该为

$$H_p = H + \Delta H = \frac{T_c}{2\tau d} \tag{5.2}$$

式中，H_p 为搅拌桩长度；ΔH 为失稳体以下部分搅拌桩长度；其他符号意义同前。

由式（5.2）可知，搅拌桩长度与桩桩之间咬合厚度成反比，从搅拌桩作为板墙受力特性分析，增加咬合厚度优于增加长度，因此，搅拌桩的合理长度就是在满足槽壁稳定性条件下搅拌桩穿越软弱层进入较好下卧层最小深度时的搅拌桩长度。工程实践中，一般采取穿透软弱层 1.5～3.0m 的最小搅拌桩长度，下卧层强度较高时取小值，下卧层强度较低时取大值。搅拌桩的合理宽度则是满足槽壁稳定性条件下搅拌桩还应满足抗剪和抗弯条件的最小咬合厚度（宽度）。如何验算搅拌桩的抗弯能力见第 5.5 节。

5.3　泥浆护壁槽壁稳定性计算

5.3.1　槽壁局部失稳计算

槽壁局部失稳主要是槽壁局部土层强度低、施工扰动或地下水不稳定等原因引起的槽壁局部坍塌，如软、硬夹层中的软弱层，黏性土中的砂层透镜体等易出现局部失稳。Filz 和 Davidson（2004）把由渗透力产生的槽壁土粒间摩擦力与土粒有效重度的比值定义为槽壁局部稳定性安全系数（K_L）。

$$K_L = \frac{i_0 \gamma_w \tan\varphi_s}{\gamma_1 - \gamma_2} \tag{5.3}$$

式中，φ_s 为有泥浆渗入时槽壁土体的内摩擦角；γ_w 为地下水重度；γ_1 为槽壁土体有泥浆渗入时的重度；γ_2 为泥浆重度，地下水位以下取两者浮重度；i_0 为泥浆黏滞梯度，计算公式见式（5.4），计算简图如图 5.1 所示。

$$i_0 = \frac{h_s\left(\dfrac{\gamma_2}{\gamma_w}\right) - h_w}{L_s} \tag{5.4}$$

式中，h_s、h_w 分别为计算点至泥浆面高度和至地下水位高度，m；L_s 为计算点泥浆渗入土体中的水平长度，m；其他符号意义同前。各变量物理意义如图 5.1 所示。

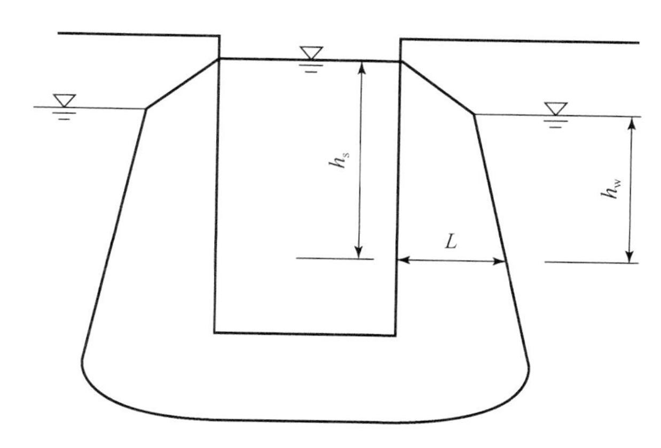

图 5.1　泥浆渗入粗粒土示意图

式（5.3）是目前唯一考虑了泥浆向槽壁渗透下槽壁局部稳定性安全系数的量化计算公式，给定某一稳定性安全性系数时需配置的泥浆重度就可按式（5.3）估算。由于式（5.3）中 i_0 需进行现场或室内试验获取，无试验数据，又无经验值，建议慎用。式（5.3）是建立在假想条件下的理论公式，不适用于粗粒土，Filz 没有给出 K_L 工程应用取值，建议取 $K_L \geq 1.50$。

5.3.2　槽壁整体失稳计算

槽壁整体失稳一般是发生在上软下硬的浅层地基中，或软弱夹层失稳后引发的上部地基失稳。对槽壁整体失稳的判定一直建立在半理论、半经验之上。国内外学者对槽壁整体失稳提出了多种判定方法和计算公式，既有严格理论公式，也有近似经验公式，归纳起来主要有抛物线柱体法、楔形体法、经验公式法和规范法四种。

1. 抛物线柱体法

抛物线柱体法是由 Plaskowski 提出，假设失稳体沿抛物线圆柱体形状下滑，如图 5.2（a）所示。假设槽壁土体的整体失稳体为一具有倾斜滑动面的抛物线柱体，滑动面与水平面成 α 角，失稳体滑向槽孔内，开口宽度等于泥浆槽段长度

(L)，抛物线顶点到泥浆槽壁的距离为 h，整体失稳体所受的力包括失稳体自重(W)、失稳体范围的地面荷载（Q）、泥浆压力（P_{m}）、地下水压力（P_{w}）、侧面摩擦力（P_{c}）、滑动面抗剪力（T）以及滑动面法向反力（N）等。各力的作用位置及方向，如图 5.2（b）所示，各力的计算公式如下：

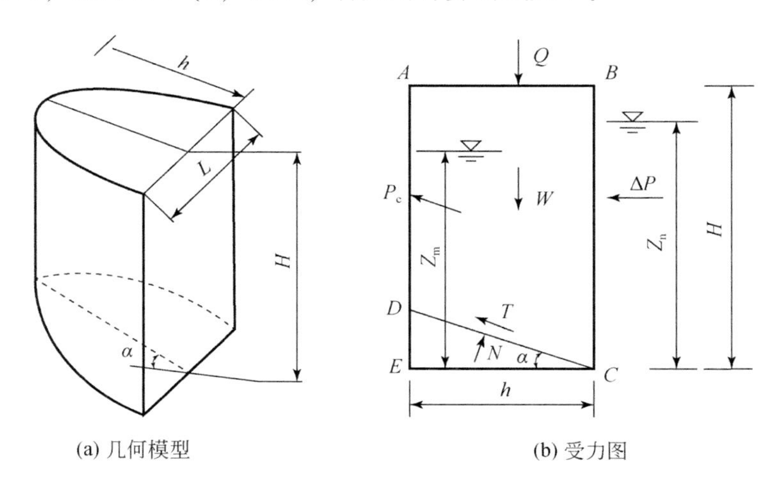

(a) 几何模型　　(b) 受力图

图 5.2　整体失稳几何模型及受力图

（1）失稳体平面投影面积（S）：

$$S=\frac{2}{3}Lh \tag{5.5}$$

（2）失稳体滑动面面积（S_{α}）：

$$S_{\alpha}=\frac{2}{3}Lh\sec\alpha \tag{5.6}$$

（3）失稳体自重（W）：

$$W=\frac{2}{3}Lh\left[(H-Z_{m})\gamma_{1}+(\gamma_{1}-\gamma_{w})\left(Z_{m}-\frac{2}{5}h\tan\alpha\right)\right] \tag{5.7}$$

（4）作用在失稳体上的泥浆压力（P_{m}）、地下水压力（P_{w}）以及他们的合力（ΔP）：

$$\left.\begin{aligned} P_{m}&=\frac{1}{2}\gamma_{2}Z_{n}^{2}L \\ P_{w}&=\frac{1}{2}\gamma_{w}Z_{m}^{2}L \\ \Delta P&=\frac{1}{2}(\gamma_{2}Z_{n}^{2}-\gamma_{w}Z_{m}^{2}) \end{aligned}\right\} \tag{5.8}$$

（5）侧面摩擦力（P_{c}）：刘建航等在《基坑工程手册》中是作为安全储备

的，计算时不考虑（刘建航和侯学渊，1997）。张厚美等提出的简化计算式为（张厚美和夏明耀，2000）

$$P_c = (2Hh - h^2\tan\alpha)c \tag{5.9}$$

（6）滑动面法向反力（N）及滑动面抗剪力（T）：

$$N = (W+Q)\cos\alpha + \Delta P\sin\alpha \tag{5.10}$$

$$T = N\tan\varphi + S_\alpha c + P_c T \tag{5.11}$$

于是，槽壁稳定性安全系数（K_S）定义为抗滑力与滑动力之比，即

$$K_S = \frac{[(W+Q)\cos\alpha + \Delta P\sin\alpha]\tan\varphi + S_\alpha c + P_c}{(W+Q)\sin\alpha} \tag{5.12}$$

式中，c 为土体黏聚力，kPa；φ 为土体内摩擦角，（°）；L 为泥浆槽段长度，m；h 为失稳体厚度，m，一般取 $h=\frac{L}{2f}$，$f=\tan\varphi+\frac{c}{q_u}$，$q_u$ 为土体无侧限抗压强度，kPa；H 为失稳体高度，m；Z_m 为地下水位，m；Z_n 为泥浆面到槽底高度，m；α 为滑动面倾角，（°）一般可取 $\alpha=45°+\varphi/2$。式（5.12）适用于黏性土，对砂土则不适用，因为砂土无法确定 h 值。

丛蔼森（2001）在《地下连续墙的设计施工与应用》中提出，对泥浆护壁的槽壁稳定性安全系数都是二维假定和不考虑失稳体侧面摩擦力，因此，其槽壁稳定性安全系数（K_S）应大于等于（≥）1.5。式（5.12）虽然既考虑了槽段长度的影响，也计入了失稳体侧面黏聚力，但未计入摩擦力，稳定性安全系数（K_S）取大于等于（≥）1.5 是偏于保守的。刘建航等在《基坑工程手册》中（刘建航和侯学渊，1997），建议稳定性安全系数（K_S）取 1.6，其虽然考虑了槽段长度的影响，但没有计入失稳体侧面黏聚力，也未计入摩擦力，稳定性安全系数（K_S）取 1.6 更偏于保守。

2. 楔形体法

楔形体法根据槽壁土体性质不同，有针对黏性土并考虑张裂缝的 Fox 法、史世雍法，以及针对无黏性土（$c=0$）的 Filz 法。

Fox（2004）对黏性土槽壁稳定性进行了严格的理论推导，首先假定槽壁的失稳体为一向槽孔内滑动的梯形体，滑动面与水平面成 α 角，泥浆面到槽底高度（Z_n）可高于 Z_m，也可低于 Z_m，槽壁顶部存在张裂区，其高度为 Z_c、破坏体长度为 L_0，L_0 可认为是槽段长度 L，宽度为 B_0，$B_0=(H-Z_c)\cot\alpha$，H 为失稳体高度，几何分析模型如图 5.3（a）所示。

在分析失稳体受力时，Fox（2004）分别分析了泥浆浆面高于地下水位、低于地下水位以及三维、二维等工况及力学模型，本书只讨论工程常见工况即泥浆浆面高于地下水位的三维分析结果，其受力分析图如图 5.3（b）所示。楔形失

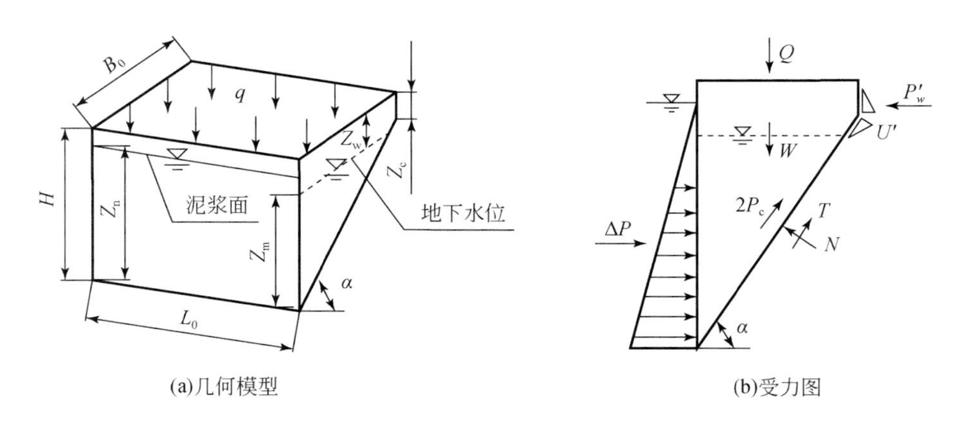

图 5.3　楔形失稳体几何模型及受力图

稳体所受的力包括失稳体自重（W）、失稳体范围的地面荷载（Q）、槽内的泥浆压力（P_m）与槽壁土体的地下水压力（P_w）的合力 ΔP（$\Delta P=P_m-P_w$）、梯形体的侧面摩擦力（P_c）、滑动面抗剪力（T）以及滑动面法向反力（N）等，忽略张裂区的静水压力（P'_w）以及张裂区至地下水位之间的地下水压力（U'）。各力的作用方向如图 5.3（b）所示，各力的计算式如下：

（1）失稳体自重（W）。

地下水位以上失稳体体积（$V_上$）为

$$V_上=\left\{Z_c(H-Z_c)+\frac{1}{2}\left[2H(Z_w-Z_c)+Z_c^2-Z_w^2\right]\right\}\cdot L_0\cot\alpha \tag{5.13}$$

地下水位以下失稳体体积（$V_下$）为

$$V_下=\frac{1}{2}(H-Z_w)^2L_0\cot\alpha \tag{5.14}$$

于是，失稳体自重（W）为

$$W=\gamma_1 V_上+\gamma_1' \quad V_下=A_1L_0\cot\alpha \tag{5.15}$$

（2）失稳体范围的地面荷载（Q）：

$$Q=qB_0L_0=q(H-Z_c)L_0\cot\alpha=A_2L_0\cot\alpha \tag{5.16}$$

（3）槽内的泥浆压力（P_m）与槽壁土体的地下水压力（P_w）的合力（ΔP）：

$$\Delta P=P_m-P_w=\frac{1}{2}\gamma_2Z_n^2-\frac{1}{2}\gamma_w(H-Z_w)^2=\frac{1}{2}\left[\gamma_2Z_n^2-\gamma_w(H-Z_w)^2\right] \tag{5.17}$$

（4）失稳体两端的侧面摩擦力（P_c）

$$\begin{aligned}2P_c&=2\cot\alpha\left[\int_{Z_c}^{Z_w}(c+\sigma_{h1}\tan\varphi)(H-z)\mathrm{d}z+\int_{Z_w}^{H}(c+\sigma_{h2}\tan\varphi)(H-z)\mathrm{d}z\right]\\&=2A_3\cot\alpha\end{aligned} \tag{5.18}$$

其中，

$$\left.\begin{aligned}\sigma_{h1}&=K_0(q+\gamma_1 z)\\ \sigma_{h2}&=K_0[q+\gamma_1 Z_w+\gamma_1'(z-Z_w)]\\ Z_c&=\frac{(2c\sqrt{K_a}-q)}{\gamma_1}\\ \sqrt{K_a}&=\tan(45°-\varphi/2)\end{aligned}\right\}\tag{5.19}$$

式中，K_0 为土体静止土压力系数。

（5）滑动面法向反力（N）：

$$N=(W+Q)\cos\alpha+\Delta P\sin\alpha \tag{5.20}$$

（6）滑动面抗剪力（T）：

$$T=N\tan\varphi+c(H-Z_c)\csc\alpha \tag{5.21}$$

于是，滑动面上的稳定性安全系数（K_S）为

$$\begin{aligned}K_S&=\frac{T+2P_c+\Delta P\cos\alpha}{(W+Q)\sin\alpha}\\ &=B_1\sec\alpha\csc\alpha+B_2\cot\alpha+B_3\tan\alpha+B_4\csc\alpha+B_5\end{aligned}\tag{5.22}$$

其中，

$$\left.\begin{aligned}&B_1=\frac{c(H-Z_c)}{A_1+A_2};B_2=\tan\varphi;B_3=\frac{\Delta P\tan\varphi}{(A_1+A_2)L_0}\\ &B_4=\frac{2A_3}{(A_1+A_2)L_0};B_5=\frac{\Delta P}{(A_1+A_2)L_0}\end{aligned}\right\}\tag{5.23}$$

式（5.22）中，总有一个角对应的最小稳定性安全系数（K_{Smin}），故可对式（5.22）两边求导数，并令$\frac{dK_S}{d\alpha}=0$，则可得到最小稳定性安全系数的 α 角，用 α_{cr}表示，有

$$\cos^3\alpha_{cr}+\frac{2B_1+B_2+B_3}{B_4}\cos^2\alpha_{cr}-\frac{B_1+B_3}{B_4}=0 \tag{5.24}$$

式（5.13）~式（5.23）中的几何参数及物理变量见图5.3及前述说明。由于此法考虑了失稳体两端侧面摩擦力，作者建议取槽壁稳定性安全系数（K_S）≥1.50。

Filz针对无黏性土提出了槽壁失稳体为从槽底沿一倾角为 α 的平面直至地面的平面三角形的稳定性安全系数计算公式（Filz and Davidson，2004），未计失稳体两端侧面摩擦力，如图5.4所示。槽壁的稳定性安全系数（K_S）计算式为

$$K_S=\frac{2\sqrt{F}}{F-1}\tan\varphi \tag{5.25}$$

其中，

$$F=\frac{2q+H[(1-m^2)\gamma_1+m^2\gamma_1]}{H(n^2\gamma_2-m^2\gamma_w)} \tag{5.26}$$

式中，各符号意义同前。

图 5.4 中，失稳体滑动面与水平面夹角为

$$\alpha=45°+\frac{\tan^{-1}\left(\frac{\tan\varphi}{K_S}\right)}{2} \tag{5.27}$$

Filz 未给出槽壁稳定性安全系数（K_S）建议值，笔者建议取 $K_S\geq 1.05$。

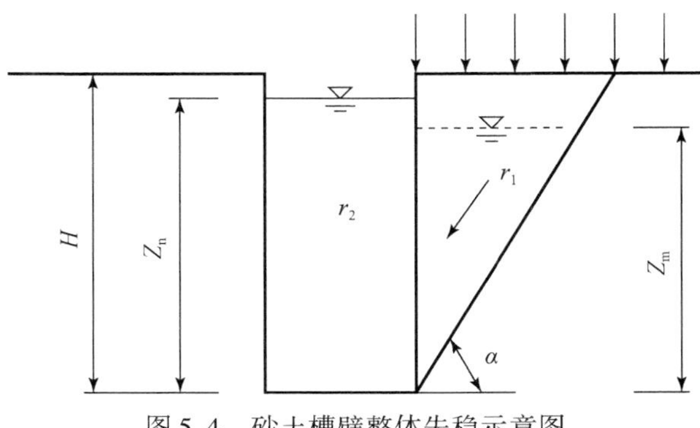

图 5.4　砂土槽壁整体失稳示意图

3. 经验公式法

经验公式法是 Meyerhof 首先提出来的，其根据现场试验获得的槽壁临界开挖深度（H_{cr}）的经验公式为

$$H_{cr}=\frac{N_L c_{uu}}{K_0\gamma_1'-\gamma_2'} \tag{5.28}$$

式中，c_{uu} 为槽壁土体三轴不固结、不排水抗剪强度，kPa，软土采用十字板抗剪强度（c_u）；N_L 为开挖基槽尺寸效应系数，计算式为

$$N_L=4\left(1+\frac{B}{L}\right) \tag{5.29}$$

式中，B 为槽壁的平面宽度，m；其他符号意义同前。

于是，Meyerhof 提出了槽壁整体稳定性安全系数计算式如下：

$$K_S=\frac{N_L c_{uu}}{e_{aH}-P_{mH}} \tag{5.30}$$

式中，e_{aH}、P_{mH} 分别为开挖槽壁底壁处的主动土压力强度和泥浆压力强度，kPa。

经验公式法在考虑了槽段的平面尺寸效应后，提出了开挖槽壁临界开挖深度计算式和槽壁整体稳定安全系数计算式，但未就稳定性安全系数应取多少做出规

定，认为只要开挖深度小于临界开挖深度，槽壁就是稳定的；当开挖深度大于临界深度，槽壁就是不稳定的。显然，从公式要素项看，此法对可塑–硬塑状黏性土是适用的，对砂土是不适用的。

4. 规范法

深圳市标《基坑支护技术标准》(SJG 05–2020）提出了黏性土和非黏性土（$c=0$）槽壁的稳定性系数（K_S）计算公式，并规定槽壁的稳定性系数（K_S）均应大于1.05。

对于黏性土，非承压地下水位及槽段长度不超过6m的情况下，槽壁的稳定性安全系数（K_S）为

$$K_S=\frac{4c_{uu}}{H_1\gamma_1-H_2\gamma_2+q} \tag{5.31}$$

式中，H_1、H_2分别为槽壁深度和泥浆深度，m；地下水位以上时，γ_1、γ_2分别为地基土天然重度和泥浆重度，地下水位以下时，γ_1、γ_2分别为地基土浮重度和泥浆浮重度；q为地面荷载；其他符号意义同前。

对于非黏性土（$c=0$），非承压地下水位及槽段长度不超过6m的情况下，槽壁的稳定性安全系数（K_S）为

$$K_S=\frac{2\sqrt{(\gamma_1+2q/H)\gamma_2}}{\gamma_1-\gamma_2+2q/H}\tan\varphi' \tag{5.32}$$

式中，H为槽壁深度，m；地下水位以上时，γ_1、γ_2分别为地基土天然重度和泥浆重度，地下水位以下时，γ_1、γ_2分别为地基土浮重度和泥浆浮重度；φ'为非黏性土的有效内摩擦角，无试验数据可取其内摩擦角；q为地面荷载，考虑到砂性土槽壁失稳是突发式的，一般规定一倍基坑深度范围内不应堆载。

式（5.31）、式（5.32）都是建立在平面三角形失稳模式下槽壁的稳定性安全系数计算公式，都不计失稳体两端侧面摩擦力，大量的工程实践验证取稳定性安全系数（K_S）≥1.05是安全的。

5.4　搅拌桩加固槽壁稳定性安全系数计算及影响因素分析

5.4.1　槽壁加固稳定性安全系数计算及工程案例

1. 搅拌桩加固槽壁稳定性安全系数计算

作者在论文《地连墙槽壁加固稳定性计算方法研究》(金亚兵，2017a）中分

析了槽壁失稳机制，提出了槽壁在搅拌桩加固条件下槽壁的稳定性安全系数（K_S）计算公式，计算简图如图 5.5 所示。计算公式为

$$K_S=\frac{N\tan\varphi+cHL\csc\alpha+(\Delta P+T_c)\cos\alpha+2A_3\cot\alpha}{(W+Q)\sin\alpha} \tag{5.33}$$

式中，α 为滑动面倾角，一般取 $\alpha=45°+\varphi/2$。

失稳体自重（W）为

$$\left.\begin{aligned}W&=A_1H^2L\cot\alpha\\A_1&=\frac{1}{2}(1-m^2)\gamma_1+\frac{1}{2}m^2\gamma_1'\\m&=Z_m/H\end{aligned}\right\} \tag{5.34}$$

失稳体范围的地面荷载（Q）为

$$Q=qHL\cot\alpha \tag{5.35}$$

槽内的泥浆压力（P_m）与地下水压力（P_w）的合力（ΔP）为

$$\left.\begin{aligned}\Delta P&=A_2H^2L\\A_2&=\frac{1}{2}\gamma_2n^2-\frac{1}{2}\gamma_wm^2\\n&=Z_n/H;m=Z_m/H\end{aligned}\right\} \tag{5.36}$$

搅拌桩横断面抗剪力（T_c）为

$$T_c=2\tau DH_p \tag{5.37}$$

滑动面法向反力（N）为

$$N=(W+Q)\cos\alpha+(\Delta P+T_c)\sin\alpha \tag{5.38}$$

滑动面抗剪力（T）在不计失稳体两端面摩擦力时为

$$T=N\tan\varphi+cH\csc\alpha L+(\Delta P+T_c)\cos\alpha \tag{5.39}$$

在计失稳体两端侧面摩擦力时为

$$T=N\tan\varphi+cH\csc\alpha L+(\Delta P+T_c)\cos\alpha+2A_3\cot\alpha \tag{5.40}$$

$$A_3=\int_0^{H-Z_m}(c+\sigma_{h1}\tan\varphi)(H-z)\mathrm{d}z+\int_{H-Z_m}^{H}(c+\sigma_{h2}\tan\varphi)(H-z)\mathrm{d}z \tag{5.41}$$

$$\sigma_{h1}=K_0(q+\gamma_1z) \tag{5.42}$$

$$\sigma_{h2}=K_0\{[q+\gamma_1(H-Z_m)]+\gamma_1'[z-(H-Z_m)]\} \tag{5.43}$$

式中，L 为失稳体长度（假定为槽段长度）；H 为失稳体高度；Z_n 为泥浆面距失稳体底线距离；Z_m 为地下水位距失稳体底线距离，且 $Z_m<Z_n$；q 为均布的地面荷载；γ_1、γ_1'为土体重度和浮重度；γ_2 为泥浆重度；γ_w 为地下水重度；c 为土体黏聚力，kPa；φ 为土体内摩擦角，(°)；K_0 为土体静止土压力系数；H_p 为搅拌桩深度（长度，m）；D 为搅拌桩宽度（咬合厚度，m）；τ 为搅拌桩抗剪强度，kPa。

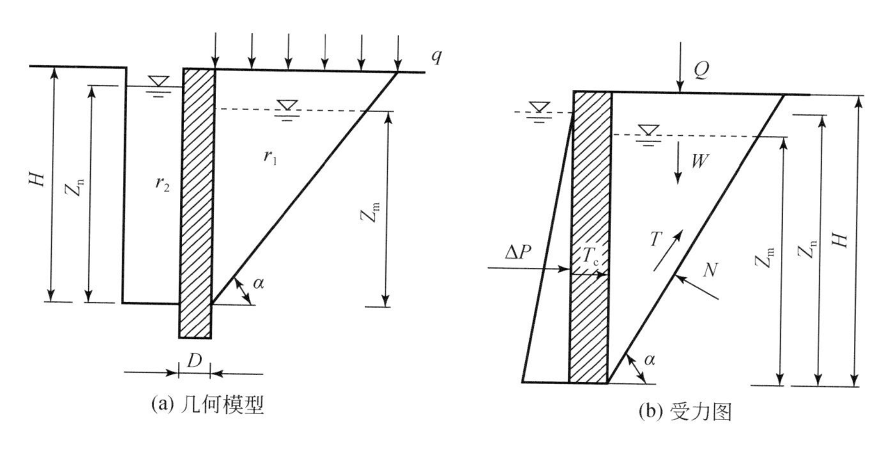

图 5.5　加固槽壁稳定性分析模型及受力图（据金亚兵，2017a）

假设滑动面与水平面的夹角达到塑性极限破裂角 $45°+\varphi/2$ 时，α 取 $45°+\varphi/2$，代入式（5.33），进一步简化得到 K_S 表达式为

$$K_S=\left[\frac{1-\sin\varphi}{\cos\varphi}+\frac{A_2H^2+2\tau D\left(\dfrac{H_p}{L}\right)}{A_1H^2+qH}\frac{1+\sin\varphi}{\cos\varphi}\right]\tan\varphi+\frac{A_2H^2+2\tau D\left(\dfrac{H_p}{L}\right)}{A_1H^2+qH}+\frac{2C}{(A_1H+q)\cos\varphi}+\frac{4A_3}{(A_1H^2+qH)(1-\sin\varphi)L} \tag{5.44}$$

从式（5.44）可以看出，由于搅拌桩的存在，并考虑失稳体两端面的摩擦力，K_S 有明显的增大，建议取 $K_S\geqslant1.50$；如不考虑失稳体两端面的摩擦力，建议取 $K_S\geqslant1.05$，这样的建议值是安全的。下面结合工程实例对搅拌桩的功效进行量化分析。

2. 工程案例及分析

1）工程案例 1

王盼等（2001）论文中的工程实例。工程概况：基坑开挖深度为 15.9m，地连墙成槽深度为 24m，槽宽为 1.0m，槽长取 6m（原文未见说明），施工时泥浆液面距导墙顶面（地面）1.0m，场地地下水位距地面约 1.5m，考虑场地表层约 14.4m 原为砂层，易发生塌孔，下卧粉质黏土和全风化层不易塌孔，取计算失稳体高度为 14.4m。土层物理力学指标取三层砂的加权平均值，即 $c_m=0$、$\varphi_m=26.8°$、$\gamma_m=18.3\text{kN/m}^3$。施工时考虑各种荷载作用，取地面荷载为 40kPa，场地地层分布及其物理力学参数见表 5.1。选取搅拌桩为槽壁加固措施，搅拌桩长度为 16m，桩径为 0.55m，取搭接 0.15m，则搅拌桩咬合厚度（D）为 0.377m。设定搅拌桩单轴抗压强度不低于 1.5MPa（原文取 0.8MPa 偏小），取搅拌桩抗剪强度为抗压强度的 1/5 即 300kPa（原文取 160kPa）；配置泥浆重度为 10.8kN/m³。

表 5.1　工程案例 1 土层参数

土层名称	重度（γ）/(kN/m³)	黏聚力（c）/kPa	内摩擦角（φ）/(°)	厚度/m
中粗砂	18.5	0	30	4.3
粉细砂	18.0	0	22	5.9
中粗砂	18.5	0	30	4.2
粉质黏土	18.8	20	13	2.7
全风化	19.0	28	20	2.1

根据图 5.5 计算模式中的各参数定义，得到 $\gamma_1=18.3\text{kN/m}^3$，$\gamma_1'=8.3\text{kN/m}^3$，$\gamma_2=10.8\text{kN/m}^3$，$\gamma'_2=0.8\text{kN/m}^3$，$\gamma_w=10\text{kN/m}^3$，$H=14.4\text{m}$，$m=0.896$，$n=0.931$，$Z_n=13.4\text{m}$，$Z_m=12.9\text{m}$，$q=40\text{kPa}$，$c=0\text{kPa}$，$\varphi=26.8°$，$\alpha=58.4°$，$L=6\text{m}$，$D=0.377\text{m}$，$H_p=16\text{m}$，$\tau=300\text{kPa}$。根据式（5.33）~式（5.44）计算得到槽壁在未进行搅拌桩加固时的各种方法的稳定性安全系数和搅拌桩加固后的稳定性安全系数（K_S）值见表 5.2。

表 5.2　各种槽壁稳定性安全系数计算方法的 K_S 值（工程案例 1）

计算方法	泥浆护壁	搅拌桩加固护壁	
		计侧面摩擦力	不计侧面摩擦力
抛物线柱体法	不适合		
Filz 法（楔形体法）	0.32		
经验公式法	不适合		
规范法	0.26		
本书方法	0.46	1.77	1.13

2）工程案例 2

深圳地铁 12 号线某地铁站基坑。基坑深为 19.5 ~ 21.6m，采用地连墙内支撑支护。墙厚为 1m，墙深为 27.6m。地下水位埋深为 2.0m。配置护壁泥浆重度为 11.5kN/m³，泥浆液面取地面下 1.0m。成槽护壁采用直径为 550mm 双排搅拌桩，桩间距为 0.4m，桩排距为 0.35m，搅拌桩抗压强度为 0.5MPa。地面超载取 20kPa，场地地层分布及其物理力学参数如表 5.3 所示。

表 5.3　工程案例 2 土层参数

土层名称	重度(γ)/(kN/m^3)	黏聚力(c)/kPa	内摩擦角(φ)/(°)	厚度/m
素填土	19.5	12	15	3.3
淤泥	16.3	4.4	3.8	7.2
砾质黏土	18.6	19.1	20	7.8
全风化（混合岩）	19.0	24	23.1	19.8

考虑成槽时可能出现槽壁失稳的位置位于淤泥和砾质黏土分界处，即槽壁稳定验算深度最大取 10.5m。计算时土层物理力学指标取素填土和淤泥的加权平均值，即 $c_m=6.7kPa$，$\varphi_m=7.3°$，$\gamma_m=17.3kN/m^3$。

根据图 5.5 计算模式中的各参数定义，得到 $\gamma_1=17.3kN/m^3$，$\gamma_1'=7.3kN/m^3$，$\gamma_2=11.5kN/m^3$，$\gamma'_2=1.5kN/m^3$，$\gamma_w=10kN/m^3$，$H=10.5m$，$m=0.810$，$n=0.905$，$Z_n=9.5m$，$Z_m=8.5m$，$q=20kPa$，$c=6.7kPa$，$q_u=6kPa$，$\varphi=7.3°$，$\alpha=48.6°$，$L=6m$，$D=0.9m$，$H_p=13m$，$\tau=100kPa$。根据式（5.33）~式（5.44）计算得到槽壁在未进行搅拌桩加固时的各种方法的稳定性安全系数和搅拌桩加固条件下的稳定性安全系数（K_S）值见表 5.4。

表 5.4　各种槽壁稳定性安全系数计算方法的 K_S 值（工程案例 2）

计算方法	泥浆护壁	搅拌桩加固护壁	
		计侧面摩擦力	不计侧面摩擦力
抛物线柱体法	0.60		
Fox 法（楔形体法）	0.58		
经验公式法	0.38		
规范法	0.29		
本书方法	0.58	1.50	1.05

工程案例 1 槽壁为砂土、工程案例 2 槽壁为松散填土和软土，两个工程案例均说明搅拌桩的功效是显著的，没有搅拌桩的固壁，槽壁不可能稳定。同时，两个工程案例说明泥浆护壁条件下槽壁的稳定性安全系数通过四种计算方法得到的 K_S 值相近。表 5.2、表 5.4 中本书方法不考虑失稳体两端面的摩擦力和搅拌桩功效下的稳定性安全系数，是为了与泥浆护壁条件下其他计算方法进行比对。

根据工程案例理论计算和实践结果作者认为，当采用搅拌桩进行槽壁加固后，若不考虑失稳体两端的摩擦力，槽壁的稳定性安全系数可取 $K_S \geq 1.05$；若考虑失稳体两端的摩擦力，槽壁的稳定性安全系数应取 $K_S \geq 1.5$；如槽壁周边变形控制要求严格时，槽壁的稳定性安全系数应取 $K_S>1.5$。

5.4.2 槽壁加固稳定性影响因素分析

总结式（5.33）~式（5.44），可以将槽壁稳定性的影响因素归纳为地连墙深度、失稳体高度、槽段长度、土体重度、土体强度、地下水位埋深、泥浆重度、泥浆液面高度、地面分布荷载、搅拌桩深度（长度）与宽度、搅拌桩强度、施工扰动等12种因素。

从影响槽壁稳定性的单个因素分析，刘建航等研究认为当地连墙深度小于失稳体高度时，槽壁是稳定的，不需要进行加固；只有当地连墙深度大于失稳体高度时，才需要进行加固（刘建航和侯学渊，1997）。

从式（5.33）可以判断，槽段长度、地下水位埋深、地面分布荷载等与槽壁稳定性呈反比关系；土体和搅拌桩抗剪强度、泥浆和泥浆液面高度、搅拌桩深度（长度）和宽度与槽壁稳定性呈正比关系。

施工扰动对槽壁稳定性是不利的，丁勇春等（2013）已做论述，由于其多为偶发因素，难以量化评价，本书不做讨论。

对具体工程而言，地连墙深度、失稳体高度、土体重度土体强度、地下水位埋深等都是确定的，泥浆液面高度、地面分布荷载、施工扰动是依赖施工控制，搅拌桩抗剪强度依赖土体强度和施工控制，因此需要工程师综合考虑槽壁稳定性的设计选项就只有槽段长度、泥浆重度以及搅拌桩深度和宽度等。

工程实践中槽段长度一般取值4~6m，泥浆重度一般取值1.05~1.35kN/m³。如果给定槽壁一个最小稳定性安全系数1.05（不考虑失稳体两端侧摩擦力）或1.50（考虑失稳体两端侧摩擦力），又选定某一槽段长度和泥浆重度，按照式（5.33）只需要计算出搅拌桩需提供的抗剪力，就可以利用式（5.37）选取搅拌桩的加固深度和宽度。式（5.37）中，搅拌桩深度（H_p）与宽度（D）是反比关系，H_p 取值越大，D 就越小；反之，H_p 取值越小，D 就越大。那么，H_p 和 D 到底如何选取才既能确保槽壁稳定，又符合搅拌桩工作性状呢？见下节详述。

5.5 搅拌桩加固深度和宽度计算及抗滑抗倾和抗弯能力验算

5.5.1 搅拌桩加固深宽计算

图5.5和式（5.33）、式（5.44）是假定槽壁失稳体沿倾角 $\alpha=45°+\varphi/2$ 的滑动面下滑，验算滑动面上的抗滑力与下滑力之比，从而确定槽壁的稳定性，这时视搅拌桩的作用为提供抗滑力的构件，只要给定了构件的长度和宽度，就能计算槽壁稳定性安全系数的大小。如果先给定一个稳定性安全系数，并将搅拌桩视

作待设计的构件，那么搅拌桩的深度和宽度计算则应按下列步骤进行。

首先，分析搅拌桩的受力情况，受力分析图如图 5.6 所示。搅拌桩受到其后侧土压力、前侧泥浆压力、单槽两端头搅拌桩的抗剪力、自身重力及桩底摩擦力等力的作用。考虑到搅拌桩宽度较小，为简化分析，忽略其自重和桩底摩擦力的作用。于是，在桩后土压力、桩前泥浆压力和单槽两端头搅拌桩的抗剪力作用下，加固搅拌桩应满足抗滑（剪）稳定和抗倾覆稳定的要求。

搅拌桩的抗滑（剪）稳定性安全系数（K_h）为

$$K_h = \frac{P_c + T_c}{E_{a1} + E_{a2}} \tag{5.45}$$

式中，各符号意义见图 5.6。

搅拌桩的抗倾覆稳定性安全系数（K_q）为

$$K_q = \frac{P_c h_c + T_c h_t}{E_{a1} h_{a1} + E_{a2} h_{a2}} \tag{5.46}$$

式中，各符号意义见图 5.6。

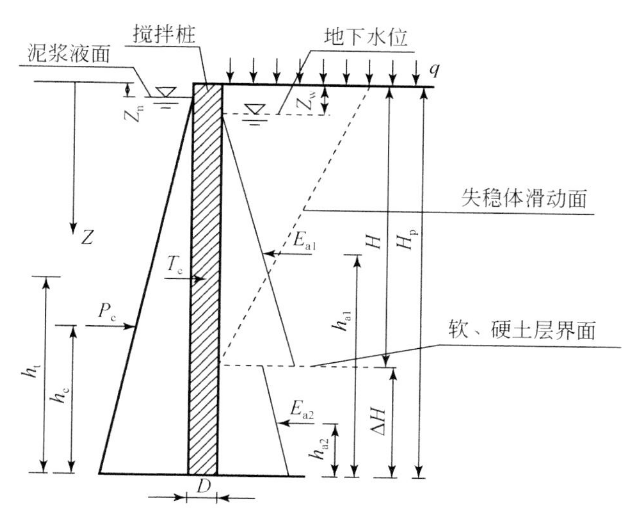

图 5.6　搅拌桩分析模型及受力图

在满足抗滑（剪）稳定和抗倾覆稳定条件下搅拌桩还应满足桩身不出现拉应力区，即搅拌桩沿深度任意横断面上的 M_k 应大于等于 M_w（M_k 和 M_w 分别为抗弯力矩和力矩），计算式为

$$M_k = \frac{L}{6}\gamma_2 (Z - Z_n)^3 + \tau D Z^2 \tag{5.47}$$

$$M_w = \frac{L}{6}\left[(q + \gamma_1 Z) K_a - 2c\sqrt{K_a} \right] (Z - Z_0)^2 \tag{5.48}$$

其中，

$$Z_0=\frac{1}{\gamma_1}\left(\frac{2c}{\sqrt{K_a}}-q\right);K_a=\tan^2\left(45°-\frac{\varphi}{2}\right) \tag{5.49}$$

式中，K_a 为主动土压力系数，对黏性土，土压力按水土合算原则，对砂性土，土压力按水土分算原则；其他符号意义同前。式（5.47）、式（5.48）是通用式，桩身验算从上至下进行，当软、硬土层界面桩身强度满足要求时，界面以下可不进行验算；当软、硬土层界面桩身强度不满足要求时，界面以下仍应继续验算。

利用式（5.47）、式（5.48）就可以求算出搅拌桩深度和宽度，由于计算过程复杂，这里不进行详述，在工程案例分析中再进行简化演算。

5.5.2 搅拌桩抗弯能力验算

搅拌桩抗弯能力验算是指对桩身是否出现拉应力区的验算。如果用一个 M_c 表示抗弯力矩和力矩的差值，即 $M_c=M_k-M_w$，当 M_c 始终大于等于 0，那么桩身就不会出现拉应力区，以此作为搅拌桩抗弯能力验算标准和满足条件。利用式（5.33）、式（5.45）、式（5.46），并满足 $M_c \geqslant 0$ 条件下的搅拌桩深度（长度）和搅拌桩宽度才是最终合理的桩深和桩宽。

5.5.3 工程案例分析

作者对深圳地铁 12 线和 20 号线的八个明挖站基坑进行了设计验算，限于篇幅，下面仅对上述第 5.4.1 节中的工程案例 2 即深圳地铁 12 号线某站基坑进行演算分析。该基坑概况和各种已知和设计参数见第 5.4.1 节。

如果给定槽壁的稳定性安全系数（K_S）为 1.05（不考虑单槽槽壁失稳体两端侧摩擦力），那么，搅拌桩深度和宽度计算步骤如下：

第一步，按照式（5.33）计算得到 $DH_p=11.7\text{m}^2$，如果选取搅拌桩长度（H_p）= 10.5m，即桩底刚好位于失稳体滑出口位置，则搅拌桩宽度选取 $D=1.15\text{m}$，这时搅拌桩的抗滑（剪）和抗倾覆稳定性安全系数分别为 $K_h=1.20$，$K_q=1.34$；$M_c>0$。

第二步，按照作者论文《地连墙槽壁加固稳定性计算方法研究》(金亚兵，2017a）选取搅拌桩长度的原则，本工程实例选取穿透软弱层进入砾质黏土 2.5m 的最小搅拌桩长度为 13m，则搅拌桩宽度选取 $D=0.9\text{m}$。搅拌桩的抗滑（剪）和抗倾覆稳定性安全系数分别为 $K_h=1.23$，$K_q=1.20$；$M_c>0$。

第三步，如果给定 $K_h=1.20$ 和 $K_q=1.20$，直接利用式（5.45）、式（5.46）计算得到的最小搅拌桩长度为 12.8m、搅拌桩宽度为 0.91m；$M_c>0$。

该工程实际设计搅拌桩宽度为 0.9m、搅拌桩长度为 13.0m，计算的 $K_S=1.05$，$K_h=1.23$，$K_q=1.20$，$M_c>0$。工程施工过程中未发生安全问题。

深圳地铁 12 线和 20 号线的八个明挖站其他的七个基坑工程，作者根据其设计的桩深和桩宽参数，对槽壁抗失稳，搅拌桩抗滑（剪）、抗倾覆及抗弯能力等进行了验算，其 K_S 在 1.03～1.10，K_h 在 1.17～1.25，K_q 在 1.19～1.28，M_c 均大于 0。

5.6　提高搅拌桩稳定性措施

5.6.1　其他提高搅拌桩稳定性措施

工程实践中，为了提高加固搅拌桩的抗失稳能力，有采取在搅拌桩顶插入钢性件（如钢筋、钢管）并锚入桩顶上的导墙之中的措施，如图 5.7 所示；也有采取将搅拌桩布置成拱形的措施，如图 5.8 所示。以往这些措施都是作为安全储备，如果考虑它们的功效，建议按以下公式进行定量估算。当采取在搅拌桩顶插入钢性件措施后，式（5.45）和式（5.46）可以用下列式表示：

$$\left.\begin{aligned}K_h&=\frac{P_c+T_c+T_d}{E_{a1}+E_{a2}}\\K_q&=\frac{P_ch_c+T_ch_t+T_dh_d}{E_{a1}h_{a1}+E_{a2}h_{a2}}\end{aligned}\right\}\tag{5.50}$$

式中，T_d 为钢性件提供的水平抗力设计估值；h_d 为钢性件水平抗力作用点（可取导墙底面标高）至搅拌桩桩底的距离；其他符号意义同前。

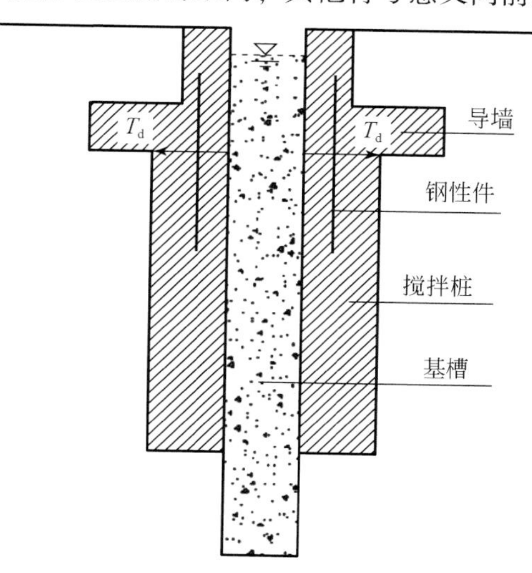

图 5.7　搅拌桩和导墙嵌入钢性筋示意图

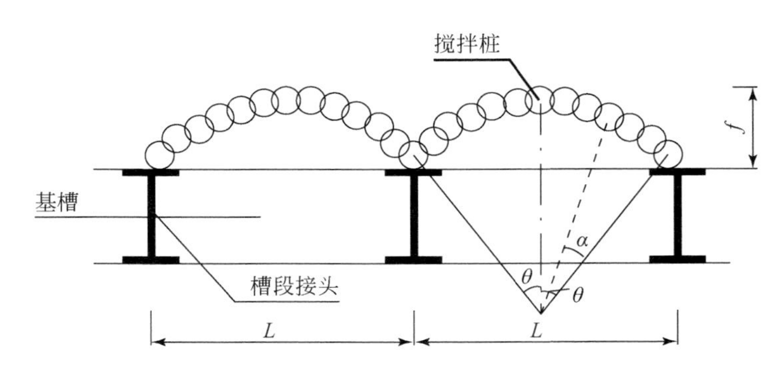

图 5.8　搅拌桩平面拱形布置

以作者论文《地连墙槽壁加固稳定性计算方法研究》(金亚兵，2017a) 的工程案例 2 为例，如果搅拌桩桩顶钢性件能提供水平抗力分别为 50kN、100kN、150kN、200kN、250kN、300kN，则 K_h 和 K_q 分别提高的幅度参见表 5.5。

表 5.5　钢性件抗力与稳定性安全系数 K_h、K_q 关系

安全系数	钢性件抗力/kN						
	0	50	100	150	200	250	300
K_h	1.23	1.24	1.25	1.26	1.27	1.28	1.29
K_q	1.20	1.22	1.24	1.26	1.28	1.30	1.32

当采取将搅拌桩布置成拱形措施后，式 (5.45)、式 (5.46) 可以用下列式表示：

$$\left.\begin{aligned} K_h &= \frac{P_c + T_c}{\xi(E_{a1} + E_{a2})} \\ K_q &= \frac{P_c h_c + T_c h_t}{\xi(E_{a1} h_{a1} + E_{a2} h_{a2})} \end{aligned}\right\} \tag{5.51}$$

式中，ξ 为土压力折减系数，$\xi = \dfrac{2R\sin\theta}{L}$，$R \cong \dfrac{L^2}{8f}$，$\theta \cong \arctan\left(\dfrac{L}{2R}\right)$，$f$ 为搅拌桩拱高；其他符号意义同前。

折减系数 $\xi = \dfrac{\int_{-\theta}^{\theta} e_a \cos\alpha R \mathrm{d}\alpha}{e_a L} = \dfrac{2R\sin\theta}{L}$，$\alpha$ 为作用在搅拌桩外侧主动土压力计算点和圆拱圆心连线与圆拱起始边线之间的夹角，如图 5.8 所示，$R = \dfrac{f}{2} + \dfrac{L^2}{8f} \cong \dfrac{L^2}{8f}$，因 f 很小可不计。

以作者论文《地连墙槽壁加固稳定性计算方法研究》(金亚兵，2017a) 的工程案例 2 为例，如果 f 分别取 150mm、300mm、450mm、600mm，则 ξ 分别为 0.99、0.98、0.96 和 0.93，K_h、K_q 提高的幅度见表 5.6。

表 5.6　搅拌桩拱高 (f) 与安全系数 K_h、K_q 关系

系数	搅拌桩拱高 (f)/mm				
	0	150	300	450	600
ξ	1.00	0.99	0.98	0.96	0.93
K_h	1.23	1.24	1.26	1.28	1.32
K_q	1.20	1.21	1.22	1.25	1.29

表 5.5、表 5.6 显示，在搅拌桩顶插入钢性件，或将搅拌桩采取拱形布置，这些措施能提高搅拌桩的抗滑（剪）和抗倾覆稳定性安全系数。

5.6.2　结论及展望

（1）地连墙槽壁失稳有局部失稳和整体失稳两种类型，局部失稳主要是槽壁局部土层强度低、施工扰动或地下水不稳定等原因引起的槽壁局部坍塌；整体失稳一般是土体上软下硬出现的整体坍塌。局部失稳可采取加大泥浆重度或局部加固措施，整体失稳必须采取整体加固措施。

（2）目前泥浆护壁槽壁稳定性分析有抛物线柱体法、楔形体法、经验公式法和规范法等，各种方法有特定的适用地层条件，建议工程应用时进行多种方法比较选取恰当的稳定性安全系数值，作为槽壁安全性判定标准。

（3）搅拌桩加固槽壁机制是搅拌桩墙两侧槽头处的搅拌桩的全长横向抗剪力去平衡土压力与泥浆压力差。搅拌桩合理桩长就是在满足槽壁稳定性条件下搅拌桩穿越软弱层进入较好下卧层最小深度时的桩长。工程实践中一般采取穿透软弱层 1.5～3.0m 的最小桩长，下卧层强度较高取小值，下卧层强度较低取大值。搅拌桩合理宽度则是满足槽壁稳定性条件下搅拌桩还应满足抗剪和抗弯条件的最低咬合宽度。

（4）理论计算和经多项工程实践检验，槽壁采用搅拌桩加固后槽壁稳定性有明显的提高。若不考虑失稳体两端面的摩擦力，槽壁的稳定性安全系数可取 $K_S \geqslant 1.05$；若考虑失稳体两端面的摩擦力，槽壁的稳定性安全系数应取 $K_S \geqslant 1.5$；如果槽壁周边变形控制要求严格时槽壁的稳定性安全系数应取 $K_S > 1.5$。选取搅拌桩的抗滑（剪）稳定性安全系数为 $K_h \geqslant 1.20$ 和选取搅拌桩的抗倾覆稳定性安全系数为 $K_q \geqslant 1.20$ 是能保证槽壁稳定安全的。

（5）搅拌桩的深度（长度）和宽度在满足失稳体抗失稳稳定性安全前提下，

二者之间呈反比关系，搅拌桩越宽，其深度（长度）就越小，反之，搅拌桩越长，其宽度就越小。

（6）在进行槽壁搅拌桩加固设计时，首先，应进行槽壁失稳体的抗失稳验算，再进行搅拌桩的抗滑（剪）和抗倾覆验算，最后，进行搅拌桩的抗弯强度验算。

（7）在搅拌桩顶插入钢性件（如钢筋、钢管）并锚入桩顶上的导墙之中的措施和将搅拌桩布置成外拱的措施，能提高搅拌桩抗滑（剪）和抗倾覆安全性，也能提高槽壁稳定性和搅拌桩的抗弯能力。

（8）作者在前人研究成果的基础之上，对搅拌桩加固槽壁的设计计算方法进行了理论探讨和工程实践，但是，由于各种原因，对搅拌桩的工作状态以及搅拌桩施工缺陷可能带来的隐患还不十分清楚。因此，作者还需要在以后的工程实践中，尽可能争取进行成槽、清槽和混凝土灌注全过程对搅拌桩桩后土压力、桩身和桩后土体位移的监测，并利用监测数据对各项安全系数的合理取值进行总结。

第6章　内支撑水平刚度系数解析解计算方法

6.1　概　　述

排桩（墙）加内支撑结构是深基坑支护常采用的支护结构，内支撑支点水平刚度系数是支护结构设计计算的重要参数之一。在进行支护体系设计计算时，撑（或锚）支点水平刚度系数的计算是支护体系设计的重要环节。自行标《建筑基坑支护技术规程》（JGJ 120-99）发布以来，许多专家学者及工程设计人员都对支撑（或锚锚）支点水平刚度系数的计算理论和方法进行了探索。杨敏等讨论了单独的桩顶圈梁、内支撑体系和外拉锚杆的水平刚度系数的计算方法（杨敏和熊巨华，1999）。陈书申（2001）根据基坑工程实例支护桩桩顶水平位移差异大的现象，对规范将支撑刚度简化为常数提出了质疑，明确指出支撑支点与支点之间的刚度系数不同，提出对大型、重要的工程或对变形、沉降控制要求高的工程应分别采用不同的刚度系数进行计算。刘小丽等（2009）对四种典型型式的平面内支撑结构的等效刚度系数数值计算影响因素进行了分析，得出的一些建设意见对基坑数值分析有一定的参考价值。宋英伟（2011）提出了对撑和斜撑的水平刚度系数计算公式，拓展了规范适用范围。陈焘等（2011）提出了一种异形基坑桁架支撑体系等效刚度的简便算法，为复杂、宽大异形平面基坑计算刚度系数开启了新的思路。刘汉凯（2013）提出了对撑、斜撑、角撑以及竖向斜撑的水平刚度系数通用计算公式，并用有限元法进行了验证。何一韬等（2014）采用倒梁法分析了腰梁的受力及变形，引入变形协调条件对倒梁法进行反力局部调整，经有限元模型对比分析，得出挡土结构将土压力直接传递给支撑，腰梁的作用是调节支撑受力，支撑刚度系数不应考虑腰梁跨中的挠度的结论。曾律弦等（2009）将支护桩和竖向立柱桩作为空间桩单元，将冠梁（或腰梁）、竖向立柱、放射撑、角撑作为空间梁单元，将环形撑作为空间曲梁单元，建立整体坐标系下的刚度系数矩阵、节点位移矩阵和节点荷载矩阵的平衡方程，通过编制有限元程序求解平衡方程得到各节点的内力与变形，经对环形撑抗弯刚度变化对支撑体系受力性状分析，得出环形撑的抗弯刚度有合理的上限值结论。李昀等（2011）结合圆形水池工程无扶壁无圈梁无支撑且一次开挖14m深的大型圆形地下连续墙围护结构进行了三种不同的计算方法的计算，得出三维 m 法结果偏于安全，其坑外主动区土压力按静止土压力模拟，计算可能偏于保守；三维建模时地连墙采用板单元、顶部冠梁采用梁单元、地连墙底部按固定约束，工程设计计算比较复杂；二维环形墙等效弹簧刚度法考虑了圆形结构的三维效应，但将地连墙沿深度方向等效为一个个的弹簧，力学概念不够清晰，仅可作为工程设计初步估算之用。吴西臣等以处于武汉长江隧道安全保护影响范围内的某大型深基坑支护工程为例，通过单环形撑与同心圆双环形撑的内力、位移等对比分析表明，采用同心圆双环形撑能有效分担单环形撑轴力，避免了局部应力集中；而且，由于双环形撑结构刚度更大，可有效控制基坑变形，这些结论，提出了多环形撑水平刚度系数解析解计算的指导思想（吴西臣和徐杨青，2014）。冯晓腊等（2016）利用有限元法对武汉某近似圆形深基坑进行了单环、双环、三环等环形撑和对撑、矩形撑留圆形出土口等多种支撑方案的数值计算和分析，得出了多环形撑轴力、弯矩和剪力分布特征，为探讨环形撑水平刚度系数解析解的建立提供了理论参考。王春艳等（2017）根据刚度分配原则，引入受力分配系数，对圆环支撑体系水平刚度系数的计算进行了解析解的推导，提出了圆环支撑体系水平刚度系数的简易计算方法，给出了解析式的修正式，为探讨环形撑水平刚度系数的精确解析解开拓了思路。李松等（2017）引入法向弹簧与切向弹簧形成组合弹簧边界，采用有限单元法对基坑平面角撑结构进行了计算分析，结果表明切向弹簧对内支撑位移起控制作用，只有考虑了切向弹簧的作用，才能得到准确的内支撑刚度和内力。张有祥等结合工程案例讨论了桩锚支护结构锚杆刚度系数的合理计算方法（张有祥和周磊，2018）。Gordon 等（2007）采用有限单元法分析了影响支护结构变形的主要因素，提出了支护结构变形计算的半理论半经验公式。

综上所述，内支撑为对撑型式的支点水平刚度系数的解析解计算方法已经取得共识，非对撑型式的支撑空间状态复杂，支点水平刚度系数解析解计算方法至今仍处于探索之中。本章要详细阐述的是作者对此疑难问题的研究成果。

作者首先将内支撑划分为非环形撑和环形撑两大类、八小类，其中，非环形撑包括对撑、八字撑、斜撑、角撑、竖向斜撑等五小类；环形撑包括环撑、单环撑和多环撑等三小类，除对撑外其他七小类支撑基本型式如图 6. 1 ~ 图 6. 7 所示；然后，从支点水平刚度系数的基本概念出发，进行了各种内支撑支点水平刚度系数解析解的理论探索和计算公式的推导；最后，展示了八字撑、环形撑、单环+放射撑和三环+放射撑等四个常见的支撑型式的算例和解析解的计算结果，并用有限单元法对其进行了复核验算。算例计算和复核结果表明，解析解与有限单元法计算的结果相符程度较高，解析解可作为支护结构单元计算时的初始数据输入到三维有限元数值分析计算软件中进行支护结构的整体计算和分析。本章阐述的内支撑支点水平刚度系数解析解计算理论和计算公式是对行标《建筑基坑支护技术规程》（JGJ 120-2012）的补充，可供深基坑工程设计、施工人员参考使用、总结和完善。

6.2　非环形撑支点水平刚度系数解析解计算

6.2.1　对撑支点水平刚度系数计算

行标《建筑基坑支护技术规程》（JGJ 120-2012）版第4.1.10条规定：对支撑式支挡结构的弹性支点刚度系数宜通过对内支撑结构整体进行线弹性结构分析得出的支点力与水平位移的关系确定；对水平对撑，当支撑冠（腰）梁的挠度不计时，计算宽度内弹性支点水平刚度系数（K_T，kN/m）可按下式［行标《建筑基坑支护技术规程》（JGJ 120-2012）中式（4.1.10）］计算：

$$K_T = \frac{\alpha_R E A b_a}{\lambda l_0 S} \tag{6.1}$$

式中，λ 为内支撑不动点的水平刚度系数调整系数：支撑两对边基坑的土性、深度、周边荷载等条件相近，且分层对称开挖时，取 $\lambda=0.5$；支撑两对边基坑的土性、深度、周边荷载等条件或开挖时间有差异时，对土压力较大或先开挖的一侧，取 $\lambda=0.5\sim1.0$，且差异大时取大值，反之取小值；对土压力较小或后开挖的一侧，取（$1-\lambda$）；当基坑一侧取 $\lambda=1$ 时，基坑另一侧应按固定支座考虑；对竖向斜撑构件，取 $\lambda=1$。α_R 为支撑松弛系数，对混凝土支撑和预加轴力的钢支撑取 $\alpha_R=1.0$；对不预加轴力的钢支撑，取 $\alpha_R=0.8\sim1.0$。E 为支撑材料的弹性模量，kPa。A 为支撑截面面积，m^2。l_0 为受压支撑构件的长度，m。S 为支撑水平间距，m，$S=S_1+S_2$，S_1、S_2 分别为支撑两侧水平计算间距。b_a 为桩距或地连墙幅宽，m。

由于角撑根本不存在不动点，建议行标《建筑基坑支护技术规程》（JGJ 120-2012）再修编时，将“支撑不动点调整系 λ”定义为“零变形点调整系数 λ”。

6.2.2　斜撑支点水平刚度系数计算

对如图6.1所示的斜撑，假设斜撑两端冠（腰）梁受到相等线荷载 q（kN/m）的作用，斜撑长度为 l_0，斜撑抗压刚度为 $E_l A_l$（kN），斜撑与冠（腰）梁夹角为 θ，O 点为零变形点，λ 为零变形点的水平刚度系数调整系数，第 i 道斜撑支点水平刚度系数计算过程为

斜撑轴力（N_i）为

$$N_i \sin\theta_i = q\left(S_{i,1}+S_{i,2}\right) = qS_i$$

$$N_i = \frac{qS_i}{\sin\theta_i} \tag{6.2}$$

斜撑压缩变形（$\lambda\Delta l$）为

$$\lambda\Delta l = \frac{N_i\lambda l_0}{E_1A_1} \cdot \frac{1}{\sin\theta_i} = \frac{qS_i\lambda l_0}{\sin^2\theta_i \cdot E_1A_1} \tag{6.3}$$

于是，斜撑支点水平刚度系数（$K_{\mathrm{T}i}$）为

$$K_{\mathrm{T}i} = \frac{qS_i}{\lambda\Delta l} = \frac{qS_iE_1A_1\sin^2\theta_i}{qS_i\lambda l_0} = \frac{E_1A_1}{\lambda l_0} \cdot \sin^2\theta_i \tag{6.4}$$

式中，S_i 为第 i 道竖向斜撑的水平间距。如果支挡结构为排桩且桩距为 b_a，或支挡结构为地连墙且幅宽为 b_a，则 $K_{\mathrm{T}i}$应为

$$K_{\mathrm{T}i} = \frac{E_1A_1b_a}{\lambda l_0S_i} \cdot \sin^2\theta_i \tag{6.5}$$

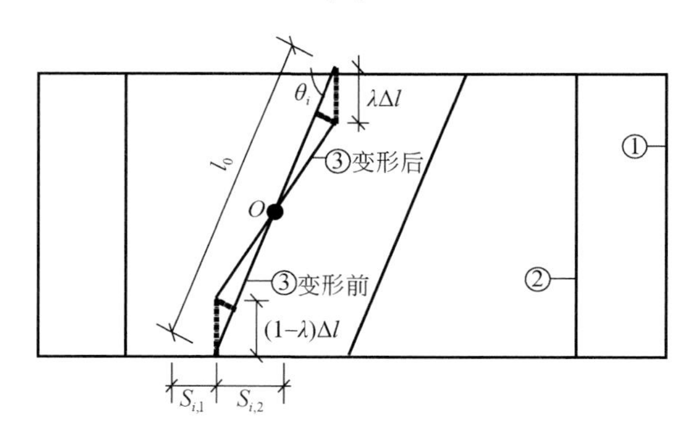

图 6.1　水平斜撑支点刚度系数计算模型示意图

①冠（腰）梁；②对撑；③斜撑

6.2.3　角撑支点水平刚度系数计算

对如图 6.2 所示的角撑，假设角撑相邻两边冠（腰）梁受到相等线荷载为 q（kN/m）作用，角撑长度为 l_0，角撑抗压刚度为 E_1A_1（kN），角撑与冠（腰）梁夹角为 θ，O 点为零变形点，λ 为零变形点的水平刚度系数调整系数，第 i 道角撑支点水平刚度系数计算过程为

角撑轴力（N_i）为

$$N_i\sin\theta_i = q\left(S_{i,1} + S_{i,2}\right) = qS_i$$

$$N_i = \frac{qS_i}{\sin\theta_i} \tag{6.6}$$

角撑压缩变形（$\lambda\Delta l$）为

$$\lambda\Delta l=\frac{N_i\lambda l_0}{E_1A_1\sin\theta_i}=\frac{qS_i\lambda l_0}{\sin^2\theta_i\cdot E_1A_1} \tag{6.7}$$

于是，角撑支点水平刚度系数（K_{Ti}）为

$$K_{Ti}=\frac{qS_i}{\lambda\Delta l}=\frac{E_1A_1}{\lambda l_0}\cdot\sin^2\theta_i \tag{6.8}$$

对支挡结构为排桩且桩距为 b_a，或支挡结构为地连墙且幅宽为 b_a，则 K_{Ti} 应为

$$K_{Ti}=\frac{E_1A_1b_a}{\lambda l_0S_i}\cdot\sin^2\theta_i \tag{6.9}$$

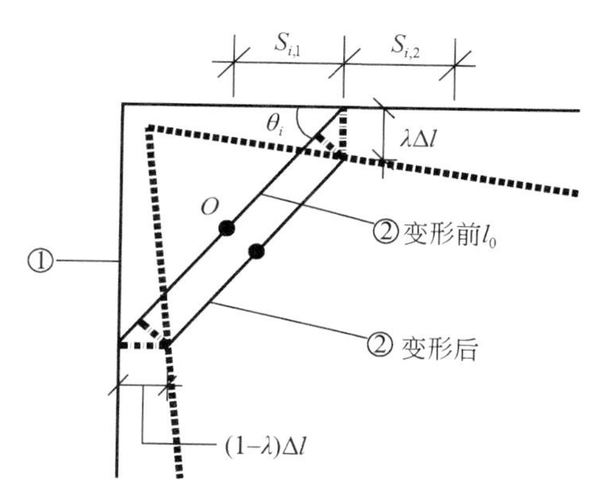

图 6.2　水平角撑支点刚度系数计算模型示意图

①冠（腰）梁；②角撑

6.2.4　竖向斜撑支点水平刚度系数计算

对如图 6.3 所示的竖向斜撑，假设竖向斜撑与支挡结构夹角为 θ，受到水平支点力为 N_i，斜撑长度为 l_0，斜撑抗压刚度为 E_1A_1（kN），O 点为零变形点，这时 $\lambda=1.0$，第 i 道竖向斜撑支点水平刚度系数计算过程如下：

竖向斜撑轴力（N_{1i}）为

$$N_{1i}\sin\theta_i=N_i$$

$$N_{1i}=\frac{N_i}{\sin\theta_i} \tag{6.10}$$

竖向斜撑压缩变形（$\lambda\Delta l$，$\lambda=1.0$）为

$$\Delta l=\frac{N_{1i}}{E_1A_1}\cdot\frac{l_0}{\sin\theta_i} \tag{6.11}$$

于是，竖向斜撑支点水平刚度系数（K_{Ti}）为

$$K_{Ti}=\frac{N_{1i}}{\Delta l}=\frac{N_{1i}\sin\theta_i}{\dfrac{N_{1i}l_0}{E_1A_1\sin\theta_i}}=\frac{E_1A_1}{l_0}\cdot\sin^2\theta_i \tag{6.12}$$

对支挡结构为排桩且桩距为 b_a，或支挡结构为地连墙且幅宽为 b_a，则 K_{Ti} 应为

$$K_{Ti}=\frac{E_1A_1b_a}{l_0S_i}\cdot\sin^2\theta_i \tag{6.13}$$

如果图 6.3 中基坑底反力支座为可位移的竖向桩，竖向斜撑水平位移（Δl）还应加上竖向桩的桩顶水平位移。竖向桩的桩顶水平位移计算方法参见行标《建筑桩基技术规范》（JGJ 94–2018），这里不赘述。

观察式（6.1）、式（6.5）、式（6.9）、式（6.13），对于对撑、斜撑、角撑和竖向斜撑可以用一个通用的公式来计算支点的水平刚度系数，只需在式（6.1）后乘上 $\sin^2\theta_i$ 即可，对撑 θ_i 取 90°，斜撑和角撑 θ_i 取锐夹角，竖向斜撑 θ_i 取竖向夹角。

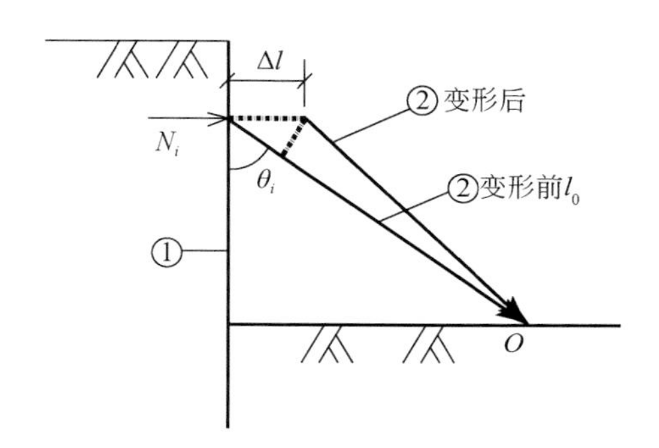

图 6.3　竖向斜撑支点刚度系数计算模型示意图

① 桩或墙；② 竖向斜撑

如果图 6.3 中基坑底反力支座为竖向桩，式（6.11）中的 Δl 还应加上竖向桩的水平位移。桩顶水平位移（Δp）计算公式如下：

$$\Delta p=N_i\delta_{HH} \tag{6.14}$$

式中，N_i 为水平支点力，kN；δ_{HH} 为桩顶作用单位力时的水平位移，m/kN。δ_{HH} 计算式为

$$\delta_{HH}=\frac{1}{\alpha^3E_pI_p}\cdot\frac{(B_3D_4-B_4D_3)+K_h(B_2D_4-B_4D_2)}{(A_3B_4-A_4B_3)+K_h(A_2B_4-A_4B_2)} \tag{6.15}$$

式中，E_pI_p 为支座桩的抗弯刚度，kN · m^2；其他各参数计算公式参见行标《建筑桩基技术规范》（JGJ 94–2018）表 C. 0. 3–1 和表 C. 0. 3–4。

6.2.5　八字撑支点水平刚度系数计算

对如图6.4所示的八字撑，计算主撑（对撑）水平刚度系数时，应考虑八字撑的作用。假定八字撑长为 b_i，两端固支，一端距主撑轴线距离为 a_i，断面抗压刚度为 E_bA_b(kN)，则八字撑支点水平度系数计算过程如下：

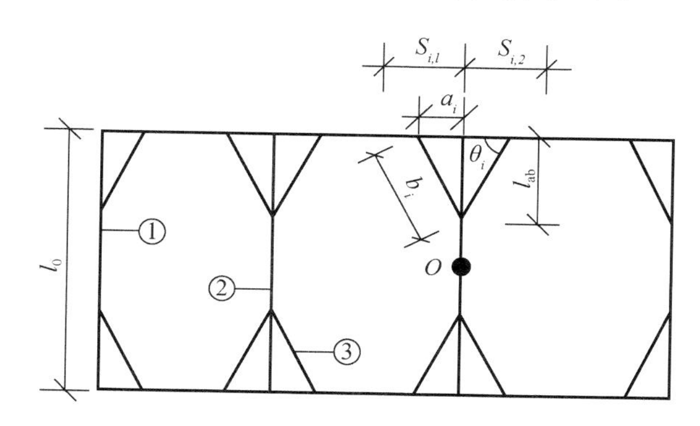

图6.4　带八字撑的水平对撑支点刚度系数计算模型示意图
①冠（腰）梁；②对撑；③八字撑

第一步，计算八字撑的压缩变形。假设主撑和八字撑共同承受 qS_i 的作用力，八字撑与冠（腰）梁的夹角为 θ_i，主撑在八字撑段承受 $\alpha_1 qS_i$ 的作用力，八字撑承受 $\alpha_2 qS_i$ 的作用力，$\alpha_1+\alpha_2=1$，则八字撑段主撑压缩变形量 Δl_{ab} 和八字撑沿垂直冠（腰）梁方向的压缩变形量 Δl_{ab8} 计算公式分别如下：

$$\Delta l_{ab}=\frac{\alpha_1 qS_i l_{ab}}{E_1A_1} \tag{6.16}$$

$$\Delta l_{ab8}=\frac{0.5\ \alpha_2 qS_i l_{ab}}{\sin^3\theta_i\cdot E_bA_b} \tag{6.17}$$

根据变形协调条件，$\Delta l_{ab}=\Delta l_{ab8}$，则有

$$\alpha_1=\frac{E_1A_1}{E_1A_1+2\sin^3\theta_i E_bA_b} \tag{6.18}$$

$$\alpha_2=\frac{2\sin^3\theta_i E_bA_b}{E_1A_1+2\sin^3\theta_i E_bA_b} \tag{6.19}$$

第二步，计算主撑（对撑）非八字段压缩变形（Δl_1）为

$$\Delta l_1=\frac{qS_i\ (\lambda l_0-l_{ab})}{E_1A_1} \tag{6.20}$$

第三步，计算主撑（对撑）总压缩变形量（Δl）和八字撑支点水平刚度系数（K_{Ti}）为

$$\Delta l=\Delta l_1+\Delta l_{ab}=\frac{qS_i(\lambda l_0-l_{ab})}{E_1A_1}+\frac{qS_il_{ab}}{E_1A_1+2\sin^3\theta_iE_bA_b} \tag{6.21}$$

$$K_{Ti}=\frac{qS_i}{\Delta l}=\left[\frac{\lambda l_0-l_{ab}}{E_1A_1}+\frac{l_{ab}}{E_1A_1+2\sin^3\theta_iE_bA_b}\right]^{-1} \tag{6.22}$$

对支挡结构为排桩且桩距为 b_a，或支挡结构为地连墙且幅宽为 b_a，则 K_{Ti} 应为

$$K_{Ti}=\left[\frac{\lambda l_0-l_{ab}}{E_1A_1}+\frac{l_{ab}}{E_1A_1+2\sin^3\theta_iE_bA_b}\right]^{-1}\cdot\frac{b_a}{S_i} \tag{6.23}$$

算例 1： 假设某基坑宽度为 $l_0=30\text{m}$、对撑水平间距为 $S_i=12\text{m}$、对撑砼强度等级 C25、对撑断面尺寸宽×高为 1.0m×1.2m、支挡结构间距为 1.8m 的钻孔桩，对撑两侧荷载相等。利用式（6.1）计算得到对撑支点水平刚度系数为 $K_{Ti}=336\text{MN/m}$。如果在对撑两端各加一个八字撑，八字撑砼强度等级亦为 C25，八字撑断面尺寸宽×高为 0.8m×1.0m，八字撑长度为 5m，一端距对撑轴线 3m。于是，$a_i=3\text{m}$，$b_i=5\text{m}$，$l_{ab}=4\text{m}$，$\sin\theta_i=0.8$。于是，利用式（6.23）计算得到加设了八字撑后，支点水平刚度系数：$K_{Ti}=377\text{MN/m}$。该值比纯对撑的支点水平刚度系数增加了约 12.2%。

6.3　环形撑支点水平刚度系数解析解计算

6.3.1　理想圆形基坑环形撑支点水平刚度系数计算

对如图 6.5 所示的理想圆形基坑，支挡结构由圆环形布置的支护桩（墙）和紧贴支护桩内侧的环形撑构成。支护桩初始中心线距基坑圆心点距离为 R，环形撑初始中心线距基坑圆心点距离为 r；支护桩环向间距为 b_a，环形撑受到线荷载 q（kN/m）作用；环形撑径向压缩变形后半径为 r'；环形撑的轴向抗压刚度为 E_hA_h（kN），其中环形撑宽×高为 $b_h\cdot h_h$。

为分析环形撑的受力，沿基坑圆心切一断面，分析其中一半环形撑的受力。半环形撑在均布荷载 q 和两端轴力 N、切向力 T 和弯矩 M 作用下保持平衡，根据 $\sum F_x=0$、$\sum F_y=0$、$\sum F_M=0$ 的平衡条件，得到 $T=0$，$M=0$，N 为

$$N=q(r+0.5b_h) \tag{6.24}$$

环形撑在环向轴力作用下产生的环向压缩变形（Δ_h）为

$$\Delta_h=\frac{q(r+0.5b_h)2\pi r}{E_hA_h}=2\pi r-2\pi r'=2\pi(r-r') \tag{6.25}$$

因此，环形撑的径向压缩变形（$\Delta_r=r-r'$）为

$$\Delta_{\mathrm{r}}=\frac{q(r+0.5b_{\mathrm{h}})r}{E_{\mathrm{h}}A_{\mathrm{h}}} \tag{6.26}$$

于是，在单位宽度荷载作用下，环形撑任意支点水平刚度系数（K_{T}）为

$$K_{\mathrm{T}}=\frac{q\times1.0}{\dfrac{q(r+0.5b_{\mathrm{h}})r}{E_{\mathrm{h}}A_{\mathrm{h}}}}=\frac{E_{\mathrm{h}}A_{\mathrm{h}}}{r(r+0.5b_{\mathrm{h}})} \tag{6.27}$$

一般 b_{h} 比 r 小很多，可取 $r+0.5b_{\mathrm{h}}\cong r$；且对支护桩水平间距为 b_{a} 的支护桩，式（6.27）应写为

$$K_{\mathrm{T}}=\frac{E_{\mathrm{h}}A_{\mathrm{h}}}{r^2} \tag{6.28}$$

算例 2：假定一圆形基坑环形撑半径为 30m，砼强度等级为 C30，环形撑横断面尺寸宽×高为 1.2m×1.0m，支护桩间距 1.5m，根据式（6.28）计算得到环形撑支点水平刚度系数为 $K_{\mathrm{T}}=60\mathrm{MN/m}$，单位宽度支点水平刚度系数为 $K_{\mathrm{T}}=40\mathrm{MN/m}$。

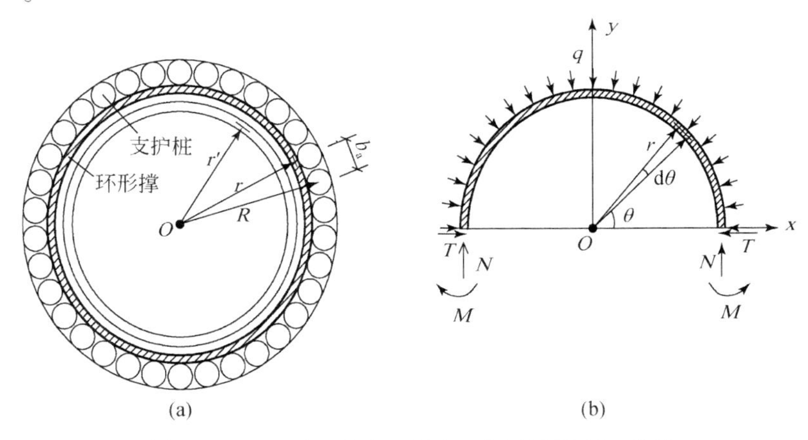

图 6.5　理想环形撑水平刚度系数计算模型示意图

6.3.2　理想圆形基坑放射撑加环形撑支点水平刚度系数计算

图 6.5 中的环形撑是直接紧贴支护桩布置的，如果在支护桩和环形撑之间均匀设置一圈 n 个等长的放射撑，放射撑长度为 L，断面宽×高为 $b_1\cdot h_1$，轴向抗压刚度为 E_1A_1（kN）；环形撑的初始半径为 r，压缩后半径为 r'，环形撑的轴向抗压刚度为 $E_{\mathrm{h}}A_{\mathrm{h}}$(kN)，宽×高为 $b_{\mathrm{h}}\cdot h_{\mathrm{h}}$；支护桩内侧形成的圆形基坑半径为 R，支护桩作用在冠梁或环形腰梁上的线荷载为 q(kN/m)，冠梁或环形腰梁高度为 H；支护桩水平间距为 b_{a}。那么，环形撑支点水平刚度系数计算过程如下：

首先，计算环形撑受到的均布荷载（q_{h}）。根据荷载相等原理：$2\pi Rq=$

$2\pi rq_{\rm h}$，计算式得到 $q_{\rm h}=\frac{qR}{r}$。于是，环形撑的径向压缩变形（Δr）为

$$\Delta r=\frac{q_{\rm h}r^2}{E_{\rm h}A_{\rm h}}=\frac{qRr}{E_{\rm h}A_{\rm h}} \tag{6.29}$$

其次，计算放射撑轴向压缩变形（Δl）。对于均匀分布 n 根放射撑的任意一根放射撑，其受到的平均轴力（$\overline{N}$）应满足等式 $n\overline{N}=2\pi Rq$，于是单根放射撑平均轴力（$\overline{N}$）应为

$$\overline{N}=\frac{2\pi Rq}{n} \tag{6.30}$$

于是，单根放射撑的压缩变形（Δl）为

$$\Delta l=\frac{\overline{N}L}{E_1A_1}=\frac{2\pi RqL}{nE_1A_1} \tag{6.31}$$

支点压缩变形（Δ）应为环形撑的径向压缩变形（Δr）与放射撑的轴向压缩变形（Δl）之和，即

$$\Delta=\Delta r+\Delta l=\frac{qRr}{E_{\rm h}A_{\rm h}}+\frac{2\pi RqL}{nE_1A_1} \tag{6.32}$$

于是，放射撑加环形撑支点水平刚度系数（$K_{\rm T}$）为

$$K_{\rm T}=\frac{\overline{N}}{\Delta}=\frac{2\pi}{\dfrac{nr}{E_{\rm h}A_{\rm h}}+\dfrac{2\pi L}{E_1A_1}} \tag{6.33}$$

对间距为 $b_{\rm a}$ 的支护桩，$K_{\rm T}$ 应为

$$K_{\rm T}=\frac{nb_{\rm a}}{\dfrac{nrR}{E_{\rm h}A_{\rm h}}+\dfrac{2\pi RL}{E_1A_1}} \tag{6.34}$$

算例 3：假定一圆形基坑支护桩内侧形成的圆形基坑半径为 30m；支护桩间距为 1.5m，桩顶冠梁和内侧腰梁宽×高为 1.2m×1.0m；环形撑初始半径为 25m，环形撑断面尺寸宽×高为 1.2m×1.0m；沿基坑内侧均匀布置 30 根放射撑，放射撑长度为 5m，放射撑断面尺寸宽×高为 1.0m×1.0m，环形撑和放射撑砼强度等级均为 C30。根据式（6.34）计算得到支点水平刚度系数为 $K_{\rm T}=68.6$MN/m，单位宽度水平刚度系数为 45.7MN/m。如果将桩顶冠梁和内侧腰梁作为一个环形撑，并按照后述第 6.3.4 节计算方法，则得到支点水平刚度系数为 $K_{\rm T}=72.6$MN/m，单位宽度水平刚度系数为 48.4MN/m。计算的环形撑径向压缩变形与放射撑轴向压缩变形的比为 $\Delta r/\Delta l=19.99$，该结果表明，环形撑的径向压缩变形在支挡结构变形中起主导作用，而且环形撑的截面宽度和平面半径起重要作用，环形撑截面宽度越大，平面半径越小，环形撑的径向压缩变形越小。

6.3.3 放射撑+单环形撑支点水平刚度系数计算

常见基坑平面形状多为近似方形、长方形，工程上对不太深的基坑大多采用如图 6.6 所示的放射撑加单环形撑的内支撑型式，在支挡结构顶部设置冠梁，在支挡结构内侧设置腰梁。对此类内支撑结构可借鉴圆形基坑环形撑的分析方法，并按下面步骤进行。

第一步，根据基坑平面形状及尺寸、开挖深度、土质条件，以及土方挖运需求，确定一个合适的环形撑半径（r）及断面尺寸宽×高（$b_h \cdot h_h$）；尽量利用对称原则，将环形撑中心布置在基坑平面对称中心位置，尽量按照等间距或等角度原则从环形撑中心向四周均匀布置放射撑；放射撑竖向高度宜与环形撑等高，放射撑宽度根据计算确定，首先确定第一根垂直基坑边的放射撑宽度，其余各撑宽度根据变形协调条件计算确定。

第二步，计算第一根放射撑的轴向压缩变形（Δl_1）。假设第一根放射撑承受线荷载 q（kN/m）的宽度为 S_1，第一根放射撑的长度为 l_1、高度为 h_h、宽度为 b_{l1}。于是，第一根放射撑的轴向压缩变形（Δl_1）为

$$\Delta l_1 = \frac{qS_1 l_1}{\sin\theta_1 E_1 h_h b_{l1}} \tag{6.35}$$

第三步，计算第 i 根放射撑的轴向压缩变形（Δl_i）。假设第 i 根放射撑也承受线均布荷载 q 的宽度为 S_i，第 i 根放射撑的长度 l_i、高度 h_h、宽度为 b_{1i}，与基坑边线夹角为 θ_i（锐角）。则，第 i 根放射撑的轴向压缩变形（Δl_i）为

$$\Delta l_i = \frac{qS_i l_i}{\sin\theta_i E_1 h_h b_{1i}} \tag{6.36}$$

为确保环形撑中心点不移动，每一根放射撑应具有相等的轴向压缩变形，即 $\Delta l_i \equiv \Delta l_1$，则有

$$S_1 \cdot l_1 \cdot b_{1i} \cdot \sin\theta_i = S_i \cdot l_i \cdot b_{l1} \cdot \sin\theta_1 \tag{6.37}$$

根据式（6.37）可以确定第 i 根放射撑的宽度为 b_{1i}，为避免 b_{1i} 过大，对如图 6.6 所示形状的基坑，可在四个坑角处减小 S_i 布置或加角撑以降低放射撑的轴力。

第四步，假设整个支撑平面布置的放射撑有 n 根，则环形撑共受到放射撑作用力为 N_i 之合，把它按线均布荷载考虑，r 则作用在环形撑上的均布荷载（q_h）为

$$q_h \cong \frac{\sum_{i=1}^{n} N_i}{2\pi r} = \frac{q\sum_{i=1}^{n} \frac{S_i}{\sin\theta_i}}{2\pi r} \tag{6.38}$$

环形撑径向压缩变形（Δr）为

$$\Delta r = \frac{q_{\mathrm{h}} r^2}{E_{\mathrm{h}} A_{\mathrm{h}}} = \frac{qr\sum_{i=1}^{n}\frac{S_i}{\sin\theta_i}}{2\pi E_{\mathrm{h}} A_{\mathrm{h}}} \tag{6.39}$$

第五步，假设支挡结构为支护桩，桩间距为 b_{a}，计算得到第 i 根放射撑支点水平刚度系数（$K_{\mathrm{T}i}$）为

$$K_{\mathrm{T}i} = \left[\frac{r\sum_{i=1}^{n}\frac{S_i}{\sin\theta_i}}{2\pi S_i E_{\mathrm{h}} A_{\mathrm{h}}} + \frac{l_i}{E_{\mathrm{l}i} A_{\mathrm{l}i}\sin\theta_i}\right]^{-1}\sin\theta_i \cdot \frac{b_{\mathrm{a}}}{S_i} \tag{6.40}$$

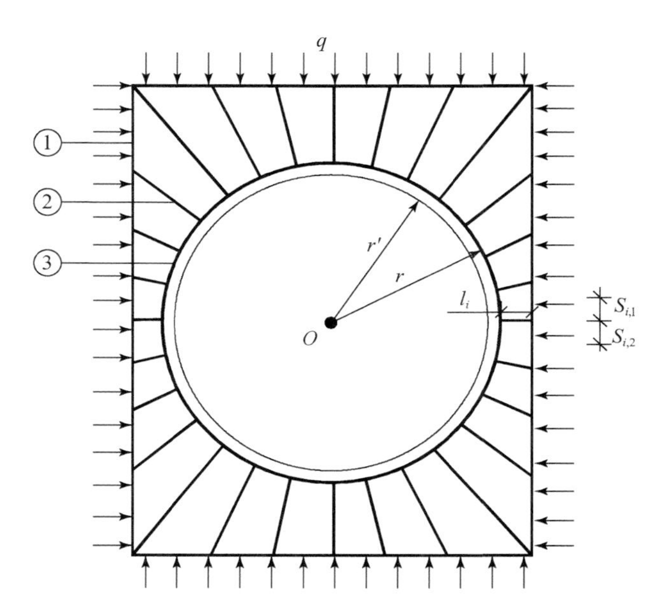

图 6.6 单环形撑支点刚度系数计算模型示意图

①冠（腰）梁；②放射撑；③环形撑

6.3.4 放射撑+多环形撑支点水平刚度系数计算

工程实践中，为控制深、大基坑的变形和提高支撑体系的稳定性，经常采用双环甚至多环环形撑并辅以放射撑的支撑方式。下面以图 6.7 为例推导三环形撑的支点水平刚度系数的计算过程。

首先，假设三环形撑具有同一圆心，利用基坑边界形状，尽量使圆心在纵横对称轴交点处，并假定放射撑位于圆心与冠（腰）梁支点连线上，尽量以等角度或等距离原则布置。

其次，假定支撑体系不发生平动，即基坑左右侧和上下侧对称支点位移相

等；作用于支挡结构上的土压力 q(kN/m) 通过冠（腰）梁传递给放射撑上的轴力之和按 $\sum_{i=1}^{n} N_i = \sum_{i=1}^{n} \frac{qS_i}{\sin\theta_i}$ 等式计算，式中各物理量意义同前述。

再次，假定放射撑轴力之和以线荷载 q_0（kN/m）作用在最外环即第三环形撑边上，q_0 按等式 $2\pi r_0 q_0 = \sum_{i=1}^{n} N_i = \sum_{i=1}^{n} \frac{qS_i}{\sin\theta_i}$ 计算，即 $q_0 = \frac{q}{2\pi r_0}\sum_{i=1}^{n} \frac{S_i}{\sin\theta_i}$，$r_0$ 为环形撑圆心至最外侧环形撑外环边距离。

最后假定：①三个环形撑的内径从小到大为 r_1、r_2、r_3，截面面积分别为 A_{h1} ($b_{h1} \cdot h_{h1}$)、A_{h2}($b_{h2} \cdot h_{h2}$)、A_{h3}($b_{h3} \cdot h_{h3}$)，弹性模量分别为 E_{h1}、E_{h2}、E_{h3}；②n 个放射撑的长度由三段构成，分别为 $l_{i,1}$、$l_{i,2}$、$l_{i,3}$；三段放射撑截面面积相同，分别为 A_{1i}（$b_{1i} \cdot h_{1i}$）；弹性模量分别为 E_{1i}。为设计计算和施工方便，选取支撑所有构件砼强度等级和高度相等；选取放射撑 $l_{i,1} \equiv l_{i,2}$。下面进行三个环形撑和 n 个放射撑的设计计算。

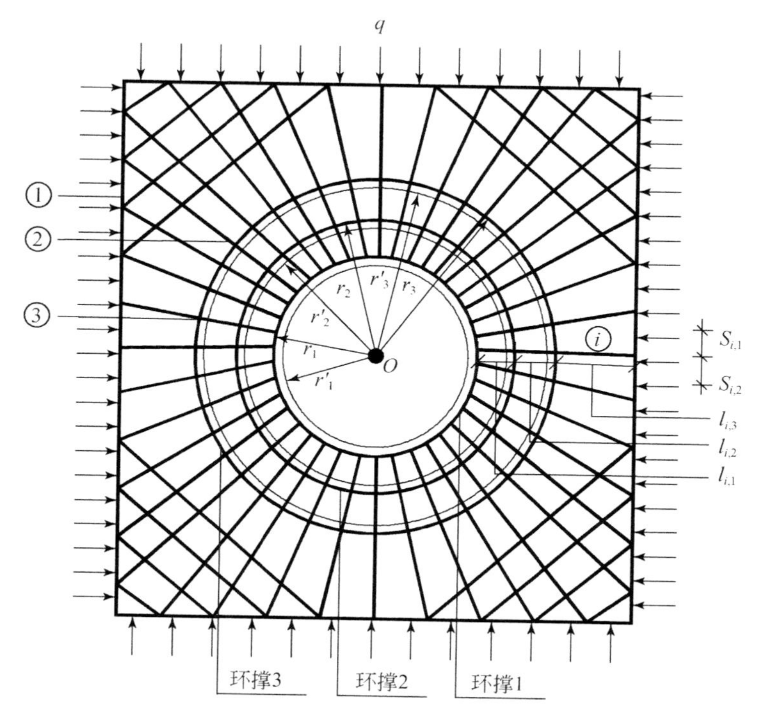

图 6.7　多环形撑支点刚度系数计算模型示意图

①冠梁或腰梁；②放射撑；③环形撑 3、环形撑 2、环形撑 1；ⓘ放射撑的编号

将内环（即环行撑 1）受到的放射撑轴向压力合力按线均布荷载 q_1 考虑，中

间环（即环行撑2）受到的内外放射撑轴向压力合力按线均布荷载 q_2 考虑，最外环（即环行撑3）受到的内外放射撑轴向压力合力按线均布荷载 q_3 考虑，则有作用在三个环形撑上轴向压力合力与总土压力相等，即有

$$2\pi r_1 q_1 + 2\pi r_2 q_2 + 2\pi r_3 q_3 = 2\pi r_0 q_0 = q\sum_{i=1}^{n}\frac{S_i}{\sin\theta_i} \tag{6.41}$$

三个环形撑环向压缩变形（Δh_1、Δh_2、Δh_3）分别为

$$\left.\begin{aligned}\Delta h_1 &= \frac{2\pi q_1 r_1^2}{E_{h1}A_{h1}}\\ \Delta h_2 &= \frac{2\pi q_2 r_2^2}{E_{h2}A_{h2}}\\ \Delta h_3 &= \frac{2\pi q_3 r_3^2}{E_{h3}A_{h3}}\end{aligned}\right\} \tag{6.42}$$

三个环形撑环向压缩变形协调条件为

$$\frac{\Delta h_1}{r_1} = \frac{\Delta h_2}{r_2} = \frac{\Delta h_3}{r_3} \tag{6.43}$$

三个环形撑径向压缩变形（Δr_1、Δr_2、Δr_3）分别为

$$\left.\begin{aligned}\Delta r_1 &= \frac{q_1 r_1^2}{E_{h1}A_{h1}}\\ \Delta r_2 &= \frac{q_2 r_2^2}{E_{h2}A_{h2}}\\ \Delta r_3 &= \frac{q_3 r_3^2}{E_{h3}A_{h3}}\end{aligned}\right\} \tag{6.44}$$

根据式（6.38）、式（6.39）和式（6.40），可求得

$$\left.\begin{aligned}q_1 &= \frac{q\sum_{i=1}^{n}\frac{S_i}{\sin\theta_i}}{\left(1+\frac{E_{h2}A_{h2}}{E_{h1}A_{h1}}+\frac{E_{h3}A_{h3}}{E_{h1}A_{h1}}\right)2\pi r_1}\\ q_2 &= \frac{q\sum_{i=1}^{n}\frac{S_i}{\sin\theta_i}}{\left(1+\frac{E_{h1}A_{h1}}{E_{h2}A_{h2}}+\frac{E_{h3}A_{h3}}{E_{h2}A_{h2}}\right)2\pi r_2}\\ q_3 &= \frac{q\sum_{i=1}^{n}\frac{S_i}{\sin\theta_i}}{\left(1+\frac{E_{h1}A_{h1}}{E_{h3}A_{h3}}+\frac{E_{h2}A_{h2}}{E_{h3}A_{h3}}\right)2\pi r_3}\end{aligned}\right\} \tag{6.45}$$

最外环（即环形撑 3）的径向压缩变形（Δr_3）为

$$\Delta r_3 = \frac{r_3 q \sum_{i=1}^{n} \frac{S_i}{\sin\theta_i}}{2\pi \sum_{j=1}^{3} E_{hj} A_{hj}} \tag{6.46}$$

于是，多环形撑第 i 根放射撑支点水平位移 $\Delta_i = \Delta r_3 + \Delta l_i$，多环形撑第 i 支点水平刚度系数（K_{Ti}）为

$$K_{Ti} = \frac{\sin\theta_i}{\dfrac{r_3 \sum_{i=1}^{n} \frac{S_i}{\sin\theta_i}}{2\pi S_i \sum_{j=1}^{3} E_{hj} A_{hj}} + \dfrac{l_{i,\ 3}}{E_{1i} A_{1i} \sin\theta_i}} \tag{6.47}$$

对支挡结构桩间距为 b_a 的支护桩，K_{Ti} 应为

$$K_{Ti} = \left[\frac{r_3 \sum_{i=1}^{n} \frac{S_i}{\sin\theta_i}}{2\pi S_i \sum_{j=1}^{3} E_{hj} A_{hj}} + \frac{l_{i,\ 3}}{E_{1i} A_{1i} \sin\theta_i} \right]^{-1} \sin\theta_i \cdot \frac{b_a}{S_i} \tag{6.48}$$

算例 4：如图 6.7 所示，假设某基坑长为 100m、宽为 80m；采用冠梁截面尺寸宽×高为 1.2m×1.2m；采用半径依次为 35m、30m、25m 的三个环形撑加放射撑结构，环形撑断面尺寸宽×高均为 1.8m×1.2m，放射撑高为 1.2m，宽度根据计算确定。环形撑圆形中心布置在基坑平面中心处，环形撑、放射撑、冠梁砼等级为 C30。竖向支挡结构为支护桩，桩径为 1.2m、桩距为 1.5m、桩身砼强度为 C35。

按照放射撑设置原则，根据式（6.37），设定第一根放射撑沿环形撑圆形中心向基坑冠梁或腰梁垂直布置，$\theta_1 = 90°$，$l_{1,3} = 4.1\text{m}$，计算截面宽×高 = 1.0m×1.2m，$S_1 = 8.0\text{m}$；第二根放射撑距第一根放射撑距离 8m，$\theta_2 = 78.7°$，$l_{2,3} = 4.9\text{m}$，计算截面宽×高 = 1.2m×1.2m，$S_2 = 8.0\text{m}$；第三根放射撑距第二根放射撑距离 8m，$\theta_3 = 68.2°$，因计算宽度偏大，在距第三根撑支点 4m 处加设角撑，计算截面宽×高 = 1.2m×1.2m，$S_3 = 6.0\text{m}$；依次进行到第六根放射撑。从第七根放射撑开始进入基坑另一侧，重新按另一侧放射撑压缩变形相等原则设置放射撑。这里列出第七根、第十一根放射撑设计参数，第七根：$\theta_7 = 51.3°$，$l_{7,3} = 23.5\text{m}$，计算截面宽×高 = 1.2m×1.2m，$S_7 = 4\text{m}$；第十一根：$\theta_{11} = 90°$，$l_{11,3} = 14.1\text{m}$，计算截面宽×高 = 1.2m×1.2m，$S_{11} = 8\text{m}$；其他各撑按对称原则布撑，共布置 40 根放射撑。根据式（6.48）计算得到各支点水平刚度系数见表 6.1，为减少篇幅只列出了算例 4 的 1/4 数据，其他支点水平刚度系数可根据对称性获取。

为比较每减少一个环的环形撑其支点水平刚度系数递减趋势，表6.1列出了如图6.7所示的三环形撑和双环形撑（减掉环形撑1）及单环形撑（减掉环形撑1和环形撑2）的单位宽度水平刚度系数计算结果。很显然，多环形撑与单环形撑相比，每增加一环，就大幅度提高了内支撑的水平刚度系数，从而也就大幅度提高了内支撑的支挡能力和稳定性。实际基坑工程内支撑支护结构设计时可根据基坑周边环境对变形控制的要求，按变形控制条件进行环形撑的环数设计。

表6.1 单位宽度三环形撑、双环形撑及单环形撑支点水平刚度系数（K_{Ti}）对比表

计算得支点编号	三环形撑支点水平刚度系数（K_{Ti}）/(MN/m)	双环形撑支点水平刚度系数（K_{Ti}）/(MN/m)	单环形撑支点水平刚度系数（K_{Ti}）/(MN/m)
1	139.4	97.0	51.9
2	136.4	96.7	49.8
3	126.9	88.9	46.9
4	116.2	81.6	43.2
5	96.7	69.7	37.9
6	96.4	69.5	37.9
7	76.3	57.0	32.6
8	108.9	79.0	43.3
9	120.7	86.4	46.7
10	129.8	92.1	49.2
11	112.9	83.5	46.8
平均值	113.3	81.1	43.7

6.3.5 各算例的水平刚度系数解析解与数值解的比对及结论

1. 解析解与数值解的比对

为比较本书推导的典型内支撑结构支点水平刚度系数解析解与有限元数值解的差异程度，采用了Midas GTS NX软件对四个算例进行了数值模拟，提取出其内支撑结构的水平位移，换算出各算例支撑支点的单位宽度水平刚度系数数值解。数值模拟中，支护桩用2D板单元模拟（板厚度根据桩径和间距采用等效刚度原则确定），在开挖面上通过析取功能析取出该板；冠（腰）梁采用1D线单元模拟，通过选取开挖面上相应位置的线生成1D线单元；冠（腰）梁线单元和支护桩板单元在节点耦合。图6.8（a）是算例4三个环内支撑结构水平位移云图；图6.8（b）是假定取消算例4的环形撑1、环形撑2时内支撑结构水平位移云图。各算例支点单位宽度水平刚度系数数值解与解析解的结果见表 6. 2。从表 6. 2 中可以看出，利用本书推导的解析解公式计算的刚度系数和数值解的值相对误差一般在 5% 以内，少数在 10% 以内，两者相符程度较好。从图 6. 8 中可估算单环形撑内支撑结构水平位移约为三环形撑的 2. 2 倍，刚度系数约为三环形撑的 0. 45 倍。

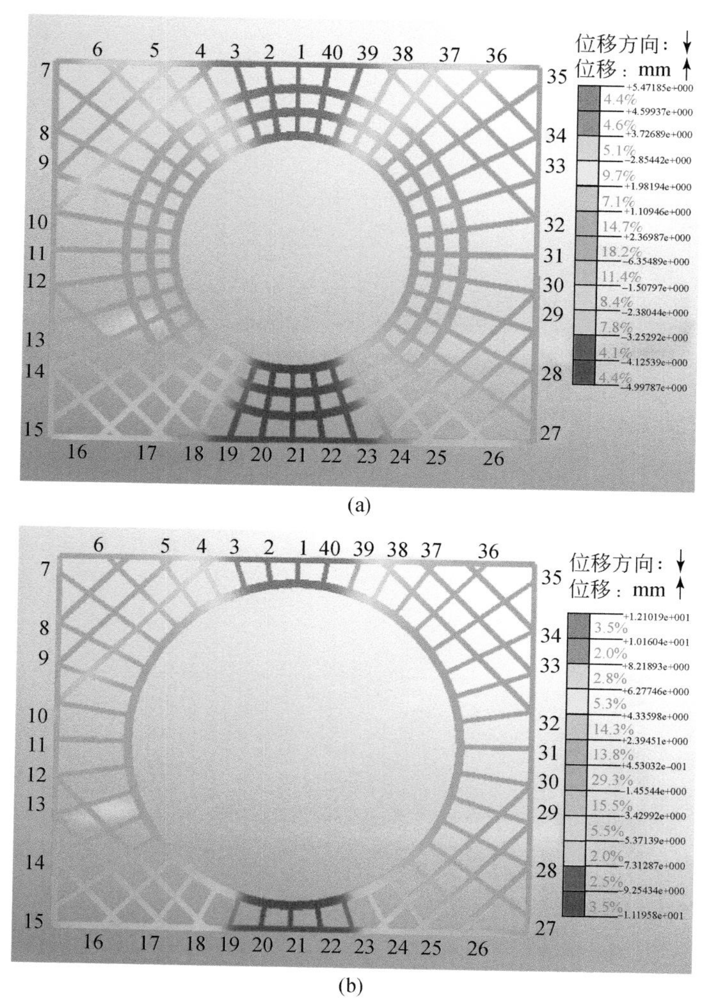

图 6. 8　算例 4 支点水平位移计算结果

2. 结论

（1）深基坑内支撑构件是以轴向受压为主的弹性变形杆件，只要设计合理，内支撑的轴向压缩变形解析解和水平刚度系数解析解是可以简化求算的。

表 6.2　四个算例水平刚度系数（K_{Ti}）解析解与数值解对比表

计算的支点	单位宽度水平刚度系数（K_{Ti}）解析解/(MN/m)	单位宽度水平刚度系数（K_{Ti}）数值解/(MN/m)	相对误差/%
算例 1（八字撑）	209.4	229.2	-8.6
算例 2（圆环形撑）	40.0	38.9	2.8
算例 3（圆环形撑+放射撑）	45.7	46.1	-0.9
算例 4（支点 1）（三环形撑）	139.4	133.6	4.4
算例 4（支点 2）	136.4	130.1	4.8
算例 4（支点 3）	126.9	123.6	2.7
算例 4（支点 4）	116.2	112.0	3.8
算例 4（支点 5）	96.7	95.1	1.7
算例 4（支点 6）	96.4	97.8	-1.4
算例 4（支点 7）	76.3	82.6	-7.6
算例 4（支点 8）	108.9	111.2	-2.1
算例 4（支点 9）	120.7	125.0	-3.4
算例 4（支点 10）	129.8	134.7	-3.6
算例 4（支点 11）	112.9	116.4	-3.0

（2）本节中提出的内支撑支点水平刚度系数的解析解经与比较成熟和较高精度的有限单元法复核计算结果比对，结果表明两种求解结果相符程度较好，水平刚度系数的解析解可作为深基坑支护结构单元计算的初始输入数据输入相应计算软件进行支护结构整体计算。

（3）推导环形撑水平压缩和水平刚度系数过程中，提出了环形撑不产生平动的前提条件和设计控制方法，即放射撑等压缩变形控制设计计算方法，计算算例计算结果和工程实践效果说明这样进行环形撑平动控制是可行的。

（4）多环形撑与单环形撑相比较，能提高内支撑支挡能力是因为多环形撑明显提高了内支撑的水平刚度系数。内支撑支护结构设计时可根据基坑周边环境对变形控制的要求，按变形控制条件进行环形撑的环数设计。对圆形基坑，计算支点水平刚度系数时，应考虑支护桩冠（腰）梁的支撑作用，否则计算的环形撑径向压缩变形偏大、计算的水平刚度系数偏小。

6.4　内支撑布置原则

1. 现行标准的规定

行标《建筑基坑支护技术规程》（JGJ 120-2012）第4.9.11条对基坑内支撑的平面布置、第4.9.12条对基坑内支撑的竖向布置，深圳市标《基坑支护技术标准》（SJG 05-2020）第11.2.2条对基坑平面支撑体系的平面布置、第11.2.3条对基坑平面支撑体系的竖向布置、第11.2.4条对基坑竖向斜支撑体系设计等提出了一些具体规定，归纳起来主要包括如下八个方面的规定：

（1）支撑体系的布置应满足受力和变形的要求：支撑体系的布置应受力明确，充分发挥各杆件的力学性能，支撑构件与竖向挡土构件连接处不应出现拉力；支撑体系在稳定性和变形控制方面应满足对周边环境保护的要求。

（2）支撑体系的布置应满足空间避让的要求：平面支撑和立柱的水平布置、竖向支撑的竖向布置应避开地下结构的空间布局，不应影响土方开挖、基础施工和地下结构的施工，钢筋混凝土支撑水平间距不宜小于6m，钢支撑水平间距不宜小于3m；采用机械挖土时，为满足挖土机械作业的空间要求，支撑水平间距不宜小于4m。当竖向采用多层（道）支撑时，层与层竖向净高不宜小于3m（行标）或4m（深圳市标）；最下一层支撑至坑底净高不宜小于3m。

（3）支撑体系的布置应满足构件之间传力的要求：各层水平支撑与竖向挡土构件之间应设置连接腰梁。当水平支撑设置在挡土构件顶部时，水平支撑应与冠梁连接。腰梁或冠梁上的水平支撑支点间距，对钢筋混凝土腰梁不宜大于9m，对钢腰梁不宜大于4m。各层水平支撑与腰梁的轴线标高宜在同一平面上，水平支撑构件与地下结构楼板净距不宜小于300mm（深圳市标），与底板间净距不宜小于600mm（深圳市标）；当支撑下方的地下结构楼板在支撑拆除前施工时，水平支撑构件与下方结构结楼板间的净距不宜小于700mm（行标）。

（4）支撑体系的布置应满足支撑体系稳定性的要求：内支撑的平面长度不宜大于150m；水平角支撑应设置可靠的水平力传递构造措施；当钢筋混凝土支撑的主撑水平间距较大时，可在主撑端部设置八字斜撑，八字斜撑宜左右对称布置，八字斜的长度不宜大于9m，八字斜撑与腰梁之间的夹角宜为45°～60°（行标）或30°～60°（深圳市标）。

（5）支撑体系的布置应满足基坑形状、环境条件和外荷载条件的要求：基坑开挖平面形状不规则、环境影响或变形限制严格、坑外荷载不均衡时，宜采取桁架式支撑或支撑板措施进行加强；基坑平面出现阳角时，应在阳角两边同时布置支撑或采取在坑外对土体进行加固措施。

（6）支撑体系的布置应满足地下结构施工空间最大化的要求：基坑平面为较规则的方形、长方形或近似圆形时，可采用平面圆环形支撑或椭圆形支撑。当采用圆环形支撑时，环梁宜采用圆形、椭圆形等封闭曲线形式，并应按环梁弯矩、剪力最小的原则布置放射撑；环形支撑宜采用与腰梁相切的布置形式。

（7）支撑体系的布置应满足立柱设置的要求：设置支撑立柱时，临时立柱应避开主体结构的梁、柱及承重墙；对纵横双向交叉的支撑结构，立柱宜设置在支撑的交汇点处；对用作主体结构柱的立柱，立柱在基坑支护阶段的负荷不得超过主体结构的设计要求；立柱与支撑端部及立柱之间的间距应根据支撑构件的稳定性要求和竖向荷载的大小确定，且对钢筋混凝土支撑不宜大于15m，对钢支撑不宜大于20m。立柱桩宜利用工程桩，立柱桩直径应与立柱构件截面相匹配；采用钻孔灌注桩做立柱桩时，立柱构件截面不宜小于400mm×400mm。立柱埋入开挖面以下深度不宜小于4m。内支撑兼作施工栈桥使用时，应根据栈桥使用荷载对支撑结构和立柱承载结构进行专门设计和布置。

（8）竖向斜撑的布置应满足平面间距、竖向坡度和稳定性的要求：采用竖向斜撑时，应设置斜撑基础，且应考虑与主体结构底板施工和支护桩的关系。竖向斜撑宜均匀对称布置，水平间距不宜大于6m。竖向斜撑坡度宜与土坡坡度一致，不宜大于1∶2，斜撑基础边缘与支护结构间距离，不小于围护结构嵌固深度的1.5倍。当斜撑长度大于15m时，宜在斜撑中部设置立柱，并在立柱和斜撑节点处设置纵向连系杆。在斜撑底部宜设计专用的基础或平台，地下结构桩基承台和底板可兼作斜撑基础，基坑角部可辅以水平直撑。

2. 提升支撑体系布置设计感

支撑体系布置受制于场地地质条件、基坑平面形状及规模、基坑开挖深度、基坑竖向支护结构型式、土方开挖条件、基础型式和施工流程、地下结构布局及施工工况、支撑材料类型、施工工期及工程造价等要素，因此，如上所述，现行标准从支撑体系的布置应满足受力和变形、空间避让、构件之间传力、支撑体系稳定性、基坑形状、环境条件、外荷载条件、地下结构施工空间最大化、立柱设置、竖向斜撑间距、竖向坡度和稳定性等方面的要求进行了规定，由此可见，内支撑体系的布置是一个系统工程学。一个科学合理、安全可靠且具有设计感的支撑布置需要基坑支护设计师具备扎实的岩土工程和结构工程基本理论知识和丰富的基坑工程设计和施工实践经验，同时，设计方案和施工质量管控还必须满足现行相关技术规范和管理规定的要求。如果支撑布置体系在安全稳定的基础上还需要具有美感和创意，也就是说具有设计感，设计师还得将支撑体系像对待建

（构）筑物设计那样来精雕细刻，在满足上述诸多功能性要求的前提下，展示支撑体系的美感和创意，设计师仅仅依照上述几点规定做设计是无法实现的。工程实践中，很少找到重视支撑体系的设计感问题的案例，设计方案基本上都是针对支撑体系的功能性要求进行设计和文字表述的，随着内支撑支护型式已越来越成为当今基坑支护的最主要型式，该是重视支撑体系布置的设计感问题的时候了。作者在探求支撑水平刚度系数解析解的过程中，始终觉得与其花大量的精力和时间去计算支撑水平刚度系数，还不如从支撑布置上多下点功夫，充分利用现行规范上已经有的内支撑支护型式已成为当今基坑支护的最主要型式，应该重视支撑体系布置的设计感，以下是针对支撑体系的设计感问题提出的几点建议。

（1）从受力和变形的控制要求来布置支撑：能采用对撑的不采用斜撑；能采用圆环形撑的不采用椭环形撑，环形曲线能封闭的绝不开口。当变形控制作为首选控制时，支撑型式可选余地很小。例如，深圳恒大中心基坑，深为42.35m，近邻深圳地铁9号线和11号线，支护墙水平位移控制要求不超过10mm，如此深的基坑如此严格的水平位移控制要求，只能是采取伺服措施的对撑支护结构。

（2）从支撑体系的稳定性控制要求来布置支撑：不管是对撑还是环形撑，长度过大或直径过大均不应采用单一型式的平面支撑体系，应采用环形撑、放射撑和角撑的组合支撑体系，或者采用多环形撑、放射撑和角撑的组合支撑体系。当采用环形撑时，应尽量做到环形撑和其组合撑四方对称或两方对称，以控制环形撑水平移动。当对撑长度较大时，应在对撑两端设置八字撑，在两相邻对撑之间中间部位设置横向连系梁或桁架，以提高支撑体系的稳定性。

（3）从空间避让的要求来布置支撑和立柱：对基坑平面尺寸方正、长宽不大的基坑，能采用角撑的不采用对撑，能采用环形撑的不采用对撑；对基坑平面尺寸方正、长宽较大的基坑，能采用环形撑、放射撑和角撑的组合支撑体系的不采用对撑，留出坑中空间满足多方需求。平面支撑和立柱的平面布置在满足受力和变形要求的前提下，采取见缝插针的机动方式布置。

（4）从构件之间传力的要求来布置支撑：能采用对撑的不采用斜撑，能采用圆环形撑的不采用椭环形撑。非对称布置的角撑或斜撑，腰梁能平衡或阻隔切向剪力。环形撑和放射撑组合支撑体系，放射撑轴线应穿透环形撑圆心；多环形撑应共具同一个圆心，环环之间宜等距离布置放射撑；竖向多道环形撑的圆心宜布置在同一条竖向轴线上。

（5）从基坑形状、环境条件和外荷载条件来布置支撑：基坑开挖平面形状异形时，抓大放小，抓住区间较大的平面形状布撑原则布置主要支撑体系，对区间较小或拐弯抹角的局部采用角撑、斜撑、桁架撑或板撑进行辅助撑或加强撑。对环境条件要求较严格的区域应采取支撑加强措施，平面上加强支撑密度，竖向上增加支撑层数。当外荷载条件复杂时，应采取强支撑体系和局部加强措施，如非对称荷载的基坑，应在荷载小侧采取加密支撑布置或加固地基处理措施。工程经验证明，深、大基坑或平面形状复杂的基坑或周围环境复杂的基坑或地质条件复杂的基坑采用未封闭的桁架撑是危险的，工程实践应慎用或不用。

（6）从地下结构施工空间最大化的要求来布置支撑：支撑布置应满足地下结构施工空间最大化的要求和满足空间避让的要求是不同的，因为避让是必需的，最大化体现了支撑空间布置的最优化，当避让和最优化冲突时，应优先避让。因此，在支撑空间布置方案上，应优先考虑地下结构的空间布局，当平面布置受限后，就应该在竖向上采取增层措施，或者调整施工流程。一般环形撑比角撑、角撑比对撑能提供更大的地下结构施工空间。现在在一些地区出现了鱼腹梁和张弦梁支撑结构，这两种支撑结构也能提供比对撑、斜撑和角撑更大的地下结构施工空间。

（7）从竖向斜撑间距、坡度、稳定性的要求来布置支撑：竖向斜撑一般应用的基坑深度不太大，且大多是基坑开挖到一定深度时，支护结构水平位移偏大而采取的基坑开挖过程的处置措施，而且，要利用基础桩或地下室底板作为坑底支点，其平面布置受制条件较多。竖向斜撑平面间距受基础桩的水平间距和水平支撑能力限制，竖向斜撑坡度受采用竖向斜撑轴力大小和上支点位置限制；坡度太大控制支护墙（桩）的水平位移能力减弱且施工难度增加；竖向斜撑长度太大，不但轴向压缩变形大，而且稳定性降低；竖向斜撑的布置还影响地下结构的施工和结构处理。因此，竖向斜撑的布置具有技术性和艺术性，难度系数比平面支撑的布置大得多。

综上所述，支撑体系布置虽然行标《建筑基坑支护技术规程》（JGJ 120-2012）和一些地方标准如深圳市标《基坑支护技术标准》（SJG 05-2020）给出了一些原则性规定，但落实到一个具体的基坑工程，设计出或雕刻出一个科学合理、安全可靠且具有设计感的支撑方案和工程产品，需要设计师具备扎实的理论功底和丰富的工程经验，同时，还应具有较高的工程产品的审美素养和强烈的设计创新的情怀。

第7章 非对称荷载设计计算土压力理论

7.1 概 述

大量的基坑工程实践推动了基坑支护设计理论和计算方法的快速发展，行标《建筑基坑支护技术规程》（JGJ 120）从第一版（JGJ 120-99）发布实施到第二版（JGJ 120-2012）开始修订，虽然只经历了十年时间，但第二版内容却丰富了不少，而且，行标《建筑基坑支护技术规程》（JGJ 120-2012）对典型条件下基坑工程各种类型的支护结构设计计算方法都提出了具体意见，使得绝大多数基坑工程支护结构单元计算有据可依。不过，行标《建筑基坑支护技术规程》（JGJ 120-2012）对少数复杂条件的基坑工程设计理论和计算方法，只提出了一些原则性思路或建议，未提供量化分析方法和计算公式。如内支撑支护结构支撑轴力的单元计算，需要首先给出内支撑不动点的水平刚度系数调整系数（λ），行标《建筑基坑支护技术规程》（JGJ 120-2012）仅给出了支护结构单元计算时 λ 的取值范围和原则，没有给出量化分析方法和计算公式，因此，支撑轴力的计算输入存在因人而异的随机性，计算结果也就存在因人而异的差异性。由于基坑偏压现象的普遍存在，以内支撑作为基坑支护的主要支护结构的发展态势，需要解决内支撑不动点的水平刚度系数调整系数（λ）的量化计算方法已迫在眉睫，因此，近些年来，针对基坑偏载问题一些学者结合工程实际进行了工程实测和理论探讨。

庞小朝等（2010）对深圳市地铁5号线民治站偏压基坑工程进行了设计计算方法的探讨。平南铁路紧邻基坑北侧，为控制铁路路轨变形，基坑支护须采取内支撑支护结构。由于铁路轨面标高高于基坑南侧地面7m，基坑开挖后，北侧支护结构受铁路路基荷载影响，整体向南位移是必然的。这是典型的非对称荷载作用的基坑工程。考虑到铁路路基安全的重要性，庞小朝等对支护结构进行设计时采用了土工计算软件 SAFE 进行位移计算，同时采用了同济大学启明星软件 FRWS4.0 和 SAP2000V11.08 进行了支护结构内力分析和校核，并通过施工过程的路基监测数据变化采取补砟控沉措施确保了铁路路基的使用安全。在进行支护结构位移计算时，首先采用了行标《建筑基坑支护技术规程》（JGJ 120-99）推荐的弹性支点法计算紧邻铁路侧的支护结构内力，将计算得到的荷载大侧支撑计算轴力作为已知值作用给荷载小侧竖向支护墙（地连墙）上；同时，假定荷载小侧支护墙后作用的初始土压力为静止土压力，然后进行非线性迭代计算；再根据力的平衡和位移协调条件迭代计算收敛的墙后土压力来计算支护墙的内力，最后进行支护墙的断面尺寸和嵌入坑底深度设计。该基坑工程采取的设计计算方法是目前见到报道的偏压荷载基坑支护结构设计计算比较有理论依据的方法，但该方法需要多个计算条件假定和多个软件支持，计算过程复杂，推广应用比较困难。

林刚等（2010）基于 PLAXIS 有限元二维分析软件和土体 HS 本构模型，提出了采用 15 节点单元、Plate 单元和 Anchor 单元来模拟土体、支护墙和支撑构件，土体的本构模型采用了可以考虑初次加载、卸载、再加载时的变形模量的 HS 模型，考虑了土体与支护墙之间的接触面单元，采用激活或冻结类组和支护结构对象来模拟基坑开挖步骤等处理措施进行基坑支护结构的初始设计和验算的简化设计计算方法；对不同的大小侧荷载组合下进行了支护墙水平位移、墙身弯矩和支撑轴力的理论计算分析。林刚等还利用工程实例，将支护墙墙身内力按传统荷载大侧设计计算值与按其提出的简化数值分析方法的计算值进行了对比，对支护墙深部水平位移进行了实测。从理论计算数值和实测数据的大小关系来分析，传统的采用荷载大侧条件进行支护结构的设计是偏于保守的，林刚等提出的方法对重要的基坑工程可用来进行校核，对地层分布复杂的一般基坑工程就显现出计算参数获取困难和计算结果乖离率大的特性，推广应用也不容易。

蔡袁强等（2010）基于 PLAXIS 有限元二维分析软件、土体 HS 本构模型和界面 M-C 弹塑性模型，对某高层建筑基坑两对侧不同挖深（一侧挖深为 6m，其对侧挖深为 10.5m）组合下的内支撑轴力和墙身水平位移进行了计算对比分析和墙身深部水平位移实测。徐长节等（2014）利用 PLAXIS 有限元二维分析软件对对非对称开挖基坑进行了模拟，根据开挖工况模拟了不同挖深差和挖深分界面位置不同条件下的非对称开挖工况，与实测值进行了对比分析；并基于等值梁法和内支撑两端轴力相等原理，推导了非对称开挖基坑两对侧围护结构埋深的解析解计算方法。姚爱军等通过某轻轨线车站基坑两侧分布不同建构筑物的工程实例的实测数据分析，发现在不对称荷载作用下基坑围护结构的稳定性和对环境的影响存在较大差异，在基坑两对侧出现不对称沉降和位移后，内支撑产生非对称移动，支撑受力从轴心受压变为偏心受压（姚爱军和张新东，2011）。石钰锋等（2011）对紧邻铁路偏压基坑实例深圳市地铁 5 号线民治站偏压基坑工程进行的监测数据分析后，提出了对荷载大侧加深墙深、对荷载小侧加固地基和加撑等应对非对称荷载条件时的区别对待措施。郑刚等（2013）对天津某非对称基坑分步降水开挖过程进行了数值模拟和实时监测，计算和监测数据分析认为非对称开挖的影响主要表现为基坑支护结构整体向挖深浅侧偏转。刘波等以合肥市地铁 1 号线建设过程中某紧邻既有高速公路的偏压作用和坑内开挖深度悬殊的深基坑为例，分析了基坑开挖过程中围护结构的变形受力特性以及其对周围环境的影响，发现非对称荷载下基坑支护体系上部一定范围存在整体向荷载低侧“漂移”现象，深挖侧坑底隆起明显大于浅挖侧坑底隆起（刘波和席培胜，2015）。阳吉宝等（2015）基于有限元分析软件 MIDAS/GTS，分析了偏压荷载下基坑支护体系的变形特征，并根据偏压荷载大小和环境保护要求优化了承受偏压荷载部位的桩径、桩长。汪东林等以合肥市地铁 6 号风井深基坑为研究对象，结合实测资料和 MIDAS 二维有限元软件，对既有紧邻合宁高速公路偏压作用下的深基坑支护桩的水平和竖向位移、路基沉降规律进行了研究分析（汪东林和汪磊，2015）。

综上所述，深基坑非对称荷载表现型式复杂性、多样性突出，目前，研究非对称荷载条件下的基坑支护体系特性主要手段一是工程实测数据分析、二是数值模拟计算分析。工程实测数据分析结论虽能提供设计时的定性参考，但不能作为量化设计依据；数值模拟计算虽能贴近工程实际，但必须是在已有初步设计方案的基础之上，而且计算需要的参数多又不易获取，计算过程繁琐，计算结果不具有唯一性；有理论支持的非对称荷载基坑支护结构埋深的解析解计算方法仅适用于非对称开挖和单支点内支撑结构等特例，总之，这些方法均不具备工程应用的普遍性。因此，深入开展行标《建筑基坑支护技术规程》（JGJ 120-2012）内支撑式支护结构的水平刚度系数计算式（4.1.10）中的不动点调整系数 λ 的普适性量化计算方法探讨是十分必要的。本章从分析深基坑内支撑式支护结构水平刚度系数不动点调整系数着手，探讨了非对称荷载条件下深基坑内支撑式支护结构设计计算的一种全新的方法。为此，本章首先归纳了非对称荷载的五种典型表现型式，总结了非对称荷载条件下，内支撑式支护结构受力变形以及坑外地面沉降的差异特征；为实现不动点调整系数量化计算，提出了非对称荷载土压（力）比的概念和计算公式。根据非对称荷载土压比的大小，建立了不动点调整系数与非对称荷载土压比的线性关系式；利用内支撑两端轴力相等原理，提出了内支撑支护结构变形控制设计方法。最后，分别利用推荐的不动点调整系数计算方法和数值分析方法对工程实例进行了支护结构内力、变形和地面沉降的计算分析和比较。

7.2　非对称荷载的典型类型划分

为便于分析，将产生非对称荷载的成因进行归类。根据成因不同，将非对称荷载划分为两大类、五小类，两大类是外因类和内因类，五小类见图 7.1（a）~

(e)。其中，第①类至第③类为外因类，第④类和第⑤类为内因类。第①类是地势差异类，这类基坑大多分布在边坡坡脚、路基基脚、堤坝坝脚等地带，或地形起伏较大地带，或一侧挖深大、另一侧挖深小；第②类是堆载差异类，一侧堆载大或分布范围大、另一侧堆载小或分布范围小；第③类是建筑物差异类，一侧建筑物高或数量多、另一侧建筑物矮或数量少；第④类是洞室差异类，一侧有洞室、另一侧无洞室；第⑤类是土质差异类，一侧土质较好、另一侧土质较差。

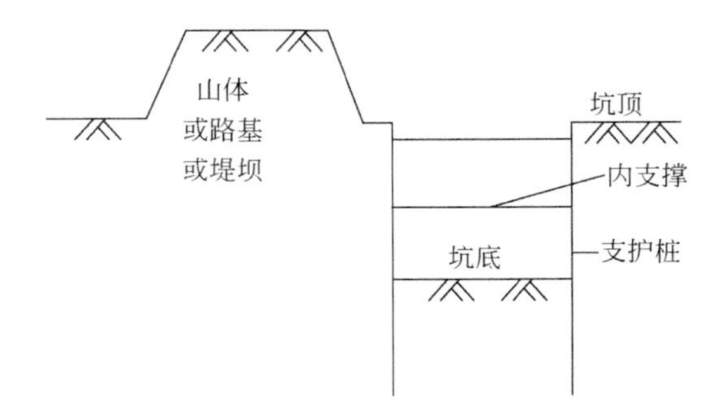

(a) 第①类：地势差异类(一侧挖深大、另一侧挖深小)

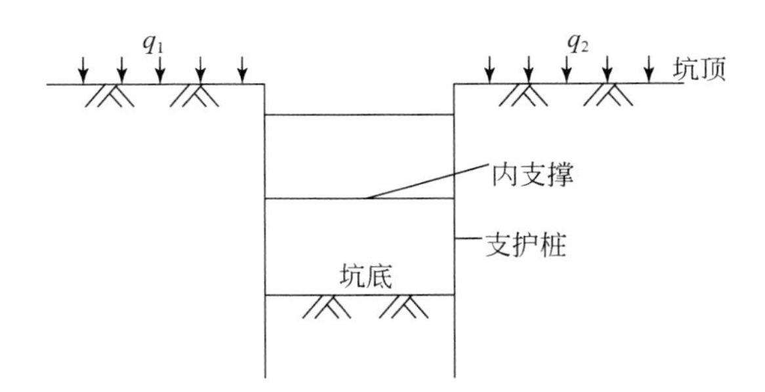

(b) 第②类：堆载差异类(一侧堆载大、另一侧堆载小)

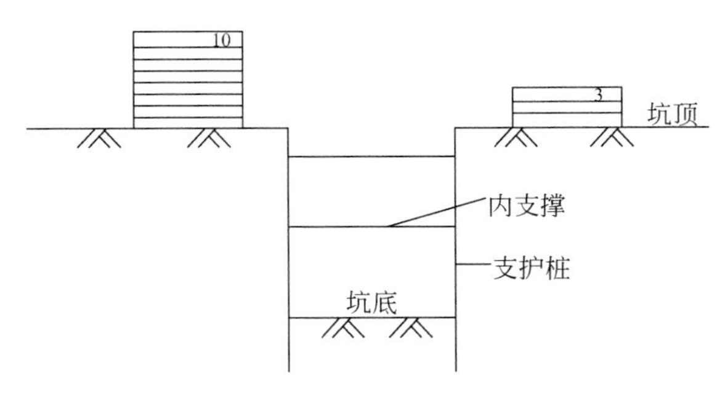

(c) 第③类：建筑物差异类(一侧建筑物高、另一侧建筑物矮)

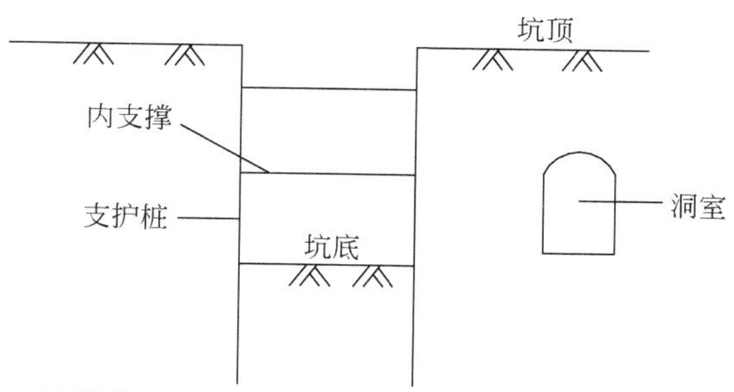

(d) 第④类：洞室差异类(一侧有洞室、另一侧无洞室)

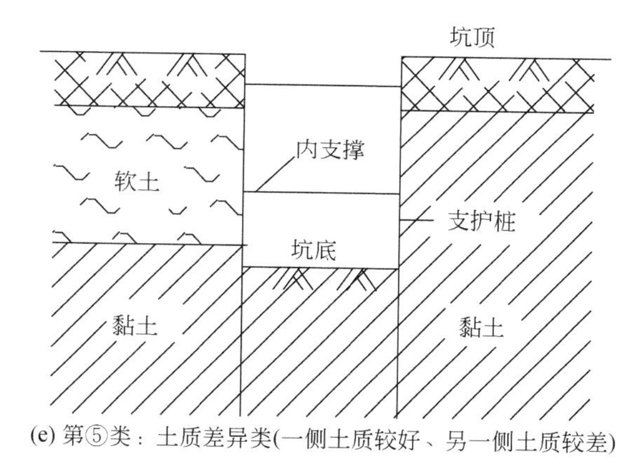

(e) 第⑤类：土质差异类(一侧土质较好、另一侧土质较差)

图 7.1　非对称荷载典型类型

7.3　非对称荷载支护结构受力变形和坑外地面沉降特征

根据相关文献的理论分析和工程实测结果，非对称荷载条件下的内支撑支护结构受力变形和地面沉降特征可概括为：

（1）荷载大侧桩身弯矩比荷载小侧桩身弯矩大。

（2）荷载大侧桩身位移最大值比荷载小侧桩身位移最大值大；荷载大侧桩身位移基本上是朝向坑内的，荷载小侧桩身位移有朝向坑内的，也有朝向坑外的，或者部分桩身朝坑外，依赖荷载差值大小、基坑开挖深度和内支撑布置等影响因素决定。

（3）荷载大侧地面以沉降为主，荷载小侧地面有沉降也有隆起；荷载大侧地面沉降比荷载小侧地面沉降大，荷载小侧地面或沉或隆依赖荷载差值大小决定；坑内隆起则是挖深大侧大于挖深小侧。

（4）支撑轴力随着大小侧荷载差值增大而增大，随着支撑数量增大（或纵、横间距减小）而减小。

对内因类非对称荷载条件下的内支撑支护结构受力变形和地面沉降特征实测和研究分析，尚未见报道。但是，不管是洞室差异，还是土质差异，终归是基坑两侧土压力差异，从而引起支护结构受力变形和地面沉降差异。只要能量化计算出洞室差异或土质差异产生的土压力差值，就能分析研究支护结构受力变形和地面沉降特征，所以，可以肯定洞室差异和土质差异条件下支护结构受力变形和坑外地面沉降特征与上述的结论没有本质不同。

7.4　非对称荷载土压力比的定义与计算

影响非对称荷载条件下基坑支护结构受力变形和坑外地面沉降特征的主要因素可概括为荷载差值、基坑开挖深度、内支撑布置和土层物理力学性质等。蔡袁强等（2010）对第②类非对称荷载组合进行了数值计算和对比，发现当大、小两侧荷载之比小于 2 时，大小侧支护墙体弯矩差值不大，建议采用对称方法设计；当大、小两侧荷载之比大于 3 时，大小两侧支护墙体弯矩差值较大，不宜采用对称方法设计，应考虑荷载小侧支护墙体的优化设计。这给我们的启示是，支护结构受力变形和坑外地面沉降与大、小两侧的荷载之比有密切关系，在进行非对称荷载支护结构设计前，首先要判断是否应进行非对称设计，如需进行非对称设计及单元计算时，必须先要确定不动点调整系数 λ 值。

为此，首先将非对称荷载基坑的支护结构计算分析示意图如图 7.2 所示。假设基坑深度为 H（m）；大、小两侧地面均布荷载分别为 q_d、q_x；大、小两侧支护桩埋入坑底深度为 D_d、D_x；竖向设置 n 道内支撑（分别以作用力 T_{1d}，…，T_{nd}；T_{1x}，…，T_{nx} 作用在大小侧支护桩上），水平方向上荷载大、小侧两内支撑间距为 S_d、S_x。其次，假设基坑大、小两侧土层均为均质体，大、小侧土体自重产生的主动土压力合力分别为 E_{ad} 及 E_{ax}，大、小侧土体分布荷载产生的主动土压力合力分别为 Q_{ad} 及 Q_{ax}，则

$$E_{ad}=0.5\gamma_d(H+D_d)^2K_{ad} \tag{7.1}$$

$$E_{ax}=0.5\gamma_x(H+D_x)^2K_{ax} \tag{7.2}$$

$$Q_{ad}=q_d(H+D_d)K_{ad} \tag{7.3}$$

$$Q_{ax}=q_x(H+D_x)K_{ax} \tag{7.4}$$

式中，K_{ad}、K_{ax} 分别为大、小侧主动土压力系数。

如果由于非对称荷载作用，小侧支护桩出现静止或被动状态，则此时小侧土体自重产生的静止土压力合力（E_{sx}）、分布荷载产生的静止土压力合力（Q_{sx}），以及小侧土体自重产生的被动土压力合力（E_{px}）、分布荷载产生的被动土压力合

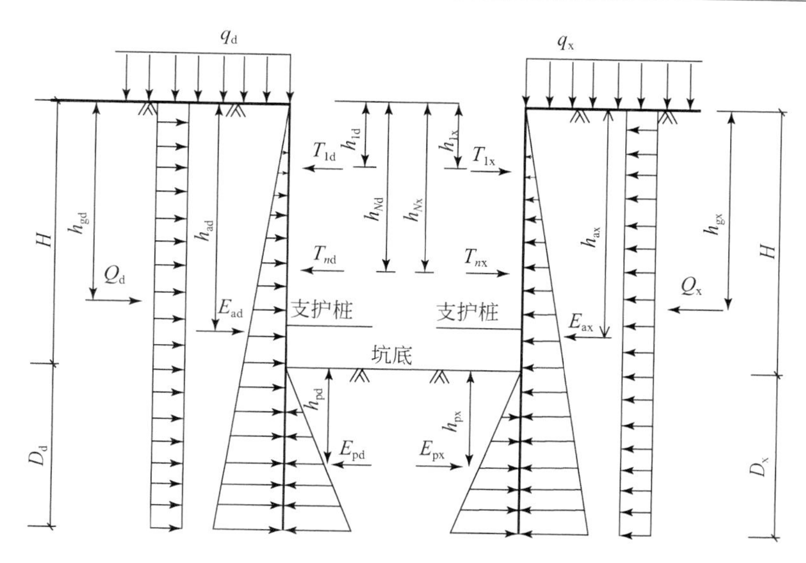

图 7.2　非对称荷载支护结构计算分析示意图

h_{pd}、h_{px}分别为大、小侧土体被动土压力合力作用点距坑顶距离；h_{ad}、h_{ax}分别为大、小侧土体自重产生的主动土压力合力作用点距坑顶距离；h_{gd}、h_{gx} 分别为大、小侧分布荷载产生的主动土压力合力作用点距坑顶距离

力（Q_{px}）分别为

$$E_{sx}=0.5\gamma_x(H+D_x)^2K_{0x} \tag{7.5}$$

$$E_{px}=0.5\gamma_x(H+D_x)^2K_{px} \tag{7.6}$$

$$Q_{sx}=q_x(H+D_x)K_{0x} \tag{7.7}$$

$$Q_{px}=q_x(H+D_x)K_{px} \tag{7.8}$$

式中，K_{0x}、K_{px}分别为小侧静止土压力系数和被动土压力系数。

于是，定义非对称荷载土压力比（以下简称“土压比”）为荷载大侧主动土压力合力（$E_{ad}+Q_{ad}$）与荷载小侧主动土压力合力（$E_{ax}+Q_{ax}$）之比，用 R_q 表示，计算公式为

$$R_q=\frac{E_{ad}+Q_{ad}}{E_{ax}+Q_{ax}} \tag{7.9}$$

7.5　非对称荷载支护结构设计计算方法探讨

7.5.1　用土压比（R_q）大小判断支护桩的位移趋势

根据土压力基本理论，对两侧布置相同参数的支护桩，如果 $E_{ad}+Q_{ad}<E_{sx}+$

Q_{sx}，两侧支护桩均朝向坑内位移；如果 $E_{sx}+Q_{sx} \leqslant E_{ad}+Q_{ad} \leqslant E_{px}+Q_{px}$，大侧支护桩朝向坑内位移，荷载小侧支护桩或静止不动或轻微向坑外位移；如果 $E_{ad}+Q_{ad} > E_{px}+Q_{px}$，大侧支护桩朝向坑内位移，小侧支护桩朝向坑外位移。对上述三个不等式的左边和右边同时除以（$E_{ax}+Q_{ax}$）后，得到下面三个不等式：

第一个不等式：

$$R_q < \frac{K_{0x}}{K_{ax}} \tag{7.10}$$

第二个不等式：

$$\frac{K_{0x}}{K_{ax}} \leqslant R_q \leqslant \frac{K_{px}}{K_{ax}} \tag{7.11}$$

第三个不等式：

$$R_q > \frac{K_{px}}{K_{ax}} \tag{7.12}$$

从上述三个公式可看出，土压比只与小侧静止土压力系数、主动土压力系数和被动土压力系数有关。由式（7.10）可判断小侧支护桩受到的土压力介于主动土压力和静止土压力之间，支护桩应该是朝向坑内位移；由式（7.11）可判断小侧支护桩受到的土压力介于静止土压力和被动土压力之间，支护桩应该是处于静止状态或朝向坑外位移；由式（7.12）可判断小侧支护桩受到的土压力大于被动土压力，支护桩应该是朝向坑外位移。为便于分析，可令 $\xi_1=\frac{K_{0x}}{K_{ax}}$，$\xi_2=\frac{K_{px}}{K_{ax}}$。

7.5.2 建立土压比（R_q）与不动点调整系数 λ 之间的函数关系

建立了土压比的概念和计算公式后，就可以比较 R_q 与小侧的 K_0、K_a 和 K_p 的关系，初步判断出小侧支护桩的位移趋势，继而建立 R_q 与支撑不动点调整系数 λ 之间的函数关系。行标《建筑基坑支护技术规程》（JGJ 120-2012）规定大侧支撑不动点调整系数（λ_d）取 0.5～1.0，小侧支撑不动点调整系数（λ_x）为 $1-\lambda_d$，若已知其中一个未知数，就可以计算另一个未知数了。

显然，若 $R_q=1$，则表示只存在对称荷载，这时 $\lambda_d=\lambda_x=0.5$；若 $R_q=K_{0x}/K_{ax}$，则表示存在非对称荷载，且小侧支护桩承受静止土压力作用，桩处于静止状态，这时 $\lambda_x=0$，$\lambda_d=1.0$。

从式（7.1）～式（7.9），不难发现 R_q 与分布荷载 q_d 成正比，与分布荷载 q_x 成反比；如果固定 q_x，则 R_q 与 q_d、q_x 的差值（q_d-q_x）成正比。对内支撑构件，其轴向压缩变形与其长度和轴力呈线性关系，因此，为简化分析，可以尝试建立土压比（R_q）与荷载大侧内支撑不动点调整系数（λ_d）的线性方程式，即假定 $\lambda_d=aR_q+b$。利用上述边界条件：$R_q=1$ 时，$\lambda_d=0.5$；$R_q=K_{0x}/K_{ax}$时，$\lambda_d=$

1.0，即可得到 λ_d 与 R_q 的线性方程式为

$$\lambda_d = \frac{0.5}{\xi_1 - 1}(R_q + \xi_1 - 2) \tag{7.13}$$

式中，$\xi_1 = K_{0x}/K_{ax}$。

建立了 λ_d 与 R_q 的函数关系式后，只要已知 R_q，就可以根据式（7.13）计算 λ_d。将算出的 λ_d 和 λ_x 代入行标《建筑基坑支护技术规程》（JGJ 120－2012）的式（4.1.10）中，即可计算出大、小各侧的支撑水平刚度系数和支撑轴力，最后根据支撑两端轴力相等原理，复核 λ_d 和 λ_x 计算值的合理性，如两端轴力不相等，对 λ_d 和 λ_x 进行适当调整，一般调整三次左右即满足支撑两端轴力相等条件。各种型式内支撑的水平刚度系数计算方法见金亚兵和刘动（2019）论文。

式（7.13）只适用于小侧支护桩处于主动状态和静止状态之间的情况。当小侧支护桩处于静止状态和被动状态之间的情况，式（7.13）是不适用的。大量的工程实践监测结果显示，不管荷载大侧还是荷载小侧，支护桩一般都会朝向坑内位移，参考文献中的部分工程支护桩向坑外位移一般发生在支护桩身中上部且位移量不大。因此，对土压比大于 K_{0x}/K_{ax} 和 K_{px}/K_{ax} 的情况，在进行单元计算时，可按式（7.13）先简化计算，再用数值模拟计算进行复核。

7.5.3　非对称荷载的变形控制设计

建立了土压比的概念和计算公式后，还可以用其估算基坑地面沉降和支护结构的水平位移，进而通过调整 λ_d 和 λ_x 的大小来控制地面沉降和支护结构的变形，这就是变形控制设计的基本原理。变形控制设计的基本步骤如下：

第一步，根据土压比（R_q）的大小，判断小侧支护桩的位移趋势。对于支护桩向基坑内位移的情况，先根据式（7.13）计算出 λ_d 和 λ_x，然后根据行标《建筑基坑支护技术规程》（JGJ 120－2012）的计算公式计算支点水平刚度系数，输入单元计算软件中，进行支护桩受力变形和地面沉降计算。对于小侧支护桩处于静止状态的情况，对式（7.13）中的 λ_d 取 1.0，λ_x 取一个很小的数，将桩后土压力按静止土压力输入，将支点力按大侧支撑轴力作为预加力输入单元计算软件中，从而对小侧进行支护桩受力变形和地面沉降计算。

第二步，根据基坑周围环境条件，设定地面沉降和坑壁土体的水平位移限值，通过反算确定合适的 λ_d、λ_x 和 R_q 值，从而设计出符合要求的支护结构。一般经过三次左右的反复计算即可满足变形控制要求。

对第⑤类基坑，如果一侧土质较软，可先进行地基加固措施，通过地基加固提高土层的物理力学指标，从而提高土层的土压力系数和抗变形能力，达到变形控制设计目的。

7.5.4 工程算例

1. 工程算例选取

本次选取了第⑤类非对称荷载的一个典型工程算例：深圳某基坑工程，开挖深度为8.0m，基坑平面呈狭长的规则矩形，东西向长度远远超过南北向长度，南北向宽度为12m；场地的地质情况南北两侧差别较大，场地北侧为填土场地、南侧为原状土场地；北侧开挖范围内主要为回填的杂填土，南侧主要分布有中砂、砾质黏性土等。设计计算选取的典型剖面岩土层的物理力学指标见表7.1。

表7.1 岩土层用于设计计算的物理力学指标

岩土层名称	重度(γ)/(kN/m^3)	黏聚力(c)/kPa	内摩擦角(φ)/(°)	厚度/m
杂填土	18.0	—	10	13
中粗砂	19.0	—	30	13
粉质黏土	18.5	25	20	8
全风化	19.0	30	25	6
强风化	21.0	40	30	9

2. 初步设计

根据基坑开挖深度、地层条件和周边环境现状对支护结构进行初步设计。由于用地红线的限制，支护结构采用咬合桩加一道钢筋混凝土支撑，咬合桩桩径为1.2m、间距为2.0m；桩间止水采用素混凝土，桩径为1.2m、间距为2.0m，桩身混凝土强度等级C30，桩顶设置钢筋混凝土冠梁，强度等级C30，断面尺寸宽×高为1.2m×1.0m。基坑中间设一道钢筋混凝土对撑，水平间距为6m，无立柱，支撑位于冠梁位置，混凝土强度等级C30，支撑截面尺寸宽×高为1.0m×1.0m，支撑变形计算长度取$L_0=12$m；咬合桩以及冠梁、圈梁和支撑的弹性模量取$E=3.0\times10^4$MPa，支护平面及剖面详见图7.3及图7.4。

3. 细化设计

第一步，按照行标《建筑基坑支护技术规程》（JGJ 120-2012）推荐的弹性支点法进行支护桩设计计算。

（1）先设计土压力大侧咬合桩：按行标《建筑基坑支护技术规程》（JGJ 120-2012）取大侧支撑不动点调整系数为$\lambda_d=1.0$，采用理正深基坑设计软件7.0进行单元计算得到支撑轴力、地面最大沉降和桩身最大位移等如表7.2所示；

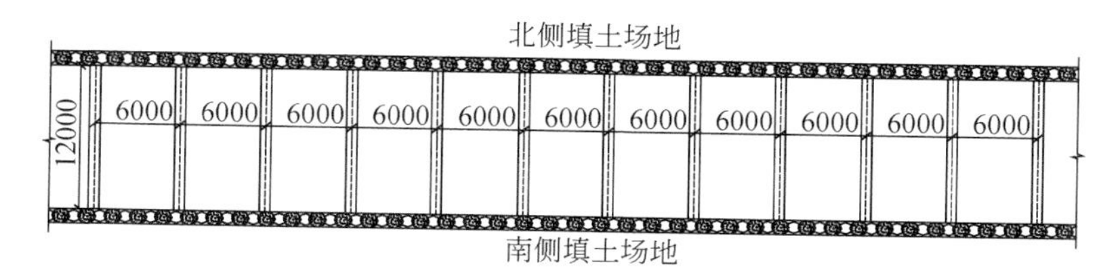

图 7.3　基坑支护平面图（单位：mm）

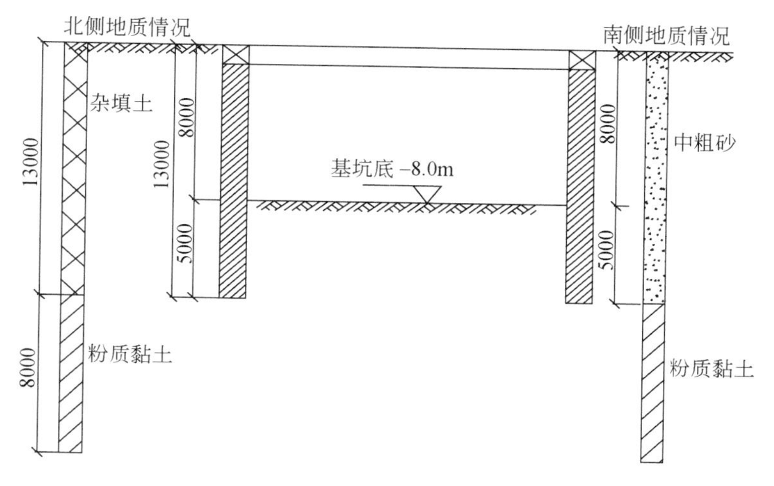

图 7.4　基坑支护剖面示意图（单位：mm）

（2）再设计土压力小侧咬合桩：根据支撑两端轴力相等原则，按行标《建筑基坑支护技术规程》（JGJ 120−2012）取小侧支撑不动点调整系数为 $\lambda_x=0.001$ 时的地面最大沉降和桩身最大位移等如表 7.2 所示。

表 7.2 中数据显示：如果以支撑两端轴力相等为原则，则按行标《建筑基坑支护技术规程》（JGJ 120−2012）计算的土压力大、小两侧地面沉降和桩身位移都不同，其中，土压力大侧地面产生沉降、土压力小侧地面产生隆起；土压力大侧桩身向坑内位移、土压力小侧桩身则向坑外位移。

第二步，计算土压比（R_q），建立其与大侧支撑不动点调整系数（λ_d）的函数关系式。填土一侧为土压力较大一侧，中粗砂层一侧为土压力较小一侧，重度：$\gamma_d=18.0\text{kN/m}^3$，$\gamma_x=19.0\text{kN/m}^3$；内摩擦角：$\varphi_d=10.0°$，$\varphi_x=30.0°$；土压力系数：$K_{ad}=0.704$，$K_{ax}=0.333$，$K_{0x}=0.5$，$K_{px}=3$，$\xi_1=1.5$，$\xi_2=9$。

根据式（7.9）得到 $R_q=1.81$。显然，$\xi_1<R_q<\xi_2$，小侧支护桩处于静止状态和被动状态之间且偏向于静止状态，为简化计算，视荷载小侧支护桩处于静止状

态。大侧支撑不动点调整系数应按式（7.13）计算。于是，λ_d 与 R_q 的函数数学关系式为 $\lambda_d = R_q - 0.5$。

第三步，根据第二步建立的 λ_d 与 R_q 的数学关系式，调整 R_q 使 $\lambda_d \leqslant 1.0$。为避免荷载小侧地面隆起，应尽量使小侧支护桩处于主动状态和静止状态之间，如此，即是尽量调整荷载比，确保 $R_q \leqslant \xi_1$。如取 $R_q = \xi_1 = 1.5$，从小侧影响 R_q 大小的因素来讲，可以采取在小侧地面反压荷载、在大侧减小主动土压力系数或加大桩深等措施。本工程实例采取了在土压力大侧减小主动土压力系数的措施，具体措施是在基坑开挖前对荷载大侧的填土进行了注浆加固，加固后地层的 φ_d 提高到 15.3°，主动土压力系数（K_{ad}）降低到 0.583。

表 7.2　计算数据

	λ	支撑轴力/kN	地面最大沉降/mm	桩身最大位移/mm
大侧	1.0	1900	68.0	28.0
小侧	0.001	1900	-5.0	-10.9

注：地面沉降负数表示隆起；桩身位移负数表示桩顶朝向坑外移动；桩身最大位移发生在地面处。

第四步，根据第三步的参数调整和采取地基加固措施后，重新对大小侧支护桩进行设计计算。取设计控制土压比为 $R_q = 1.5$，大侧支撑不动点调整系数（λ_d）为 1.0；取小侧支撑不动点调整系数（λ_x）为 0.001，重新对大小侧支护桩进行设计计算，结果列于表 7.3。

表 7.3　计算数据（调整 R_q 后）

	λ	支撑轴力/kN	地面最大沉降/mm	桩身最大位移/mm
大侧	1.0	1570	49.0	11.8
小侧	0.001	1570	20.0	-6.0

注：地面沉降负数表示隆起；桩身位移负数表示桩顶朝向坑外移动；桩身最大位移发生在地面处。

4. 数值模拟与实测值

为探讨土压力不对称条件下的支护结构变形情况，本书采用 Midas GTS 软件对算例中的工况进行了数值模拟，提取出不同土压力比（R_q）条件下支护桩的桩身位移值，具体结果见图 7.5 ~ 图 7.7。数值计算结果表明：

（1）当 $R_q = 1.81$ 时，即 $\xi_1 < R_q < \xi_2$，土压力较大一侧支护桩最大位移达到 22.2mm，向坑内变形；土压力较小一侧支护桩最大位移达到 -11.9mm，向坑外变形，这与解析解基本吻合。

（2）当 $R_q = 1.5$ 时，即 $R_q \leqslant \xi_1$，土压力较大一侧支护桩最大位移为 9.8mm，向坑内变形；土压力较小一侧支护桩最大位移为 -4mm，向坑外变形，这与解析

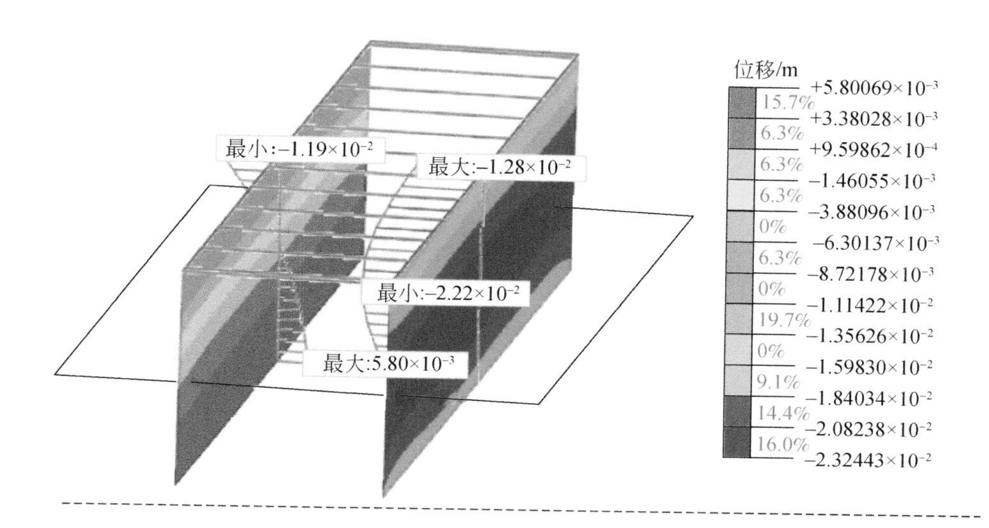

图 7.5　$R_q=1.81$ 时支护桩位移

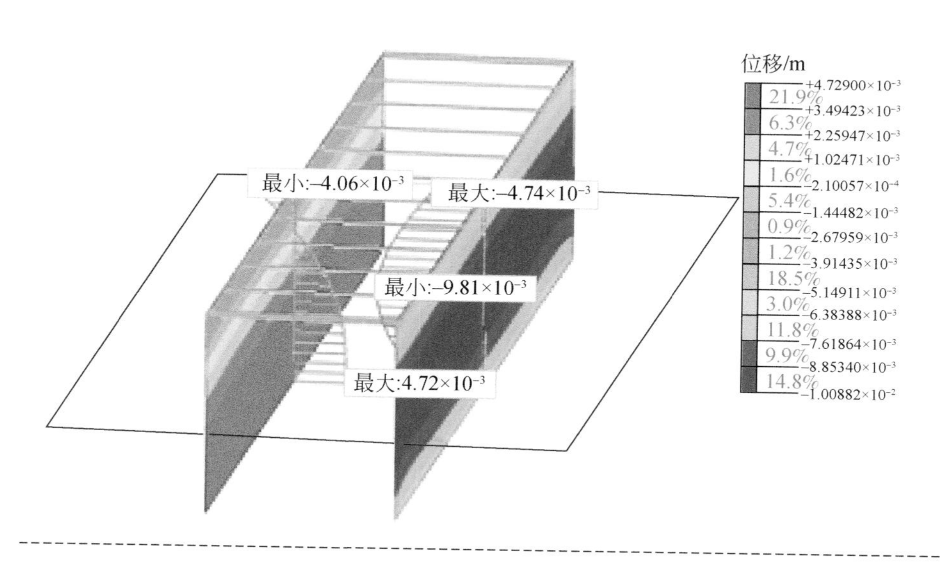

图 7.6　$R_q=1.5$ 时支护桩位移

解也非常接近。

（3）当 $R_q=1.0$ 时，两侧支护桩的最大位移均为 5mm，均向坑内变形，可以判断前文所建立的 λ_d 与 R_q 的函数数学关系式是较为准确的。

表 7.4 为 $R_q=1.81$、$R_q=1.5$ 和 $R_q=1.0$ 三种土压比条件下，支护桩桩身

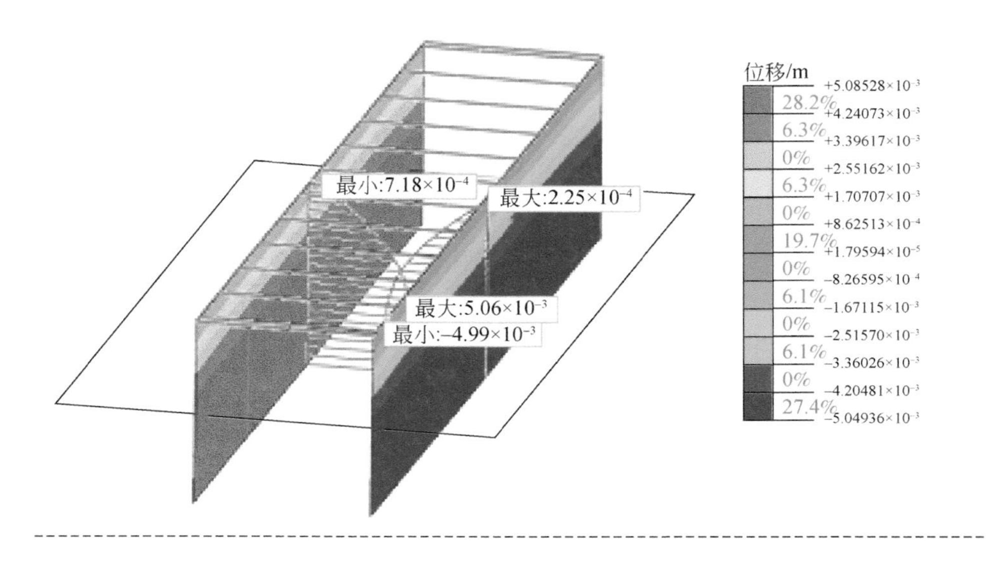

图 7.7　$R_q=1.0$ 时支护桩位移

最大位移解析解、数值解与实测值的对比。荷载大侧桩身位移理论值与实测值较为吻合，荷载小侧桩身位移理论值与实测值虽有些误差，但误差绝对值不大。由于工程实际影响因素较多，本工程理论解析解的计算结果还是具有较高精确度的。

工程实践表明通过对软弱一侧地基进行加固，可以较好地减小两侧土压力不平衡导致的软弱一侧支护结构变形较大的问题。

表 7.4　支护桩桩身最大位移的解析解、数值解与实测值对比

	桩身最大位移解析解/mm	桩身最大位移数值解/mm	桩身最大位移实测值/mm
$R_q=1.81$（土压力大侧）	28（内）	22.2（内）	—
$R_q=1.81$（土压力小侧）	−10.9（外）	−11.9（外）	—
$R_q=1.5$（土压力大侧）	11.8（内）	9.8（内）	13.6（内）
$R_q=1.5$（土压力小侧）	−6.0（外）	−4.0（外）	1.0（内）
$R_q=1.0$（两侧对称）	6.0（内）	5.0（内）	—

注：表中数据是支护桩桩身沿深度上理论计算值与实测值的最大值。

7.6 结　论

（1）本章总结的非对称荷载的五种典型类型基本包括了工程实际所遇到的各种差异性荷载，且如此分类有助于对非对称荷载带来的差异问题的深入研究。

（2）非对称荷载条件下，荷载大、小侧支护桩的受力变形和坑外地面沉降（或隆起）均存在较大差异，如按大侧条件设计，荷载大侧支护结构可能会偏于不安全，荷载小侧则可能出现安全度偏大等现象。

（3）为实现非对称荷载的差异性量化分析，提出的“土压比”概念和计算公式有明确的工程价值。书中由式（7.10）可判断荷载小侧支护桩受到的土压力介于主动土压力和静止土压力之间，支护桩总体上应该是朝向坑内位移；由式（7.11）可判断荷载小侧支护桩受到的土压力介于静止土压力和被动土压力之间，支护桩总体上是处于相对静止状态或朝向坑外位移；由式（7.12）可判断荷载小侧支护桩受到的土压力大于被动土压力，支护桩总体上是朝向坑外位移，甚至地面出现隆起现象；由式（7.13）可量化计算出在已知土压比条件下的内支撑不动点调整系数，且具有较高精确度的。

（4）利用内支撑两端轴力相等原理，提出的内支撑支护结构变形控制设计方法可行。

（5）本章的研究方法是一个新的尝试，提出的计算公式的正确性和可靠性有待大量工程的实践检验。

第8章 温度变化对内支撑轴力和变形的影响计算

8.1 概 述

随着基坑开挖深度越来越大，所处环境越来越复杂，内支撑（简称支撑）作为主要支撑构件越来越普遍地被使用。但是，由于支撑构件材料多样性，空间布置多变性，基坑开挖周期和使用周期的短暂性，对支撑轴力和变形大小的影响研究，侧重关注点主要是其构件在恒温条件下长度、断面尺寸、平面或竖向布置的合理性，较少关注温度变化对支撑体系和环境的影响。近二十年来，超大深基坑数量与日俱增，基坑事故频发，环境控制要求愈发苛刻，温度变化对支撑轴力和变形的影响逐渐受到重视，特别是当支撑断面尺寸和长度较大时，温差引起的支撑轴力和变形增量不容忽视。行标《建筑基坑支护技术规程》（JGJ 120-2012）第4.9.6条指出“当温度改变引起的支撑结构内力不可忽略不计时，应考虑温度应力”，该条文说明中，进一步指出“温度变化对钢支撑的影响程度与支撑的长度有较大关系，根据经验，对长度超过40m的支撑，认为可考虑10% ~20%的支撑内力变化”。国家规范《混凝土结构设计规范》（GB 50010-2010）和《钢结构设计规范》（GB 50017-2017）给出了混凝土和钢材的线膨胀系数，并指出结构分析时，宜根据温度变化进行间接作用效应分析，并应采取相应的构造和施工措施。有基坑实例观测到水平支撑系统因短时间的温度变化而引起的支撑轴力变化约占总支撑轴力的20% ~30%。张中普等报道了基坑设计中因为对温度应力考虑不足是事故发生的主要原因之一。因此，对于深大基坑，仅按照常温设计，是存在风险的（张中普和姚笑青，2005）。

温差对支撑轴力和变形的影响研究也二十年有余了。郑刚和顾晓鲁（2002）采用改进的弹性抗力法提出了一道水平支撑的温度应力迭代计算方法。林跃忠等（2004）建立了均质土中支护桩在土压力和弹性抗力作用下的挠曲微分方程，然后根据施工和钢支撑设置工况分阶段求取各道支撑的温度应力和支点位移，且总结了正负温差条件下的钢支撑轴力变化和土体位移的特征。陆培毅等（2008）将温度场耦合到应力场中进行基坑支护温度效应数值分析，得出支撑应力随温度呈线性变化，案例分析和实测结果均显示温度增高20℃时，支撑轴力增加约15%。吴明等（2009）、艾智勇和苏辉（2011）、惠渊峰（2012）、Chapman 等（1972）

基于内支撑-支护桩-土相互作用且变形协调的前提，采用弹性抗力法提出了多道水平支撑的温度应力迭代计算方法。陈锋和艾英钵（2013）依据热力学原理，考虑钢支撑两端受围护结构约束而纵向长度不变条件，推导了变温引起支撑轴力的变化计算公式，定量地分析了温度变化对钢支撑轴力的影响。范君宇（2014）基于 Winkler 地基梁模型，考虑多层地基土、多道水平支撑及围护墙的相互作用，建立了多道水平支撑下温度内力的计算方法，分析了影响温度内力三个主要因素土层的刚度、围护桩的刚度和支撑的长度的影响。向艳（2014）通过对某深基坑地连墙混凝土内支撑结构的应力变形监测，详细分析了温度应力对内支撑杆件轴力、支护结构变形和墙后土体位移的影响规律，提出了温控措施建议。刘畅等（2015）基于 Winkler 地基梁模型，采用弹性抗力法，以温度变化引起的内支撑轴力和水平变形达到平衡状态为推导前提，提出了等效弹簧刚度概念，建立了等效弹簧刚度计算公式，避免了烦琐的迭代计算过程。冉岸绿等（2018）通过理论计算和工程实例监测数据分析，得到了钢支撑轴力受温度影响的规律。

综上所述，温度变化对支撑轴力和变形的影响明显存在已为工程实践所证实，但设计计算考虑的影响因素和理论计算方法存在分歧，要不要考虑以及如何考虑支护桩和腰梁（压顶梁）的抗力作用意见不一，因此，结合深基坑内支撑支护系统实时在线的自动化监测技术，深入开展温度变化对内支撑轴力和变形的影响是非常有理论意义和工程实用价值的。本章基于内支撑-支护桩-土相互作用且变形协调的前提，提出了采用弹性抗力法对单道支撑和多道支撑的温度应力简化计算方法。结合多道内支撑的深基坑工程案例，采用自主研发的“地质灾害与工程结构安全自动化监测预警平台”（简称监测平台），实现了深基坑内支撑系统温度变化影响的实时、连续、在线的自动化监测。监测结果验证了本书提出的多道水平支撑温度应力简化计算方法的可行性和可靠性；证明了监测平台是深基坑支撑轴力和变形实时、连续、在线最有效的监测方法。

8.2 单道支撑温度应力计算模型

8.2.1 单道支撑温度应力计算假定

内支撑（简称支撑）温度应力和变形的影响因素较多，如支撑杆件断面尺寸、长度、空间布置及弹性模量，土体强度、变形模量，支护桩（墙）（以下均简称支护桩）和腰梁（压顶梁）（以下均简称腰梁）抗弯刚度，以及基坑深度和大气温度等。目前，支撑温度应力计算有基于弹性抗力法的解析法和考虑土体应力应变非线性的数值分析法。两种不同方法分析结果表明，温度变化引起支撑轴力变量和变形呈近似线性响应。因此，考虑到工程实用便捷性需要，对支撑、支护桩、腰梁以及支护桩后土体均按线弹性模型进行分析计算，桩后土体水平刚度系数（K_s）随深度呈线性变化。当温度升高时，支护结构整体呈现向坑外位移趋势；当温度降低时，支护结构整体呈现向坑内位移趋势。

8.2.2　单道支撑温度应力计算模型

对于如图 8.1 和图 8.2 所示的单道支撑支护结构，假定温度升高引起支撑轴力增大和轴向伸长，如果将支护桩后土体、支护桩和腰梁假想成三根弹簧共同抵抗支撑的伸长，则存在并联弹簧分析模型和串联弹簧分析模型两种分析方法，下面对这两种分析模型均进行理论推导。根据并联弹簧模型原理，支护桩后土体水平位移（X_s）、支护桩桩身侧向位移（X_p）和腰梁侧向位移（X_b）与支撑支点向坑外位移（$\Delta_{左}$、$\Delta_{右}$）均应相等，如图 8.2（b）所示，表示为

$$\Delta_{左}或\Delta_{右}=X_s=X_p=X_b \tag{8.1}$$

式中，特殊情况外（如非对称荷载），一般可假定 $\Delta_{左}=\Delta_{右}$并统一用 Δ 表示；X_s、X_p、X_b 在支点处用 $X_s(1)$、$X_p(1)$和 $X_b(1)$表示。

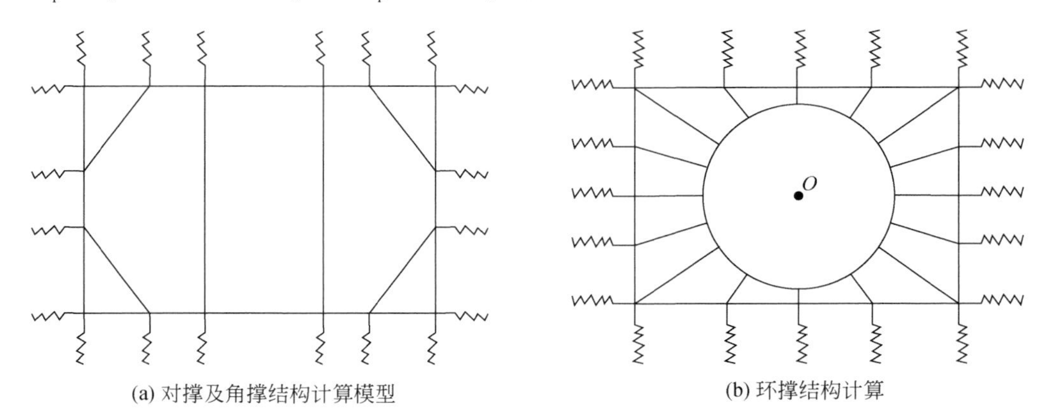

(a) 对撑及角撑结构计算模型　　(b) 环撑结构计算

图 8.1　支撑结构体系弹性分析计算模型

如用 N_t、N_{ts}、N_{tp}和 N_{tb}分别表示支撑由温度变化引起轴力增量、支护桩后土体抗力合力、支护桩在支点处的抗力、腰梁在支点处的抗力，S 表示支护桩后土体水平抗力作用宽度［计算方法见行标《建筑基坑支护技术规程》（JGJ 120－2012）］，则根据并联弹簧受力变形原理，有

$$N_t=N_{ts}+N_{tp}+N_{tb} \tag{8.2}$$

式中，N_{ts}、N_{tp}和 N_{tb}分别为

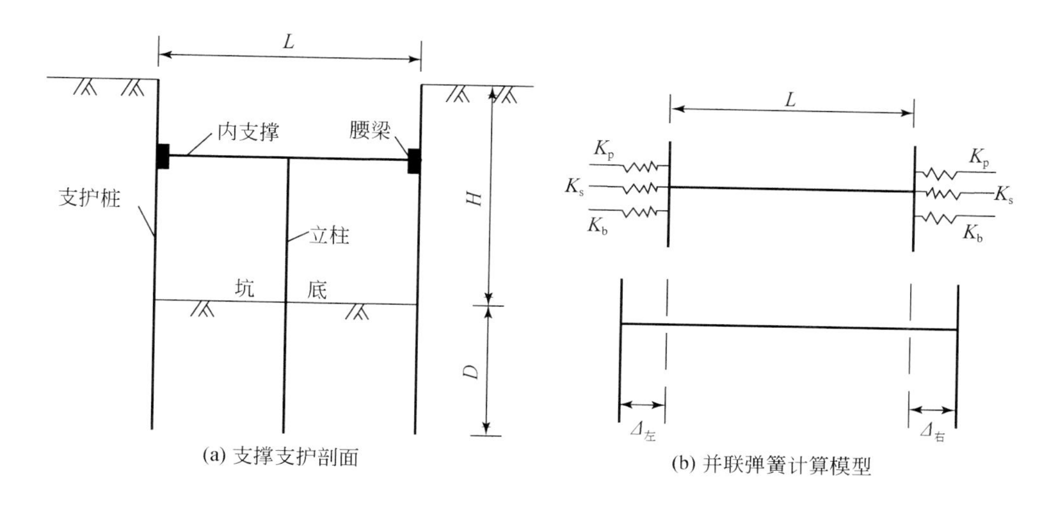

(a) 支撑支护剖面　(b) 并联弹簧计算模型

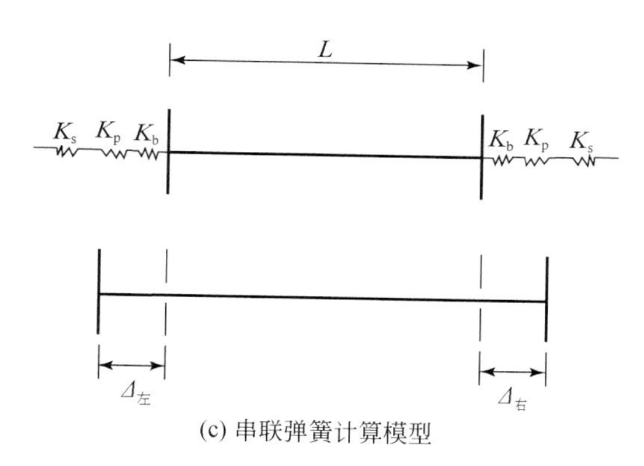

(c) 串联弹簧计算模型

图 8.2　支撑弹性变形计算模型

$$N_{ts} = \int_0^H SK_sX_s\,dz \tag{8.3}$$

$$N_{tp} = K_pX_p \tag{8.4}$$

$$N_{tb} = K_bX_b \tag{8.5}$$

式中，K_s、K_p 和 K_b（通式 K_{bj}）分别表示支护桩后土体水平刚度系数、支护桩侧向水平刚度系数和腰梁任意支点 j 侧向水平刚度系数，其求算假定是：桩后土体水平刚度系数（K_s）随深度呈线性变化，腰梁为简支梁，支护桩在坑底处固支；其计算公式如下：

$$K_s = mz \tag{8.6}$$

$$K_{\mathrm{p}}=\frac{3E_{\mathrm{p}}I_{\mathrm{p}}}{(H-Z)^{3}}\cdot\frac{S}{S_{\mathrm{p}}}\tag{8.7}$$

$$K_{\mathrm{b}j}=\frac{6E_{1}I_{1}L_{\mathrm{AB}}S_{j}}{\sum_{i=1}^{j}a_{i}a_{j}(L_{\mathrm{AB}}^{2}-a_{i}^{2}-a_{j}^{2})S_{i}+\sum_{i=j+1}^{n}a_{j}(L_{\mathrm{AB}}-a_{i})(2L_{\mathrm{AB}}a_{i}-a_{i}^{2}-a_{j}^{2})S_{i}}\tag{8.8}$$

式（8.6）中，K_{s}是支护桩后任意深度处土体的水平刚度系数，kN/m³，土体在支点处的水平刚度系数应为综合刚度系数，计算公式见后续推导；m 为土体水平抗力比例系数，kN/m⁴。式（8.7）中，$E_{\mathrm{p}}I_{\mathrm{p}}$ 为支护桩抗弯刚度；S_{p} 为支护桩水平间距；S 为支撑水平间距；H 为基坑深度。如图 8.3 所示，当 S_{p} 大于土反力计算宽度（b_0）时取 b_0，当 S_{p} 小于 b_0 时取 S_{p}，b_0 计算参见行标《建筑基坑支护技术规程》（JGJ 120-2012）；当竖向支护结构为地连墙时，$E_{\mathrm{p}}I_{\mathrm{p}}$ 为单幅地连墙的抗弯刚度，S_{p} 取单幅地连墙宽度。式（8.8）中，$K_{\mathrm{b}j}$ 为平面布置的第 j 根支撑处腰梁的侧向水平刚度系数；E_1I_1 为腰梁侧向抗弯刚度；L_{AB}为腰梁长度；S_i、S_j 分别为第 i 根、第 j 根支撑受力计算间距；a_i、a_j 分别为第 i 根、第 j 根支撑距梁端距离，i、$j=1$，2，…，n，n 为平面支撑根数，如图 8.4 所示。

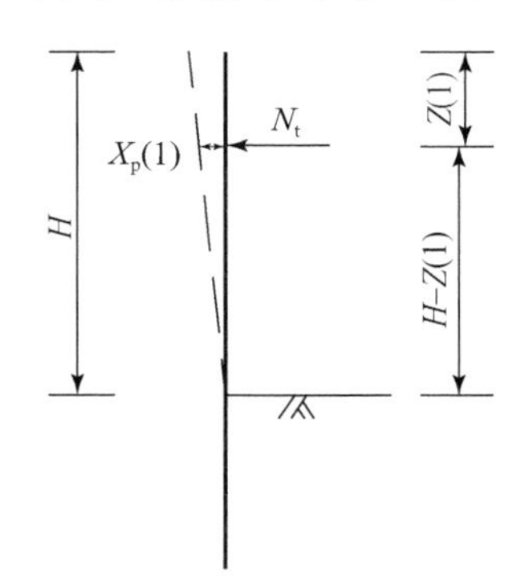

图 8.3　支护桩水平刚度系数计算模型

如果忽略温度变化过程，并考虑温度应力作用下支撑在支点处的变形协调，则有

$$N_{\mathrm{t}}=\frac{EA}{L}[\alpha\Delta TL-(\Delta_{左}+\Delta_{右})]\tag{8.9}$$

式中，假设 $\Delta_{左}=\Delta_{右}=\Delta$，则 N_{t} 为

$$N_{\mathrm{t}}=EA(\alpha\Delta T-2\Delta/L)\tag{8.10}$$

式中，α 为支撑杆件材料线膨胀系数，砼材料取 1.0×10^{-5}/℃，钢材取 1.2×10^{-5}/℃；ΔT 为温度变化量；EA 为支撑杆件抗拉（压）刚度；L 为支撑杆件长度。

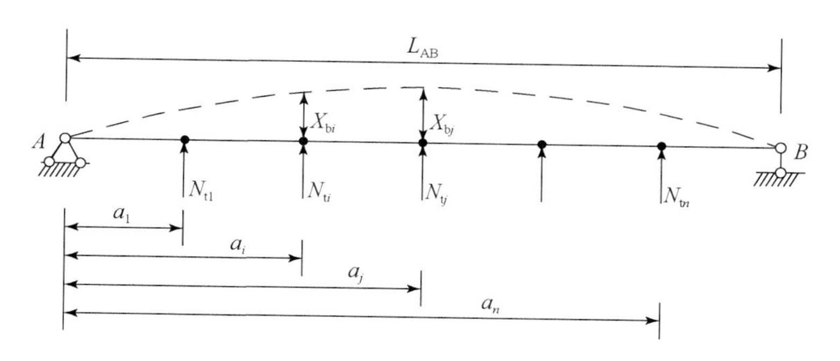

图 8.4　腰梁水平刚度系数计算模型

为计算式（8.10）中的 Δ 值，假设支护桩桩顶处土体水平位移为 $X_s(0)$，坑底处土体水平位移为 0，坑底以上土体水平位移呈线性变化，如图 8.5 所示，利用式（8.3），可以计算出 N_{ts} 为

$$N_{ts}=\int_o^H SK_s X_s \mathrm{d}z=\int_o^H SmX_s(0)\left(1-\frac{Z}{H}\right)=\frac{mSH^2X_s(0)}{6} \tag{8.11}$$

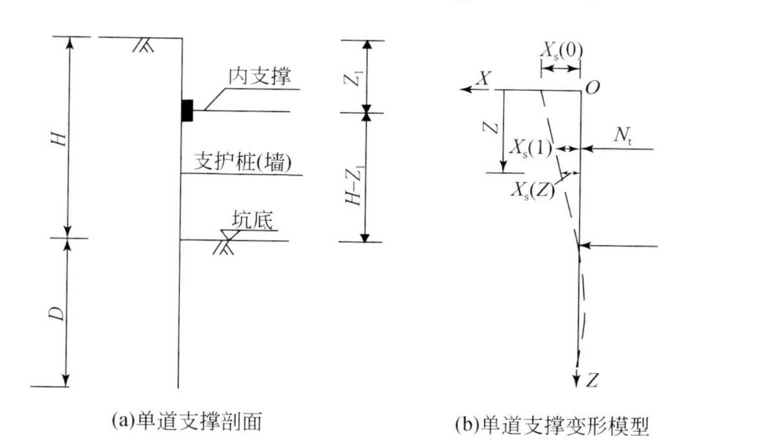

图 8.5　单道支撑土体变形计算模型

于是，利用式（8.11）可求出：

$$X_s(0)=\frac{6N_{ts}}{mSH^2} \tag{8.12}$$

支护桩后土体任意深度和支撑支点处的水平位移 $X_s(Z)$ 和 $X_s(1)$ 分别为

$$X_s(Z)=X_s(0)\left(1-\frac{Z}{H}\right)=\frac{6N_{ts}}{mSH^2}\left(1-\frac{Z}{H}\right) \tag{8.13}$$

$$X_s(1)=\frac{6N_{ts}}{mSH^2}\left(1-\frac{Z_1}{H}\right) \tag{8.14}$$

利用式（8.14）可得到土体在支点处的水平刚度系数（K_s）为

$$K_s=\frac{mSH^3}{[6(H-Z)]} \tag{8.15}$$

利用式（8.4）、式（8.5）和式（8.7）、式（8.8），可得到支撑在支点处支护桩和腰梁的水平位移 $X_p(1)$ 和 $X_{bj}(1)$ 分别为

$$X_p(1)=\frac{N_{tp}}{K_p}=\frac{N_{tp}(H-Z_1)^3S_p}{3E_pI_pS} \tag{8.16}$$

$$X_{bj}(1)=\frac{N_{tb}}{K_{bj}} \tag{8.17}$$

式中，K_{bj} 计算见式（8.8）。于是，对于并联弹簧模型图 8.2（b），支撑由温度变化引起的轴力增量（N_t）由式（8.1）、式（8.2）、式（8.7）、式（8.8）、式（8.15）和式（8.10）可得到

$$N_t=\frac{\alpha\Delta T}{\frac{1}{EA}+\frac{2}{KL}}$$

式中，$K=K_s+K_p+K_{bj}$，K_s、K_p、K_{bj} 分别由式（8.15）、式（8.7）、式（8.8）计算得到。

对于串联簧模型图 8.2（c），Δ 与 X_s、X_p、X_{bj} 之间的关系和 N_t 与 N_{ts}、N_{tp}、N_{tb} 之间的关系，有

$$\Delta=X_s+X_p+X_{bj} \tag{8.18}$$

$$N_t=N_{ts}=N_{tp}=N_{tb} \tag{8.19}$$

将式（8.14）、式（8.16）、式（8.17）代入式（8.18）中，计算出 Δ，将 Δ 代入式（8.10）中，并利用式（8.19），则得到串联弹簧模型支撑由温度变化引起的轴力增量（N_t）计算公式为

$$N_t=\frac{\alpha\Delta T}{\frac{1}{EA}+\frac{2}{K_sL}+\frac{2}{K_pL}+\frac{2}{K_{bj}L}} \tag{8.20}$$

式中，各变量符号意义如前。

算例 1：假设某基坑平面长为 60m、宽为 40m、深为 12m；沿基坑长边方向布置一道水平间距均为 7m 的对撑三根和角撑四根，对撑和角撑断面尺寸均为 0.8m×0.8m；腰梁设置在地面下 2.0m 处，断面尺寸为 0.8m×0.6m；支护桩长为 20m，桩径为 1.0m，水平间距为 1.6m；所有砼构件强度系数均为 C25；土体水平反力系数的比例系数为 $m=5500\text{kN/m}^4$。以中间对撑为分析对象，计算温度升高 10℃时支撑轴力增量。

根据上述条件，可计算出：$EA=1.79\times10^7$kN，$E_pI_p=1.17\times10^6$kN·m^2，$E_1I_1=4.03\times10^5$kN；$X_s(1)=9.02\times10^{-7}N_{ts}$，$X_p(1)=6.51\times10^{-5}N_{tp}$，$X_{b4}(1)=3.59\times10^{-2}N_{tb}$，$\alpha\Delta T=1.0\times10^{-4}$。该算例中，土体在支点处水平刚度系数为 $K_s=11\times10^5$kN/m，支护桩在支点处水平刚度系数为 $K_p=1.54\times10^4$kN/m，腰梁在支点处水平刚度系数为 $K_{b4}=27.83$kN/m，于是，$K_s/K_p=72$，$K_s/K_{b4}=39839$。若视土体、支护桩、腰梁为三个并联弹簧，由于三个刚度系数数值相差较大，土体为主控因素，按式（4.45）计算得到的支撑轴力增量为 $N_t=997.21$kN。

如果按串联弹簧模型分析，支撑轴力增量和变形同时受控于土体、支护桩和腰梁，但按式（8.20）计算得到的支撑轴力增量仅为 0.06kN 是不合理的。相反，如不考虑腰梁影响，则 $N_t=29.79$kN；如既不考虑腰梁又不考虑支护桩的影响，则 $N_t=991.11$kN，与按并联弹簧模型计算得到的 $N_t=997.21$kN 相近。算例 1 说明，将土体、支护桩、腰梁三个抗力体视作三个并联弹簧模型进行分析更合理。

8.3　多道支撑温度应力计算模型

8.3.1　多道支撑温度应力计算假定

与单道支撑基本假定一致，参照单道支撑算例结论，分析多道支撑温度应力增量只考虑土体抗力和支护桩抗力，并将土体和支护桩抗力按并联弹簧模型进行分析。如图 8.6 所示，支护桩（墙）土体在各道支撑处的侧向位移用 $X_s(i)$ 表示，支护桩桩身在各道支撑处的侧向位移用 $X_p(i)$ 表示。支护桩、支护桩后土体、支撑均按线弹性模型分析。对非均质土体，水平反力系数的比例系数（m）可以利用等式 $\int_0^H \overline{m}z\mathrm{d}z=\sum_{i=1}^{n}\int_{H_i}^{H_{i+1}} m_i z\mathrm{d}z$，对 m_i 进行加权平均（n 为坑底以上地层总数），则加权平均值（$\overline{m}$）可以按下式计算：

$$\overline{m}=\frac{m_1 H_1{}^2+m_2(H_2^2-H_1^2)+\cdots+m_n(H_n^2-H_{n-1}^2)}{H^2} \tag{8.21}$$

式中，H 为基坑深度；H_1，H_2，…，H_n 分别为第 1，2，…，n 层土底标高距地面的距离，且 $H_n=H$。

为简化分析，同单道支撑一样，假定支护桩后土体水平位移呈线性变化，地面处水平位移为 $X_s(0)$，坑底处水平位移为 0，中间任意深度水平位移为 $X_s(Z)$，采用线性内插法计算为

$$X_s(Z)=X_s(0)\left(1-\frac{Z}{H}\right) \tag{8.22}$$

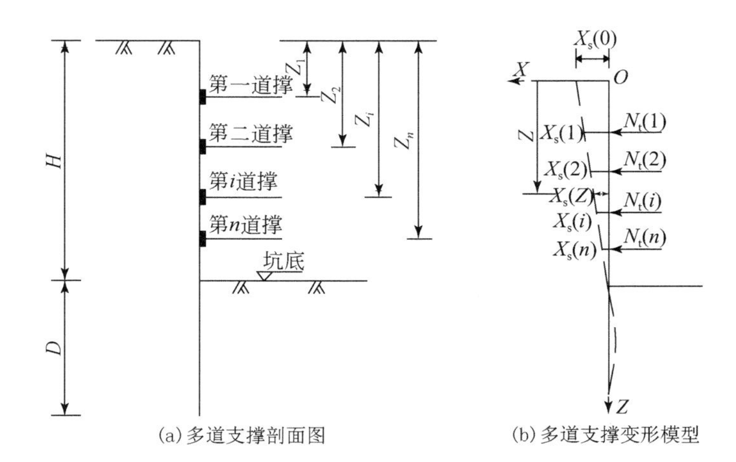

图 8.6　多道支撑土体变形计算模型

对第 i 道支撑支点处，深度 Z 换成 Z_i，则

$$X_s(i)=X_s(0)\left(1-\frac{Z_i}{H}\right) \tag{8.23}$$

8.3.2　多道支撑温度应力计算模型

假设多道支撑由温度变化引起的轴力增量 $N_t(i)$ 由相应的土体水平抗力 $N_{ts}(i)$ 来平衡，并定义 $N_{ts}(i)$ 为

$$N_{ts}(1)=K_s(1)\cdot X_s(1)=\int_0^{\frac{Z_1+Z_2}{2}} S_1\overline{m}ZX_s(Z)\,\mathrm{d}Z=S_1\lambda_1\overline{m}X_s(0) \tag{8.24}$$

$$N_{ts}(i)=K_s(i)\cdot X_s(i)=\int_{\frac{Z_{i-1}+Z_i}{2}}^{\frac{Z_i+Z_{i+1}}{2}} S_1\overline{m}ZX_s(Z)\,\mathrm{d}Z=S_i\lambda_i\overline{m}X_s(0) \tag{8.25}$$

$$N_{ts}(n)=K_s(n)\cdot X_s(n)=\int_{\frac{Z_{n-1}+Z_n}{2}}^{H} S_n\overline{m}ZX_s(Z)\,\mathrm{d}Z=S_n\lambda_n\overline{m}X_s(0) \tag{8.26}$$

式中，$X_s(Z)$ 由式（8.22）代入；S_i 为第 i 道支撑水平间距；定义 λ_1、λ_i 和 λ_n 由下列公式计算：

$$\lambda_1=\int_0^{\frac{Z_1+Z_2}{2}}(Z-Z^2/H)\,\mathrm{d}Z \tag{8.27}$$

$$\lambda_i=\int_{\frac{Z_{i-1}+Z_i}{2}}^{\frac{Z_i+Z_{i+1}}{2}}(Z-Z^2/H)\,\mathrm{d}Z \tag{8.28}$$

$$\lambda_n=\int_{\frac{Z_{n-1}+Z_n}{2}}^{H}(Z-Z^2/H)\,\mathrm{d}Z \tag{8.29}$$

由式（8.25）、式（8.27）、式（8.28）和式（8.29）可以得到支护桩后土体在支撑支点处的水平刚度系数 $K_s(i)$ 为

$$K_s(i)=\frac{S_i\lambda_i\overline{m}H}{H-Z_i} \tag{8.30}$$

假定支护桩在各道支撑支点处的水平位移为 $X_p(i)$，水平刚度系数为 $K_p(i)$，水平抗力为 $N_{tp}(i)$［或 $N_{tp}(j)$］，i、$j=1$，2，…，n，n 为竖向支撑道数，则支护桩在各支点处的水平位移为

$$X_p(i)=\sum_{j=1}^{n}\frac{N_{tp}(j)}{K_p(i,j)} \tag{8.31}$$

式中，$K_p(i,\ j)$ 为第 j 道支撑支点单位作用力引起第 i 道支撑支点的水平位移，计算公式如下：

$$K_p(i,j)=\left.\begin{matrix}\dfrac{6E_pI_p}{(H-Z_i)^2(2H-3Z_j+Z_i)}\cdot\dfrac{S_i}{S_p},j\leqslant i\text{ 时}\\ \dfrac{6E_pI_p}{(H-Z_j)^2(2H-3Z_i+Z_j)}\cdot\dfrac{S_i}{S_p},j>i\text{ 时}\end{matrix}\right\} \tag{8.32}$$

式中，E_pI_p 为支护桩抗弯刚度；S_p 为支护桩水平间距（地连墙取单幅墙宽）；S_i 为第 i 道支撑水平间距；其余符号意义如前。

式（8.31）写成矩阵形式并经过变换后，得到支护桩支点水平抗力 $N_{tp}(i)$ 与水平位移 $X_p(i)$ 矩阵之间的关系表达式为

$$[N_{tp}(i)]=[K'_p(i,j)][X_p(i)] \tag{8.33}$$

式中，［ ］表示矩阵，逆矩阵用［ ］$^{-1}$ 表示。$[K'_p(i,j)]$是$[1/K_p(i,j)]$的逆矩阵，即

$$[K'_p(i,j)]=[1/K_p(i,j)]^{-1} \tag{8.34}$$

参照单道支撑温度应力增量计算公式，则第 i 道支撑由温度变化引起的轴力增量 $N_t(i)$ 为

$$N_t(i)=E_iA_i\left(\alpha_i\Delta T-\frac{2\Delta_i}{L_i}\right)$$

式中，E_iA_i 为第 i 道支撑抗压（拉）刚度；α_i 为第 i 道支撑杆件线膨胀系数；Δ_i 为第 i 支撑支点处水平位移；L_i 为第 i 道支撑长度。如果令 $E_iA_i\alpha_i\Delta T=\xi(i)$，$2E_iA_i/L_i=\eta(i)$，并将$[\eta(i)]$拓展为$[\eta(i,j)]$，当 $i=j$ 时，$\eta(i,j)=\eta(i)$；当 $i\neq j$ 时，$\eta(i,j)=0$，于是式（4.47）写成矩阵形式为

$$[N_t(i)]=[\xi(i)]-[\eta(i,j)][\Delta_i] \tag{8.35}$$

利用并联弹簧模型特性，即 $\Delta_i=X_s(i)=X_p(i)$ 和 $N_t(i)=N_{ts}(i)+N_{tp}(i)$，并将$[K_s(i)]$拓展成 $n\times n$ 阶矩阵$[K_s(i,\ j)]$，当 $i=j$ 时，$K_s(i,\ j)=K_s(i)$；当 $i\neq j$ 时，

$K_s(i, j)=0$。于是，得到支撑温度应力增量矩阵$[N_t(i)]$和支点位移增量矩阵$[\Delta_i]$的另一个关系式为

$$[N_t(i)]=[K_s(i, j)+K'_p(i, j)][\Delta_i]$$

解式（8.35）和式（4.48）联立方程，则可解出支点位移增量矩阵$[\Delta_i]$为

$$[\Delta_i]=[K_s(i,j)+K'_p(i,j)+\eta(i,j)]^{-1}[\xi(i)]$$

将式（4.49）代入式（8.35）中，即可解出支撑温度应力增量矩阵$[N_t(i)]$。

算例2：假设某基坑平面长为120m、宽为22m、深为20m。沿基坑长边方向布置二道水平间距均为6m的砼对撑18根和角撑八根，对撑和角撑断面尺寸均为1.0m×0.8m；沿基坑长边方向布置二道水平间距均为3m的钢管支撑36根和角撑两根，钢管为Φ609mm壁厚16mm无缝钢管，角撑同上；设四道砼腰梁（含一道压顶梁），断面尺寸均为1.0m×0.8m；四道腰梁中心线分别位于地面下0.5m、6m、11m和16m；支护桩桩长为29m，桩径为1.2m，水平间距为1.6m；所有砼构件（含桩）砼强度等级均为C25；桩后土层四根，水平抗力比例系数加权平均值$\overline{m}$为4500kN/m^4。以中间对撑为分析对象，计算温度升高1℃时四道支撑轴力增量及伸长量。

根据上述条件，可计算出：$E_1A_1=E_2A_2=2.24\times10^7$kN，$\alpha_1\Delta T=\alpha_2\Delta T=1.0\times10^{-5}$；$E_3A_3=E_4A_4=6.14\times10^6$kN，$\alpha_3\Delta T=\alpha_4\Delta T=1.2\times10^{-5}$；$E_pI_p=2.42\times10^6$kN·m^2；$H=20$m，$S_p=1.6$m，$S_1=S_2=6$m，$S_3=S_4=3$m，$Z_1=0.5$m，$Z_2=6$m，$Z_3=11$m，$Z_4=16$m；$K_s(1)=1.3\times10^5$kN/m，$K_s(2)=8.17\times10^5$kN/m，$K_s(3)=7.27\times10^5$kN/m，$K_s(4)=11.17\times10^5$kN/m；

$$[K_p(4,4)]=\begin{bmatrix}3675.53 & 6249.40 & 13594.53 & 62508.33\\ 6249.40 & 9932.08 & 20391.79 & 89650.10\\ 13594.53 & 20391.79 & 37384.95 & 148117.55\\ 62508.33 & 89650.10 & 148117.55 & 425837.97\end{bmatrix}$$

于是，按照并联弹簧分析模型，计算得到四道支撑轴力增量及变形增量为$N_t(1)=14.112$kN，$\Delta_1=0.103$mm；$N_t(2)=67.526$kN，$\Delta_2=0.077$mm；$N_t(3)=41.112$kN，$\Delta_3=0.059$mm；$N_t(4)=56.844$kN，$\Delta_4=0.030$mm。

如果按串联弹簧模型且不考虑支护桩的抗力作用，则$N_t(1)=14.173$kN，$\Delta_1=0.103$mm；$N_t(2)=64.349$kN，$\Delta_2=0.078$mm；$N_t(3)=41.603$kN，$\Delta_3=0.057$mm；$N_t(4)=49.006$kN，$\Delta_4=0.044$mm。

算例2表明，对多道支撑，将土体和支护桩按并联模型与将土体和支护桩按串联模型且不考虑支护桩的抗力作用计算的结果是基本一致的。综上两个算例分

析，为简化分析，对实际工程，要么不计支护桩和腰梁的抗力作用，要么把支护桩、腰梁和土体视作并联弹簧模型计算支撑温度应力增量和变形增量，两种方法计算的结果相差较小。

8.4　工 程 实 例

8.4.1　工程概况

深圳地铁 14 号线布吉站基坑为地下三层岛式换乘车站，主体基坑围护结构均采用“咬合桩+内支撑”的支护形式。基坑平面长为 239m，标准段基坑宽为 22.3m、深为 26.6m。沿基坑长边方向布置四道支撑（部分设置一道换撑），标准段第一、二道砼对撑断面尺寸为 0.8m×1.1m，第三、四道砼对撑断面尺寸为 1.0m×1.2m。设置四道砼腰梁（含一道压顶梁），标准段压顶梁截面尺寸为 1.4m×1.1m，第二层砼腰梁截面尺寸为 0.8m×1.1m，第三、第四层砼腰梁截面尺寸为 1.2m×1.2m；四道腰梁中心线分别位于地面下 1m、7.8m、14.7m 和 20.5m；支护结构为咬合桩，荤桩桩长为 33.6m，桩径为 1.4m，水平间距为 1.7m，为简化计算不考虑素桩受力贡献。

各构件材料如下：钻孔咬合素桩为 C25 水下混凝土，荤桩为 C35 水下混凝土，压顶梁为 C35 混凝土，各道砼支撑和腰梁均为 C30 混凝土；桩后土层四层，水平反力系数的比例系数的加权平均值（$\overline{m}$）为 6660kN/m^4。以中间标准段 DC2 对撑为分析对象，支护结构平面、剖面图详见图 8.7（a）、（b）。

8.4.2　计算结果

根据上述条件，理论计算时假设温度升高 1.0℃。可计算出：$E_1A_1=E_2A_2=2.64\times10^7\text{kN}$，$E_3A_3=E_4A_4=3.6\times10^7\text{kN}$；$\alpha_1\Delta T=\alpha_2\Delta T=\alpha_3\Delta T=\alpha_4\Delta T=1.0\times10^{-5}$；$E_\text{p}I_\text{p}=5.05\times10^6\text{kN}\cdot\text{m}^2$；$H=26.6\text{m}$，$S_\text{p}=1.7\text{m}$，$S_1=S_2=S_3=S_4=6\text{m}$，$Z_1=1\text{m}$，$Z_2=7.8\text{m}$，$Z_3=14.7\text{m}$，$Z_4=20.5\text{m}$；$K_\text{s}(1)=3.58\times10^5\text{kN/m}$，$K_\text{s}(2)=20.8\times10^5\text{kN/m}$，$K_\text{s}(3)=36.7\times10^5\text{kN/m}$，$K_\text{s}(4)=54.7\times10^5\text{kN/m}$；

$$[K_\text{p}(4,4)]=\begin{bmatrix}3186.51 & 5215.81 & 11633.93 & 40643.02\\5215.81 & 8045.66 & 16967.24 & 57126.48\\11633.93 & 16967.24 & 31724.46 & 97076.41\\40643.02 & 57126.48 & 97076.41 & 235529.65\end{bmatrix}$$

按照并联弹簧分析模型，计算得到四道支撑轴力增量及变形增量为：$N_\text{t}(1)=41.246\text{kN}$，$\varDelta_1=0.094\text{mm}$；$N_\text{t}(2)=124.210\text{kN}$，$\varDelta_2=0.059\text{mm}$；$N_\text{t}(3)=$

197. 274kN，$\Delta_3 = 0.050$mm；$N_t(4) = 232.143$kN，$\Delta_4 = 0.040$mm。

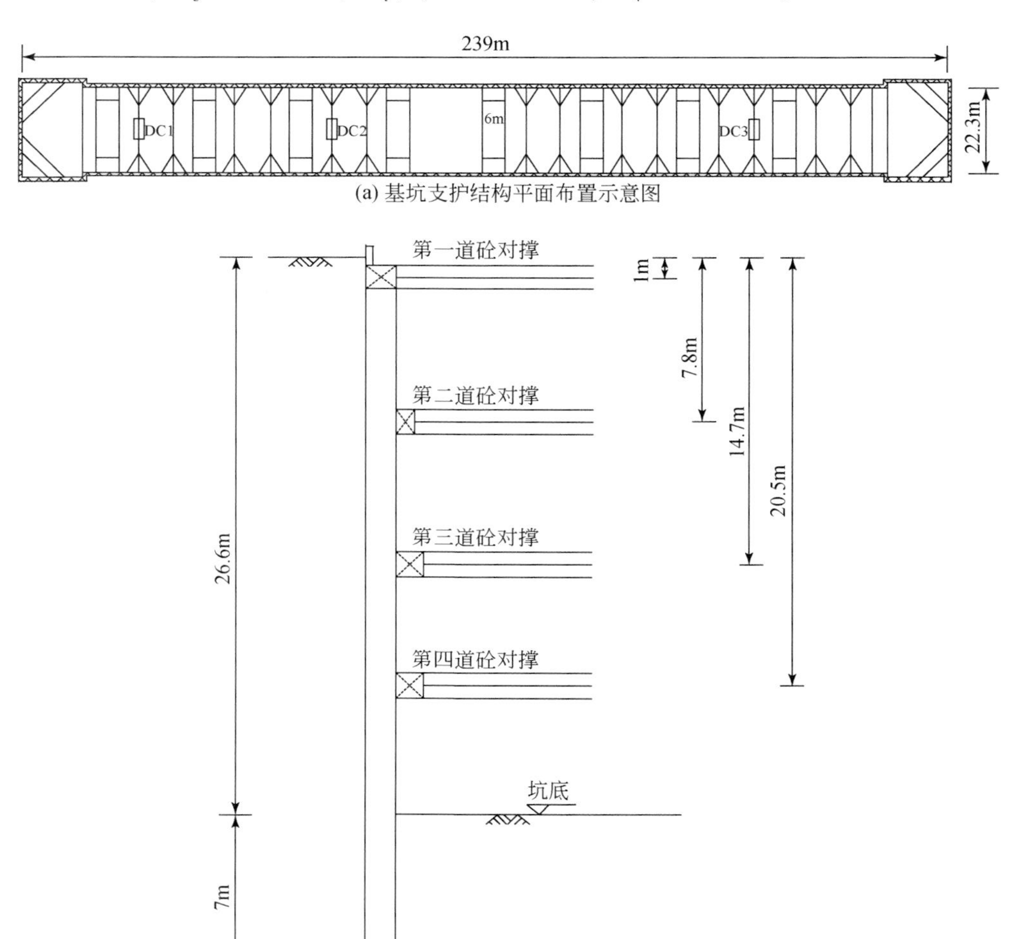

图 8.7　基坑支护结构平面和剖面图

8.4.3　监测结果

基坑施工期间，对支护结构及周边环境实施了远程自动化监测，选用振弦式钢筋应力计和振弦式轴力计，分别对钢筋混凝土支撑和钢支撑进行支撑轴力监测。在支撑 DC1、DC2 及 DC3 位置布设三个轴力监测断面，每个断面各布设四个轴力监测点，采取针对温度变化对支撑轴力影响的专项自动化监测。因篇幅所限，下面以监测断面 DC2 中的测点 DC2-4 为分析对象，结合自主研发的“地质灾害与工程结构安全自动化监测预警平台”对监测数据进行分析。

DC2 监测断面坑内土方于 2020 年 5 月 25 日开挖到设计标高，7 月 23 日完成底板浇筑施工。图 8.8 是 DC2-4 测点自 6 月 17 日至 7 月 20 日期间的支撑轴力随温度变化和坑内土方开挖实测曲线图。

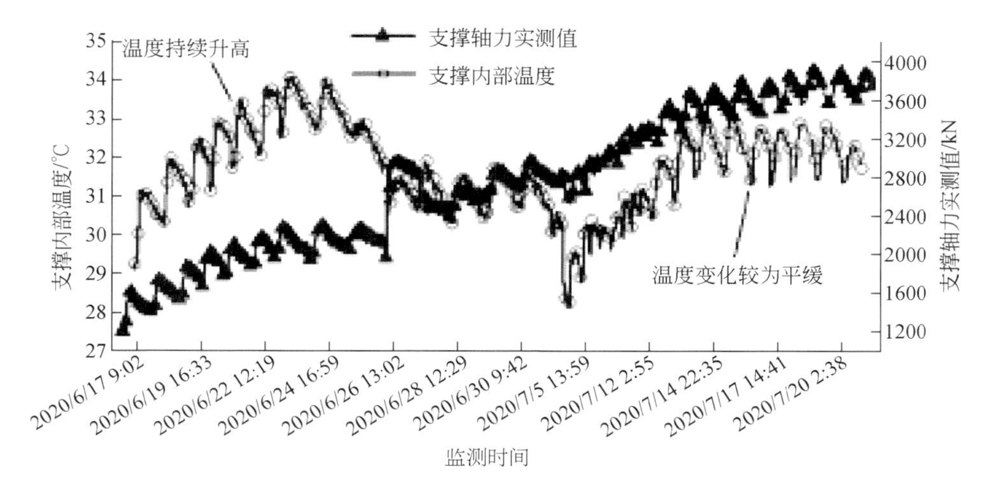

图 8.8　支撑轴力随温度变化和坑内土方开挖实测曲线图

由于 DC2 监测断面南侧约 6m 开外坑内土方没有同步开挖，直到 7 月 14 日整个基坑内土方才开挖完成，使得 DC2-4 测点支撑轴力既随温度升高而递增，还随南侧土方持续开挖而递增。在底板施工干扰较小时间段内，截取测点 DC2-4 自 6 月 17 日至 6 月 23 日最高温度持续升高的一个星期的实测数据与理论计算结果进行对比分析见表 8.1；截取测点 DC2-4 自 7 月 14 日至 7 月 20 日最高温度变化较为平缓的一个星期的实测数据与理论计算结果进行对比分析见表 8.2。

表 8.1　6 月 17 日至 6 月 23 日实测数据与理论计算结果对比表

日期	实测轴力最大值 (N_{max})/kN	实测轴力最小值 (N_{min})/kN	支撑内温差(ΔT) /℃	支撑由温度变化引起的轴力增量(N_t) /(kN/℃)
6 月 17 日	1600.29	1133.58	2.12	220.15
6 月 18 日	1731.89	1394.08	1.80	187.67
6 月 19 日	1866.71	1463.55	1.86	216.75

续表

日期	实测轴力最大值（N_{max}）/kN	实测轴力最小值（N_{min}）/kN	支撑内温差（ΔT）/℃	支撑由温度变化引起的轴力增量（N_t）/（kN/℃）
6月20日	2042.26	1635.76	2.02	201.24
6月21日	2125.76	1767.57	2.03	176.45
6月22日	2189.91	1867.32	1.84	162.92
6月23日	2293.05	1952.82	1.60	212.64
理论计算			1.00	232.14

表8.2　7月14日至7月20日实测数据与理论计算结果对比表

日期	实测轴力最大值（N_{max}）/kN	实测轴力最小值（N_{min}）/kN	支撑内温差（ΔT）/℃	支撑由温度变化引起的轴力增量（N_t）/（kN/℃）
7月14日	3699.57	3383.70	1.51	209.19
7月15日	3804.06	3435.85	1.65	223.16
7月16日	3766.85	3449.24	1.66	191.33
7月17日	3836.41	3490.91	1.65	209.39
7月18日	3906.81	3546.86	1.67	215.54
7月19日	3910.63	3563.41	1.51	229.95
7月20日	3862.64	3585.43	1.06	261.52
理论计算			1.00	232.14

支撑DC2-4轴力实测值与支撑内部温度变化曲线见图8.9（a）、（b），支撑内部传感器测得的温度与大气温度数据统计见表8.3（数据来源于深圳市气象局布吉G1166测站的分钟温度数据）。支撑轴力和内部温度采集频率为10分钟一次。实测结果和理论计算结果对比分析，可得到以下结论：

（1）在最高温度持续升高的一个星期内，支撑轴力随温度升高而增加，且增幅明显，最大温差引起的支撑轴力增量约占支撑轴力的29.2%。实测单位温度下支撑轴力日增量平均值为196.83kN/℃（按7天计），按本文理论公式计算的结果为232.14kN/℃，大于实测值17.94%。按理论计算结果进行工程设计偏于安全。

表 8.3　DC2-4 支撑内部温度与大气温度实测值

日期	支撑内部最低温度/℃	测量时间	支撑内部最高温度/℃	测量时间
6 月 17 日	29.01（26.90）	09：12（05：30）	31.13（32.20）	15：13（14：16）
6 月 18 日	30.21（27.40）	09：11（03：45）	32.01（31.90）	14：26（13：24）
6 月 19 日	30.61（27.70）	07：56（05：30）	32.47（33.10）	17：24（16：43）
6 月 20 日	31.12（27.80）	08：29（06：09）	33.14（33.20）	15：27（15：06）
6 月 21 日	31.51（28.20）	08：18（03：35）	33.54（32.80）	15：24（14：14）
6 月 22 日	31.87（28.60）	08：46（06：04）	33.85（33.10）	14：50（14：05）
6 月 23 日	32.48（28.80）	09：10（05：22）	34.08（33.20）	14：45（13：19）
7 月 14 日	31.44（28.80）	10：14（06：33）	32.95（34.90）	17：07（13：32）
7 月 15 日	31.49（28.90）	08：22（05：01）	33.14（33.90）	16：18（12：58）
7 月 16 日	31.17（28.20）	09：41（05：17）	32.83（33.50）	16：49（15：19）
7 月 17 日	31.15（28.10）	09：30（03：06）	32.80（33.70）	17：14（15：11）
7 月 18 日	31.35（28.90）	09：13（05：46）	33.02（33.60）	15：27（13：32）
7 月 19 日	31.40（28.70）	10：54（03：22）	32.91（33.20）	16：33（14：58）
7 月 20 日	31.30（28.30）	10：11（04：01）	32.36（33.10）	16：46（13：55）

注：表中括号内数据为大气测站 G1166 实测大气温度值和测量时间。

（2）在最高温度变化较为平缓的一个星期内，支撑轴力随温度变化而变化，变幅亦明显，最大温差引起的支撑轴力增量约占支撑轴力的 9.6%。实测单位温度下支撑轴力日变化量平均值为 220.01kN/℃（按 7 天计），理论公式计算的结果 232.14kN/℃，仅大于实测值 5.51%。按理论计算结果进行工程设计是合理的。

（3）在最高温度持续升高的一个星期内，将支撑内部最低温度 29.01℃和最小支撑轴力 1133.58kN 作为基准值（坐标 0 点），其余 6 天最高、最低温度和最大、最小支撑轴力与基准值进行比较分析，得到图 8.10 支撑轴力增量与温度变化关系图，图中显示支撑轴力增量与温度变化量呈近似线性关系。

（4）由于支撑断面尺寸较大，材料热传导存在明显滞后效应，因此，支撑由表及里温度传递明显存在滞后特征，传感器测得的支撑内部最高温度比大气最高气温滞后 15 分钟至 2 小时不等，传感器测得的支撑内部最低温度比大气最低气温滞后约 2.5 ~ 5 小时不等，表 8.3 为测点 DC2-4 支撑内部温度与大气温度实测值最大、最小值时的时点。而且，传感器测得的温度与大气温度存在明显差异，图 8.11（a）、（b）为支撑内部温度与大气温度对比图，图中当大气温度处于最高温时段时，两者相差 0.2 ~ 1.95℃；当大气温度处于最低温时段，两者相差 2.11 ~ 3.68℃。

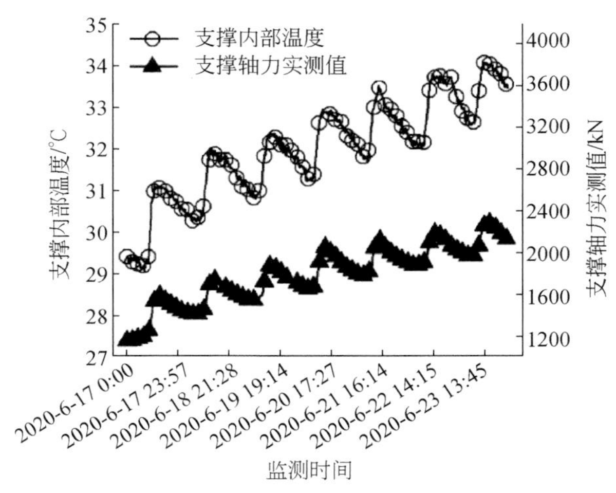

(a) 最高温度持续增加时支撑轴力随温度变化曲线

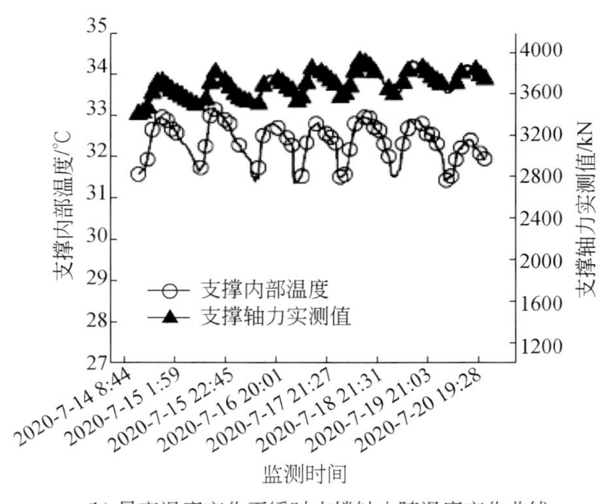

(b) 最高温度变化平缓时支撑轴力随温度变化曲线

图 8.9　支撑轴力随温度变化实测曲线图

8.4.4　结论

（1）理论计算和工程实测结果均揭示温度变化对基坑支撑轴力和变形的影响是客观存在且明显的，而且，温度变化引起的支撑轴力增量与温度变化呈近似

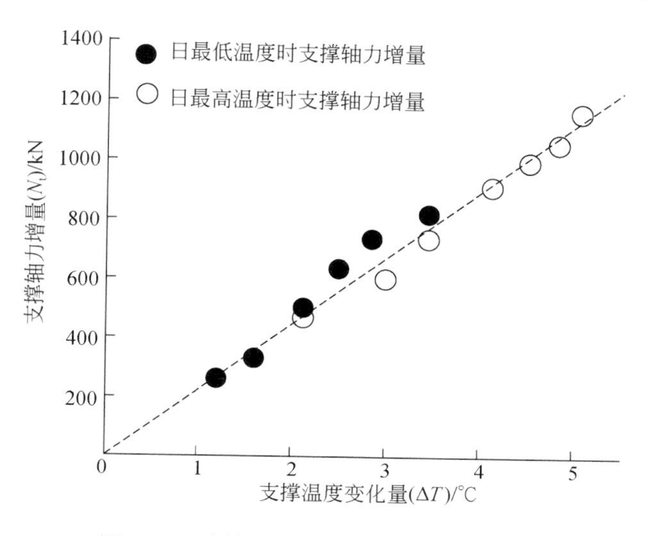

图 8.10　支撑轴力增量与温度变化关系图

线性响应。

（2）支撑因温度变化引起的轴力和变形增量受控于支护桩后土体抗力、支护桩抗力和腰梁抗力等因素。土体水平刚度系数、支护桩水平刚度系数和腰梁水平刚度系数的大小决定支撑轴力和变形增量的大小。

（3）算例和工程实例分析结果均表明，如将土体抗力、支护桩抗力和腰梁抗力用三个弹簧来替代，则这三个弹簧宜视为三个并联弹簧。通常情况下，土体水平刚度系数远大于支护桩水平刚度系数，远远大于腰梁的水平刚度系数，分析温度变化影响时，可以不计腰梁的作用。

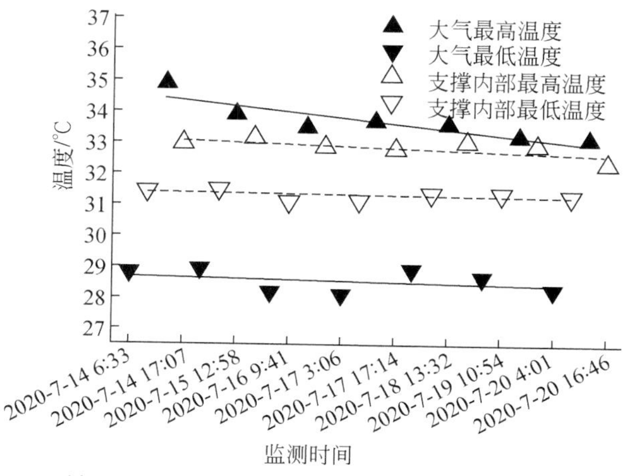

(a) 最高温度持续增加时支撑内部温度与大气温度对比图

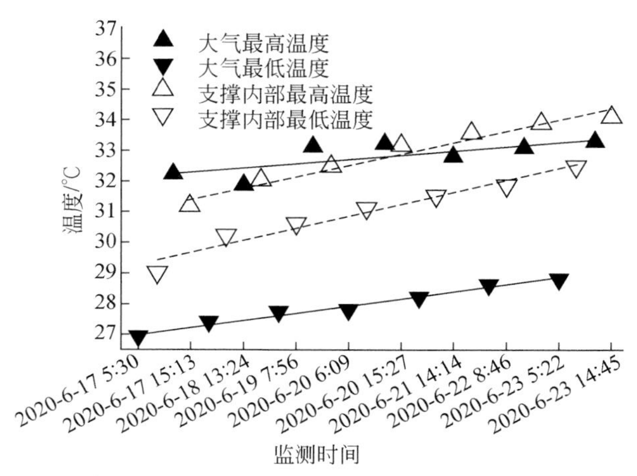

(b) 最高温度变化平缓时支撑内部温度与大气温度对比图

图 8. 11　支撑内部温度与大气温度对比图

（4）当支护桩后土体水平刚度系数较大时，分析温度变化影响可以不计支护桩的作用，只需考虑支护桩后土体抗力；当支护桩后土体水平刚度系数较小时，也就是支护桩后土体较为软弱时，分析温度变化影响宜考虑支护桩的抗力作用。

（5）由于支撑材料热传导存在滞后效应，支撑轴力出现最大、最小值时点滞后于大气最高、最低气温时点，不同地区应结合工程实际并采取实时、连续、在线的自动化监测技术进行工程安全监控和预警预报。

第9章 基坑工程自动化监测技术

9.1 概　　述

在第1章绪论中，作者对基坑工程的显著特征做了概述，正是由于基坑工程具有明显的区域特征、个体特征、环境保护特征和安全风险特征，对基坑工程施工过程的监测和预警就特别重要。

行标《建筑基坑支护技术规程》（JGJ 120-2012）（2012年4月5日发布，2012年10月1日实施）和国标《建筑基坑工程监测技术标准》（GB 50497-2019）（2019年11月22日发布，2020年6月1日实施），对哪些基坑工程应进行监测和出现哪些情况应进行报警做出了明确规定，譬如行标《建筑基坑支护技术规程》（JGJ 120-2012）第8章基坑开挖与监测第8.2.2条规定，安全等级为一、二级的支护结构，在基坑开挖过程与支护结构使用期内，必须进行支护结构的水平位移监测和基坑开挖影响范围内建（构）筑物、地面沉降的监测；第8.2.23条规定，基坑监测数据、现场巡查结果应及时整理和反馈，当出现下列危险征兆时应立即报警：

（1）支护结构位移达到设计规定的位移限值；

（2）支护结构位移速率增长且不收敛；

（3）支护结构构件的内力超过其设计值；

（4）基坑周边建（构）筑物、道路、地面的沉降达到设计规定的沉降倾斜限值；基坑周边建（构）筑物、道路、地面开裂；

（5）支护结构构件出现影响整体结构安全性的损坏；

（6）基坑出现局部坍塌；

（7）开挖面出现隆起现象；

（8）基坑出现流土、管涌现象。

国标《建筑基坑工程监测技术标准》（GB 50497-2019）第3章基本规定第3.0.1条规定，下列基坑应实施基坑工程监测：

（1）基坑设计安全为一、二级的基坑。

（2）开挖深度大于或等于5m的下列基坑：

①土质基坑；

②极软岩基坑、破碎的软岩基坑、极破碎的岩体基坑；

③上部为土体，下部为极软岩、破碎的软岩、极破碎的岩体构成的土岩组合基坑。

（3）开挖深度小于5m但现场地质情况和周围环境较复杂的基坑。

国标《建筑基坑工程监测技术标准》（GB 50497–2019）第8章监测预警第8.0.9条规定，当出现下列情况之一时，必须立即进行危险报警，并通知有关各方对基坑支护结构和周边环境保护对象采取应急措施。

（1）基坑支护结构的位移值突然明显增大或基坑出现流砂、管涌、隆起、陷落；

（2）基坑支护结构的支撑或锚杆体系出现过大变形压屈断裂松弛或拔出的现象；

（3）基坑周边建筑的结构部分出现危害结构的变形裂缝；

（4）基坑周边地面出现较严重的突发裂缝或地下空洞、地面下陷；

（5）基坑周边管线变形突然出现明显增长或出现裂缝、泄漏等；

（6）冻土基坑经受冻融循环时，基坑周边土体温度显著上升，发生明显的冻融变形；

（7）出现工程设计方提出的其他危险警报情况，或根据当地工程经验判断，出现其他必须进行危险报警的情况。

由上可见，目前，行标《建筑基坑支护技术规程》（JGJ 120–2012）和国标《建筑基坑工程监测技术标准》（GB 50497–2019）虽然对哪些基坑工程应进行监测和出现哪些情况应进行报警做出了明确规定，但是，基本上未明确提及基坑工程应采取自动化监测的技术要求和技术指引。归纳原因，一是行标《建筑基坑支护技术规程》（JGJ 120–2012）和国标《建筑基坑工程监测技术标准》（GB 50497–2019）编制起始时点比较早，而自动化监测技术在基坑工程中的推广应用起步较晚；二是自动化监测数据多源异构性突出，数据处理方法多样化，预警平台千姿百态。

尽管自动化监测技术在基坑工程中的推广应用存在上述问题，但自动化监测技术毕竟是一项极具挑战性又有广括前景的高科技集成应用技术，许许多多的工程技术人员都在争做“第一个吃螃蟹的人”。例如，2000年，张友良等（2000）报道了其通过对象技术和网络技术，构造了一个深基坑监测的面向对象模型，用Visual C++开发了一个系统软件，该系统能及时准确地处理大量的数据，并能提供直观的图表，还可利用网络技术进行远程数据传输，为决策者和专家们提供及时的信息。该系统软件可进行沉降、水平位移、土体深层位移和支护结构变形、土压力、孔隙水压力、支撑结构受力和变形、地下水动态及坑底隆起等监测数据的处理和绘图；利用网络编程技术，可把计算结果通过 Internet 传到指定的计算机；如果计算的某项结果超过预定的警戒值，系统将自动报警。该系统的建立，开启了深基坑监测数据远程传输和实时报警的先河。2008 年，黄毅等（2008）介绍了上海远程监控管理系统在深基坑测斜数据报警控制值选取标准的讨论，通过 30 个工程 602 个测斜孔的监测数据分析指出，在远程监控管理系统的监控项目中，地连墙的水平位移是控制基坑安全的重要指标，如何对测斜数据进行准确、及时的分析成为控制工程风险的重要环节；将日最大累积变形、日最大变形速率、历史最大累积变形和历史最大变形速率等指标出现概率为 95% 的数值列于表 9.1；根据表 9.1 建议应将报警事件分为工程报警和指标报警，工程报警是指累积变形达到不能接受的范围，同时变形速率也超过一定范围，二者如果仅有一个发生，则称为指标报警；指标报警的发生并不一定造成工程报警，黄毅等以此为依据，分别对历史最大累积变形和最大变形速率的报警控制值确定进行了讨论。黄毅等（2008）提出了测斜速率报警控制值为：对一级保护的基坑，必须保证规范施工，变形速率达到 5mm/d 时，即达到指标报警控制值；对二级保护的基坑，可允许出现不规范施工，但不允许出现极不规范施工，变形速率达到 6mm/d 时，即达到指标报警控制值；对三级保护的基坑，可允许出现极不规范施工情况，但应尽量限制出现的次数，当变形速率达到 7mm/d 时，即达到指标报警控制值。既考虑变形比又考虑最大变形速率的报警控制值列于表 9.2。黄毅等（2008）的上述研究成果为深基坑，特别是类似于上海软土地区的深大基坑自动化远程监测测斜预警控制阈值的选取提供了很好的借鉴作用。

表 9.1　出现概率为 95% 的测斜上限值（据黄毅等，2008）

分类标准	日最大累积变形比/‰	历史最大累积变形比/‰	日最大变形速率/(mm/d)	历史最大变形速率/(mm/d)
规范（一级）	1.23	1.43	2.34	4.70
不规范（二级）	2.62	3.00	2.05	6.50
极不规范（三级）	4.65	5.90	3.75	9.86

2013 年，周二众等（2013）报道了其利用 LeicaTPS1200+测量机器人实现了深基坑变形数据的无人值守自动化采集；利用 VB 和 SQL2005 数据库为开发平台，通过 GeoCOM 接口技术，借用远程数据无线传输，实现了全站仪的远程自动化控制和数据的可视化采集与传输；运用小波变换模型、平差理论模型、差分方法等数学模型对原始数据进行处理，给出监控点变形量；通过 VB6.0 建立数据库和变形监测预警系统，从而实现了数据采集自动化，数据分析自动化，预警系

统智能化，数据管理可视化。深基坑监测预警系统于实验室经过多次测试后，于2011年4月在青岛李沧区李村地铁3号线和2号线换乘站进行了现场检验。该系统的成功开发使得深基坑变形监测迈上了信息化平台。

表9.2　不同保护等级的测斜报警控制值标准（据黄毅等，2008）

保护等级	变形比/‰	最大变形速率/（mm/d）	施工要求
一级	1.5	5.0	必须做到规范施工，不允许出现不规范施工情况
二级	3.0	6.0	允许被动出现不规范情况，不能出现极不规范情况
三级	6.0	7.0	允许被动出现极不规范施工情况

2015年，王美华等（2015）报道了其以上海世博央企总部基地工程为背景，介绍了深基坑施工中的自动化远程监测系统的试验应用。上海世博会场区基坑东西宽约95m，南北长约120m，基坑开挖面积约11000m^2，地下三层，开挖深度为15.4m，地块属滨海平原地貌类型。基坑周边市政管线众多，且邻近轨道交通13号线，环境保护要求较高，需严格控制坑边土体变形，并确保周边地下管线、建（构）筑物的正常运转及安全使用。考虑到工程的特殊性，该基坑监测中引入自动化监测系统，利用ZigBee无线协议实现传感器数据采集和系统数据采集之间的无线连接；传感器连接端设置一台数据采集器，将采集的数据发送给工程现场的数据采集接收终端，数据采集接收终端再将采集的数据通过GPRS无线网络上传到数据管理中心。

2015年，徐文杰等（2015）报道了其在前人开发的基坑信息化系统的基础上，利用对象语言、数据库技术及三维可视化技术，研发了一套数字基坑系统，实现了现场工程地质条件、监测点、工程结构的三维可视化动态查询与管理，以及现场监测数据的可视化查询与预测分析。并将系统应用于天津文化中心深基坑工程信息化管理中，实现了对工程基本信息及监测数据及时有效的管理。

2017年7月17日，《天津日报》记者马晓冬报道，中铁一局天津地铁10号线项目部将自主研发的深基坑自动化监测技术应用于金贸产业园站的建设中，可实时监测基坑开挖作业中多项关键指标数据，为地铁建设施工提供安全保障。记者在中铁一局天津地铁10号线金贸产业园站项目信息化中心看到，中心的大屏幕上显示着基坑墙体水平位移、地下水位和基坑支撑轴力等指标，每2分钟就会自动更新一次数据。项目相关负责人告诉记者，传统的方法需要监测人员用仪器到现场采集数据，再经过计算生成报表，分析基坑作业情况，通常每天测量一次。利用自动化监测系统替代人工测量后，通过安装在有关部位的检测仪器实现了数据自动采集，具有频次快、时效性好、稳定性高、数据真实可靠等优点，一旦出现异常，电脑和手机 APP 会第一时间收到通知提醒，使用者可以立即作出部署、指令。

2017 年 7 月 28 日，深圳市地质局将自主研发的“地质灾害与工程结构安全自动化远监控预警平台”应用于深圳市地铁 6 号线松岗站和 20 号线会展北站的深基坑自动化远程监测，监测内容包括：地面沉降、建筑沉降与倾斜、支护结构水平位移、土压力、内支撑轴力、地下水位等。在深圳市地质局地质灾害自动监测中心的监控屏幕上可以随时观看和查阅现场监测到的相关视频和数据，电脑和手机 APP 可以随时查阅现场监测到的相关数据和收到预警信息。

由上可见，近二十年来，从事基坑工程监测的专业技术人员没有停止过自动化监测技术在基坑工程中的推广应用和总结提高。2017 年，对基坑工程监测技术发展史来说是值得彪炳的一年，因为这一年，中国工程建设标准化协会和广东省住房和城乡建设厅分别批准同意编制中国工程建设标准化协会标准《建筑基坑自动化监测技术规程》（CECS）和广东省标《基坑工程自动化监测技术标准》（DBJ/T 15-185-2020）。

中国工程建设标准化协会标准《建筑基坑自动化监测技术规程》（CECS）编制组于 2017 年 8 月 4 日在北京正式成立，目前已完成征求意见稿。该征求意见稿中第 3 章基本规定第 3.0.1 条规定，在基坑工程监测中，存在以下情况时，宜实施自动化监测：

（1）需要高频次监测的监测工程；

（2）人工方式监测不便实施的监测工程；

（3）重要的、基坑工程等级高的基坑工程。

该征求意见稿中第 3 章基本规定第 3.0.2 条规定，基坑工程自动化监测宜实施全自动化监测；当采用半自动化监测时，人工监测环节的数据分析、处理和预警宜采用自动化处理系统。该征求意见稿中第 3 章基本规定第 3.0.3 条规定，实施自动化监测的工程，应具备定期人工比测的条件，满足对现有数据结果的校验。该稿中第 9 章预警信息反馈第 9.0.1 条规定，当出现下列情况之一时，必须立即进行危险报警：

（1）监测点变形监测累计值或变形速率达到监测报警值；

（2）基坑支护结构或周边土体的位移值突然明显增大或基坑出现流砂、管涌、隆起、陷落或较严重的渗漏等；

（3）基坑支护结构的支撑或锚杆体系出现过大变形、压屈、断裂、松弛或拔出的迹象；

(4) 周边建筑的结构部分、周边地面出现较严重的突发裂缝或危害结构的变形裂缝;

(5) 周边管线变形突然明显增长或出现裂缝、泄漏等;

(6) 根据当地工程经验判断,出现其他必须进行危险报警的情况。

广东省标《基坑工程自动化监测技术规范》(DBJ/T 15-185-2020)已于2020年3月19日发布,2020年6月1日开始实施。该标准第3章基本规定第3.0.1条规定,符合以下情况之一时,适合采用自动化监测:

(1) 监测频率要求较高的基坑工程;

(2) 现场难以人工实施的基坑工程;

(3) 基坑支护结构安全等级为一级或周边环境风险等级为一级的基坑工程;

(4) 其他具有特殊要求的基坑工程。

该标准第4章基坑自动化监测系统对基坑自动化监测系统的功能要求、性能要求、维护和管理要求提出了规定,对水平位移、竖向位移、深层水平位移、支护结构内力、地下水位、倾斜、裂缝等监测方法和技术要求提出了规定,对数据处理和信息反馈提出了规定。

深圳市标《基坑支护技术标准》(SJG 05-2020)已于2020年8月12日发布,2020年9月15日开始实施。该标准第3章基本规定第3.5.3条规定,基坑工程应进行实时监测,发现支护结构或周边环境的监测值达到预警值时,应及时通报建设、设计、施工和监理等有关单位,施工单位应及时采取有效的应急加固措施;第13.2.1条规定,开挖深度大于等于5m或者开挖深度小于5m但是现场地质情况和周边环境较复杂的基坑工程以及其他需要监测的基坑工程应实施基坑工程监测。基坑监测应以仪器监测为主,以现场巡查为辅;第13.3.1条规定,对地质条件及周边环境复杂,邻近重要建(构)筑物、地下轨道、地下管线分布,需要实时、连续监测其动态的基坑工程,或人工监测难以实施的基坑工程,宜实施基坑自动化监测;第13.3.3条规定,基坑自动化监测点的布置应最大限度地反映监测对象总体工作状态,监测点的数量不宜少于人工监测数量的30%,且可以与人工监测点比对监测。具体布置要求可参考本标准表13.2.6原则执行;第13.3.8规定,监测预警应满足下列要求:

(1) 基坑工程自动化监测控制值由基坑工程设计方确定,监测预警值(控制值的80%)应以监测项目的累计变化量和变化速率值两个值控制;

(2) 周边建(构)筑物预警值应结合建(构)筑物裂缝观测结果综合确定,并应考虑建(构)筑物原有变形与基坑开挖造成的附加变形的叠加;

(3) 当监测数据达到预警值时,应立即报警,预警系统平台通过短信、网络等方式自动发送报警信息给相关单位及责任人;

（4）当出现监测数据超过控制值时，应加密监测数据采集，直到监测数据趋势稳定后，方可调整监测数据采集频率。

从上述广东省标《基坑工程自动化监测技术规范》（DBJ/T 15－185－2020）和深圳市标《基坑支护技术标准》（SJG 05－2020）实施日期来看，基坑自动化监测技术已较为成熟，全面推广应用已大势所趋，正如作者在专著《边坡与基坑自动化监测技术及实践》（2019 年 7 月，地质出版社；金亚兵等，2019a）第 7 章 7.4 节总结与展望中所阐述的预言“未来三五年后，自动化监测技术实现全地域覆盖是不争的共识；自动化监测全面替代人工监测也是必然的趋势。因此，从事地质灾害防治和工程施工安全监控的专业技术人员必须尽快掌握和发展这门技术，才能不负这个伟大的新时代。”

深圳市住房和建设局于 2020 年 4 月 26 日下发了深建质安〔2020〕14 号文《深圳市住房和建设局关于加快推进基坑和边坡工程监测预警平台工作的通知》，告知由深圳市住房和建设局组织开发的《深圳市基坑和边坡工程监测预警平台》已于 2020 年 1 月起在全市试运行，并于 4 月 10 日召开了预警平台工作推进会。《深圳市住房和建设局关于加快推进基坑和边坡工程监测预警平台工作的通知》要求监测单位应首先申请取得监测预警平台账号，在申请的监测预警平台账号中开展基坑和边坡的监测任务，及时上传监测数据；监测单位要求做好测点的标准化并悬挂测点标识牌和要求施工单位进行监测传感器及附属设施的保护；2020 年 5 月及随后，深圳市住房和建设局对符合要求的传感器和仪器进行了接口开发，从 2020 年 6 月开始实现了全市所有在监基坑和边坡工程全部接入监测预警统一平台。至此，深圳市率先在全国推广了基坑和边坡工程的自动化监测技术，并将自动化监测和人工监测融入同一个预警平台进行日常管理和日常监督执法，自动化监测技术在基坑工程实践中的从技术推广应用到管理立法迈入了崭新的时代。

9.2　基坑工程自动化监测的基本原理和规范用语

9.2.1　基本原理

基坑工程自动化监测的基本原理就是利用安装或者埋设在监测对象表面或内部的传感器测量其目标物理量以及目标物理量在时空上的变化，传感器将测量到的物理量按设定的采集方式和频率通过现场数据采集设备进行处理和储存，再通过无线通信网络将采集的数据传输到管理终端，管理终端对传输到的数据进行分析处理和判断，并根据判断结果做出预警预报。

监测对象及监测内容主要包括：基坑土体表面水平位移和深层水平位移；基坑土体表面沉降和深部竖向位移；基坑支护结构沉降和水平位移；基坑周围建（构）筑物、道路、管线的沉降和倾斜；地面、建筑物裂缝；土压力；支护结构内力，锚杆及土钉轴力；地下水水位及孔隙水压力，降雨量等等。

基坑工程监测，从监测对象物理量类别可划分为三大类：第一类是形变和位变（位移）监测、第二类是力变监测、第三类是水变（降雨量和地下水水位、水压）监测等，后述分节有详细论述，这里不作展开。

为获取监测对象的物理量时空变化，需要使用的传感器和量测设备有：①直线位移监测设备，包括：智能全站仪、静力水准仪、GPS、激光位移计、测距仪、三维扫描仪、裂缝计、裂缝测宽仪、多点沉降仪、位移监测一体机等；②角位移监测设备，包括：倾角计、电动式测斜仪、固定式测斜仪、智能全站仪、测斜绳等；③应力监测设备，包括：钢筋计、应变计、锚索计等；④水位监测设备，包括：雨量计、水位计、渗压计等；⑤水压力监测设备，包括：渗压计等。为实现监测数据自动采集和传输，需要使用数据自动采集仪和自动传输网络以及终端设备；此外还要配置供电设备、防雷设备和设备防盗装置等。

基坑工程自动化监测技术包括：传感器、测量和现代摄影技术、无线组网技术、计算机软件编程和数据处理技术、太阳能取电技术以及岩土工程技术等多学科的技术集成。传感器、测量、现代摄影技术和岩土工程技术是基础，计算机软件编程技术和数据处理技术是核心，无线组网和通信技术是关键，太阳能取电技术是保障。基坑工程自动化监测技术的实现就是：基础+核心+关键+保障，四个要素缺一不可。推广发展好基坑自动化监测技术，必须坚守“打好基础，抓住核心，把握关键，提高保障”这个十六字方针。

打好基础：就是要研发出可靠性和精确度高的、成本低的传感器和测量设备，研究出合理的预警阈值。

抓住核心：就是要建设一个界面友好、功能强大、便于操作、精准预警的监控平台，而且这个平台要能够易于改进和升级。

把握关键：就是与时俱进地把握无线组网和通信技术发展的脉搏，不断提高自动化监测预警的快速反应能力。

提高保障：就是要提高自动化监测的能源保障能力，提高监测对象、监测设备和辅助设施的安全保护能力。

9.2.2　规范用语

熟练掌握基坑工程自动化监测技术及其正确应用，规范基本用语是必要的，作者在本章中将基坑工程自动化监测工作常用术语定义罗列如下，以帮助读者正确理解本章有关内容。

【基坑】为进行地下建（构）筑物基础及其他工程设施的施工由地面向下开挖形成的地面以下空间。

【基坑工程】基坑开挖、支护结构施工和对基坑开挖影响范围内所有环境保护对象进行处置的所有工程。

【基坑工程事故】由于基坑支护结构失效、坑地隆起、坑周环境恶化等原因引起的基坑垮塌、涌水、涌砂、房屋倾斜、地面塌陷、管线断裂等事故。

【基坑工程监测】在基坑工程施工和使用阶段，对基坑支护结构和周边环境进行的检查、量测和监视。

【基坑工程自动化监测】基于智能传感器技术、智能测量设备技术、无线通信技术和计算机技术等构建的监测系统，实施的对监测对象监测数据的自动采集、自动传输、自动处理和自动预警的监测。

【比对监测】采用不同监测方法（人工监测与自动化监测）或不同监测设备对同一监测点进行的测量并进行测量结果的比较行为。

【监测对象】直接或间接量测的物体或构件。如基坑边坡岩土体，内支撑杆件，地下水，坑周房屋等。

【监测内容】被监测物体或构件的安全要素的物理量。如支护结构水平位移，内支撑的轴力，地下水的水位，房屋的倾斜等。

【监测点】直接或间接设置在监测对象上并能反映监测对象特征的观测点。

【阈值】又称报警值，能够判断基坑自身和坑周环境是否处于安全状态的临界值。

【形变监测】对监测对象形状变化的监测。

【位变监测】对监测对象位置变化的监测。

【力变监测】对监测对象受到的表面压力或内部应力变化的监测。

【水变监测】对地下水水位或水压力变化的监测。

【监测设备】各种传感器和量测设备。

【辅助设施】支持监测设备工作或保护监测设备安全的辅助设备和装置。

【传感器】自动测量和自动控制的一种装置，该装置能感知被监测对象的信息，并能将感知到的信息，按一定规律变换成为电信号或其他所需形式的信息输出，以满足信息的传输、处理、存储、显示、记录和控制等要求。

【智能全站仪】安装了自动识别与照准功能的全站仪，在相关软件控制下，可自动完成多目标的识别、照准和量测。

【激光位移计】利用激光技术进行位移测量的设备。

【网络系统】由数据采集、数据传输、数据终端和预警预报的网络构成的系统。根据其各子系统功能不同，网络系统细分为采集层、传输层、存储层、应用层等四个功能层。

【预警预报平台】通过网络系统的应用层，对监测对象的数据信息进行分析研判后，做出可能发生灾害或工程事故的预警报警系统。

【数据采集系统】对监测设备产生的数据信号进行采集的硬件和软件系统。

【数据处理】对原始监测数据的粗差检验和剔除、局部缺失的插补、平滑滤波降噪等预处理以及对预处理后的监测数据动、静态分析和预测模型的建立等全过程。

【预警预报】通过网络系统的应用层，对监测数据进行分析研判并建立预测模型后，根据监测数据的大小、发展趋势和设定的预警等级，做出可能发生灾害或工程事故的预警预报。

【成果输出】监测全过程中，监测数据在管理终端可视化界面上的实时展现，或以文字及图表形式的定时展现。

【监测管理中心】又称监测管理终端，监测单位的管理中心。

9.3 基坑工程自动化监测系统建构

9.3.1 监测系统建构方针和目标

基坑工程自动化监测系统建构应遵循“打好基础，抓住核心，把握关键，提高保障”十六字方针，以平台适用为目标，以技术创新为路线，不断推动监测预警平台领先发展。

为应对基坑工程地质与水文地质条件和环境条件的多样性、复杂性，尤其是事故突发性，必须及时、快速、自动地对承灾和受灾体的安全状态和变化趋势做出判断，最终实现基坑工程自动化监测预警，因此，基坑自动化监测预警平台必须实现如下建构目标：

（1）监测预警平台应是界面友好、功能强大、便于操作、准测精准，该平台须融合遥感、物联网、云计算、GIS、人工智能等技术；

（2）监测预警平台应解决监测数据多源异构难题，为此应采用规范不同的供应商传感器数据接入标准，达到多厂商、多设备的自动化监测数据兼容的目的；

（3）监测预警平台应针对不同监测对象和客户需求，创建能满足多层级监测预警管理要求和定制服务功能的监测预警平台；

（4）监测预警平台应针对海量监测设备管理、维护的复杂性和艰巨性，建立自动化监测设备管理分类体系，实现监测设备的模块化管理和精准维护；

（5）监测预警平台应建立一套符合监测对象特性的预测预报数学模型，确保预警预报的准确性和可靠性；

（6）监测预警平台应全面实现监测全过程成果输出的自动化和标准化。

9.3.2 监测预警平台架构及功能模块

基坑工程自动化监测应建立如图 9.1 所示的平台架构和功能模块。

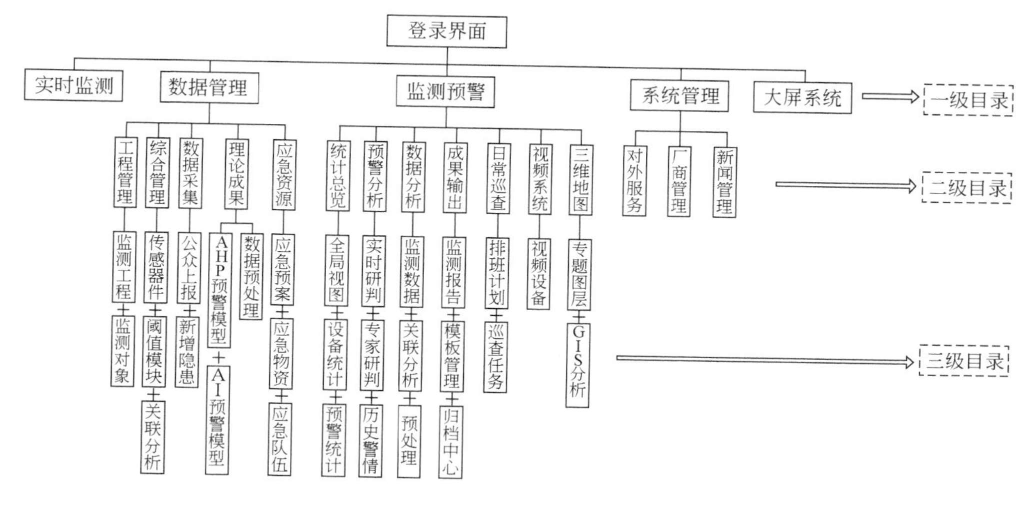

图 9.1　监测预警平台架构及功能模块示意图

图 9.1 是我们自主研发的“地质灾害与工程结构安全自动化监测预警平台”的架构及功能模块示意图，图中监测预警平台划分为五个一级功能模块、15 个二级功能模块、30 个三级功能模块。五个一级功能模块的内涵如下：

（1）实时监测模块：该模块主要是结合 GIS 地图展示所有监测工程地理位置、监测数据统计、异常监测设备统计、预警信息统计。

（2）数据管理模块：主要包括工程管理、综合管理、数据采集、理论成果及应急资源。工程管理主要是对监测工程的基本信息进行管理和展示；综合管理主要是对传感器件及阈值模块等进行管理；数据采集主要是用于公众上报隐患点及新增隐患点数据进行管理；理论成果主要是用于展示平台内涉及的地质灾害相关理论研究成果；应急资源主要用于调度应急资源及应急队伍，便于开展应急抢险救援工作。

（3）监测预警模块：主要包括统计总览、数据分析、预警分析、成果输出、日常巡查、视频系统及三维地图。统计总览主要用于业主单位、工程信息、设备数量及设备运行状态、预警信息等进行统计及展示；数据分析主要指对平台内监测数据以图表曲线等形式进行展示及关联分析；预警分析主要用于处置警情及专家研判处理；成果输出用于监测报表及报告自动化、标准化及快速化输出；日常巡查用于创建巡查计划及巡查任务的下发和巡查记录；视频系统用于管理视频设备及展示；三维地图用于对各种专题图层进行展示及 GIS 分析。

（4）系统管理模块：主要包括厂商管理、对外服务及新闻管理。该模块主要用于管理平台内厂商接入、对外授权服务和新闻宣传。

（5）大屏系统模块：该模块主要从多维度展示平台内的基础数据，主要包括：GIS 地图展示、工程信息、传感器统计、平台动态信息、巡查任务及记录统计、数据质量统计等。

9.3.3　网络系统建构

1. 网络系统基本层次结构

基坑工程自动化监测预警平台网络系统基本层次结构应如图 9.2 所示。网络建设采用分层设计方案，即按实现自动化监测功能将网络划分为采集层、传输层、存储层、应用层等四个层级。通过分离网络上的各种既有功能，网络设计就变成模块化设计了，从而提高了网络的伸缩性。

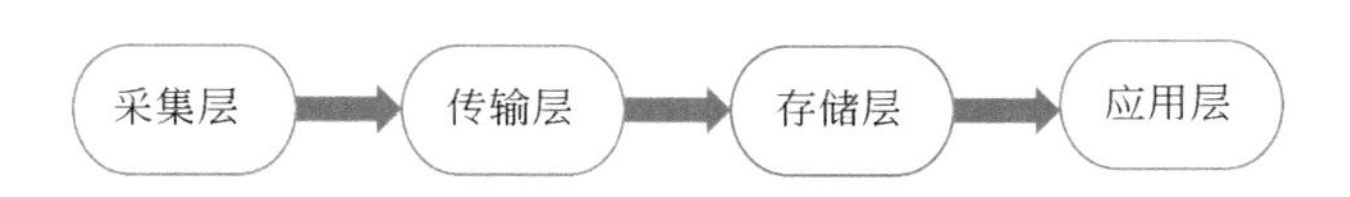

图 9.2　网络系统基本层次结构示意图

采集层：主要是现场采集部分，包括物理传感器以及传输媒体。物理传感器指位移计、压力计、雨量计、水位计等，分别负责采集监测区域的不同监测数据并记录下来。传输媒体为电缆或光纤，负责将记录下来的数据发送到下一层级模块。

传输层：采用的是 TCP 和 UDP 协议。传输层负责接收采集层的数据，并向它下游的存储层和应用层提供服务。

存储层：是数据持久化部分，包括数据库存储和文件存储。本层级接收传输层的数据，并将接收的数据导入到数据库中，以便于应用层调用，同时，将各类数据文件存储起来。

应用层：接受传输层的数据，并直接给用户提供服务。在这一层级，可以提供信息的直观显示，如工程信息管理、业主信息管理、监测对象信息管理、监测设备信息管理、监测人员信息管理、角色管理以及应急管理等模块。

2. 物联网技术应用

物联网（Internet of Things，IoT），指通过无线射频识别、红外感应器、全球定位系统、激光扫描器等信息传感设备，按照约定的协议，将物品与互联网相连接，进行信息交换和通信，以实现智能化识别、定位、跟踪、监控和管理的一种网络。物联网形象图见图9.3。基坑工程自动化监测预警平台的功能实现离不开物联网，物联网是监测设备与监测预警平台之间的“交通工具”，这个“交通工具”将监测设备获得的数据传送到监测管理终端。那这个“交通工具”到底是一个什么东西呢？这个“交通工具”不是路，也不是桥，而是一个看不到的无线网络，简称为“交通网络”。这个“交通网络”主要采用无线传输技术，包括区域无线传感器网络技术（Wireless Sensor Networks，WSN）（如LoRa）和广域网络传输（如北斗通信技术）等。安装在监测对象现场的各个监测设备，通过传感器采集到数据后，将数据信息通过WSN传输到现场数据中心，监测预警平台通过无线通信网络（如Internet、GPRS/CDMA、卫星通信）从数据中心获取数据，然后进行数据分析和管理。监测预警平台获取数据的WSN“交通网络”示意图如图9.4所示。提高“网络交通”技术水平，就是要认真研究各种无线网络传输能力对各种复杂监测场景的适应性和稳定性，且网络服务费用低廉，通俗的

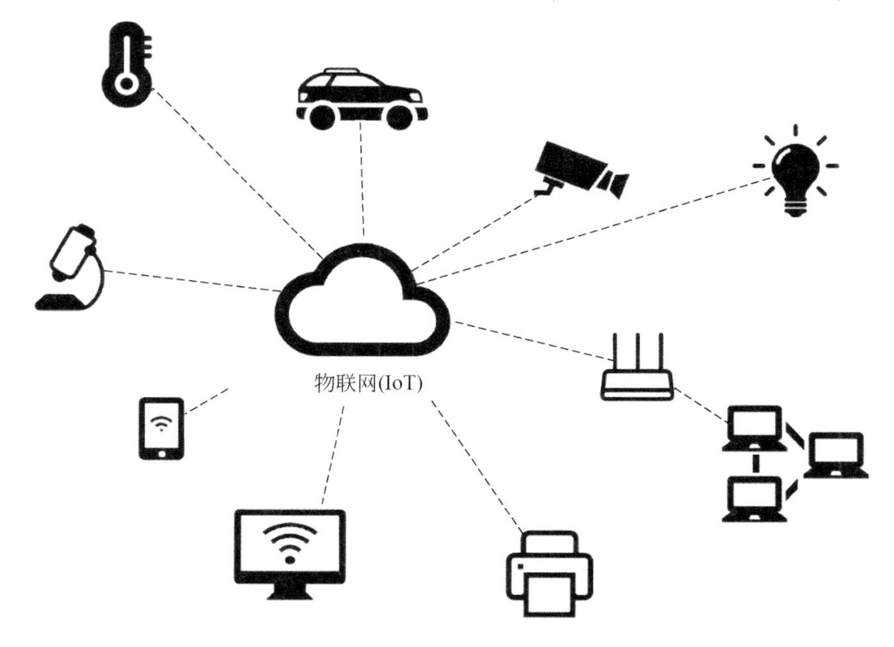

图9.3　物联网形象示意图

说法就是要挖掘物联网技术潜能，在建设和维护基坑工程监测预警平台过程中租用一个物美价廉的“交通网络”。

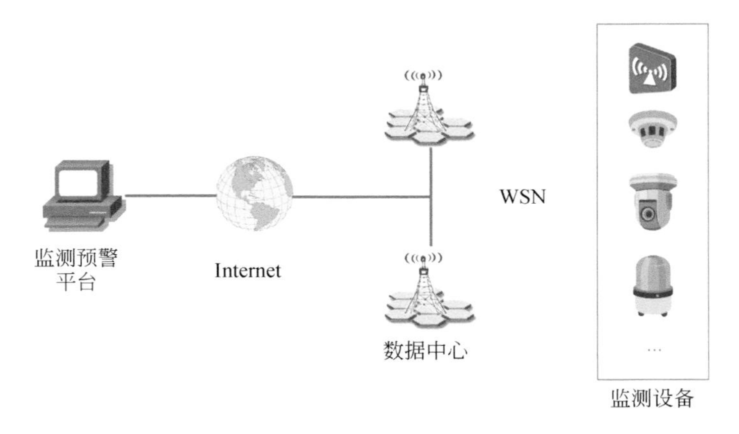

图 9.4　监测预警平台获取数据的 WSN“交通网络”示意图

3. 云计算应用

基坑工程自动化监测数据采集频率高、数据量大，对监测数据的处理需要采用云计算技术。云计算是一种 IT 服务交付模式，云计算安全联盟（Cloud Security Alliance，CSA）对云计算的定义是：云计算是一种能够对可配置的共享资源进行普适的、方便的、满足需求的网络访问服务模型，共享资源包括计算资源、网络资源和存储资源。

云计算中的网络存储和应用功能使得海量数据存储技术得到了前所未有的快速发展。面对海量数据，云计算采用分布式存储技术，将数据存储在不同的物理设备中，不仅摆脱了硬件设备的能力限制，同时能够快速响应不同用户需求变化。

云计算中的虚拟化技术是云计算最重要的核心技术之一，该技术可为基坑工程自动化监测的海量数据处理提供高效的服务。

云计算技术还具有高度的安全性，通过购买云计算服务，可保障基坑工程自动化监测的海量数据安全。云平台应用方式见图 9.5。

9.3.4　监测预警平台的多层次多权限管理需求建构

1. 多层次管理

基坑工程涉及的责任主体较多，特别是基坑周边建（构）筑物、道路、管

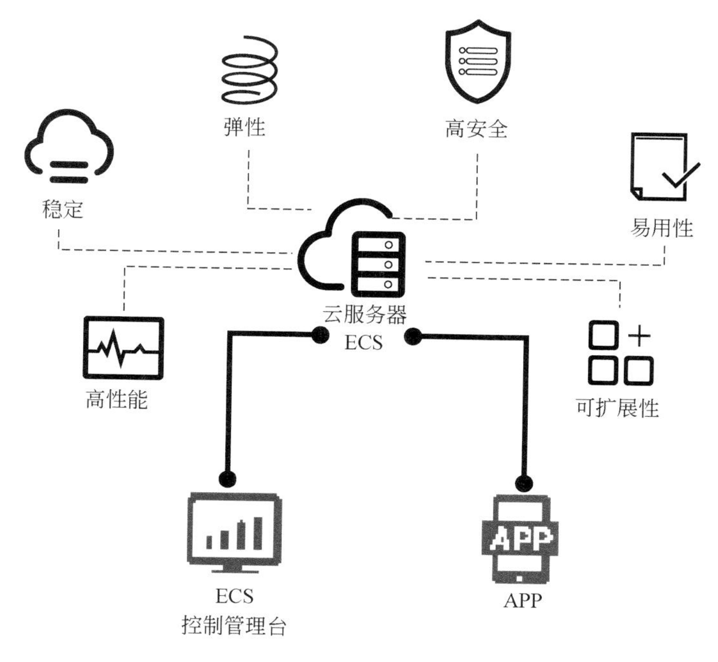

图9.5 云平台应用

线较多而权属复杂时，监测预警平台仅支持监测单位和业主单位两个用户使用是无法满足基坑涉众安全监控需求的，因此，基坑工程自动化监测预警平台需要实现多层次管理的公众需求。平台除监测单位自用外，还应能提供给政府监管机构、业主单位、施工单位、监测单位和基坑工程涉众安全权属单位（或个人）查阅监测结果和警情。所有使用平台的用户可通过统一认证界面登录后，按不同层次权限设置进入各自独立的门户页面。

2. 多权限管理

在满足多层次管理需求前提下，为确保平台系统有序使用和管理，不同层次的用户对系统的操作权限设置应是不同的，否则，一旦某个用户操作不当或失误会引起平台系统紊乱。正确做法是，监测单位的平台级管理员可操作平台的所有工程项目增删、设备增删、人员增删和系统功能设置等功能；而监理单位只能查看平台系统内的监测数据和上传信息，不能对平台系统进行新增、修改、删除等操作；政府监管机构、施工单位和基坑工程涉众安全权属单位（或个人）亦如此。业主单位作为平台系统出资方和使用方，也只能使用监测单位合同约定的操作事项。政府监管机构、业主单位、施工单位和基坑工程涉众安全权属单位（或个人）相互之间隔离，各自运维各自平台系统。平台系统多层级多权限管理建构采用 Shiro 框架实现，针对不同角色用户构建权限时，利用 Shiro 拦截器确保角色用户只能访问权限内的功能。

9.4　监测设备分类与管理

9.4.1　监测设备分类

基坑工程自动化监测设备严格来讲，应包括接触式监测设备和非接触式监测设备。一般的传感器设备都是接触式监测设备；利用卫星和光学仪器获取监测对象的空间位置变化时，卫星和光学仪器就是非接触式监测设备。不管是接触式监测设备，还是非接触式监测设备，自动化监测要求其在长期使用过程中应保持原有监测功能不变，特别是接触式传感器和量测设备等。自动化监测辅助设施（备）是指为实现长期自动化监测所必须配置的辅助设备、装置和构件的总称，如提供监测系统电能的太阳能供电系统和防雷击的防雷装置等。

为了实现了海量监测设备的模块化管理和高效维护，应首先对自动化监测设备进行分类，作者团队建构的监测预警平台根据监测对象的物理量变化特征将监测设备划分为：形变和位变（位移）类监测设备、力变类监测设备和水变（降雨和地下水）类监测设备等三大类；将辅助设施（备）划分为数据采集箱、数据传输网络设备、终端设备、防雷装置、供电系统、线材、管材、电柜电箱等。

平台建构时，根据监测对象的物理量变化特征和监测设备的性能选取恰当的监测设备，如表 9.3 所示。对具体监测工程，首先确定监测对象，再根据监测对象的受力或变形或位移特点选定监测设备。

9.4.2　监测设备管理

采用上述监测设备分类方法后，非常方便自动化监测设备的管理，图 9.6 是作者团队研发的监测预警平台设备管理功能模块示意图。系统模块中，每台设备或传感器应录入其类别、型号、编号、生产厂商及出厂日期、安装位置等，并有设备或传感器的工作状态及运维责人等信息。

表9.3　监测类别划分和监测设备选定

监测设备分类 监测对象 物理量 变化特征	直线位移监测设备	角位移监测设备	应力监测设备	水位监测设备	水压力监测设备	备注
第Ⅰ类 形变和位变（位移）监测	智能全站仪、静力水准仪、GPS、测距仪、三维扫描仪、裂缝计、裂缝测宽仪、多点沉降仪、位移监测一体机、激光位移计、卫星	倾角计、电动式测斜仪、固定式测斜仪、智能全站仪、测斜绳	—	—	—	主测沉降、水平位移、倾斜、裂缝
第Ⅱ类 力变监测	—	—	钢筋计、应变计、锚索计	—	—	主测弯矩、轴压力、轴拉力
第Ⅲ类 水变监测	—	—	—	雨量计、水位计、渗压计	渗压计	主测降雨、水位、孔隙水压

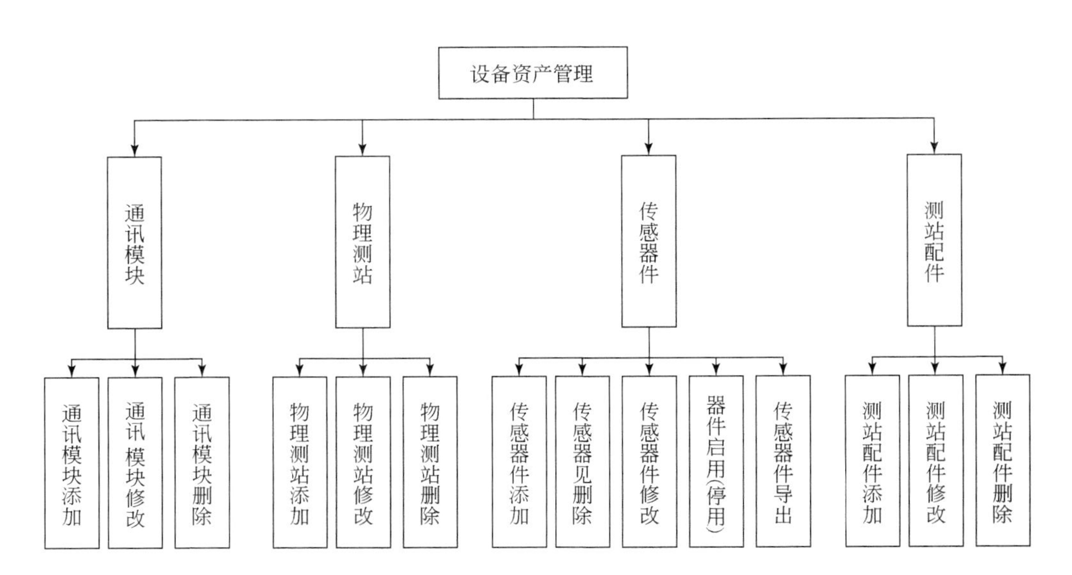

图9.6　设备管理功能模块示意图

9.5　监测数据处理与预警

9.5.1　监测数据预处理

监测数据处理是指对原始监测数据的粗差检验和剔除、局部缺失的插补、平滑滤波降噪等预处理，以及对预处理后的监测数据动、静态分析和预测模型的建立等全过程。随着时间的推移，自动化监测获取的信息是海量的。由于受到各种不确定性因素的影响，如设备故障、停电等缘故，获得的监测信息往往是真实情况与各种干扰因素即噪音叠加在一起的结果，不仅降低了信息的精度与准确度，而且还会直接影响地质灾害和工程结构安全的预警预报的判断。因此，在使用监测数据进行分析和预报时，必须先对监测数据进行预处理，根据监测数据来源方式不同，把预处理方法主要有粗差检验和剔除、局部缺失数据插补、监测数据平滑、监测数据小波滤噪等。

1. 监测数据粗差检验和剔除

粗差是指离群的误差，各种监测设备在监测过程中由于受到某些因素的影响会得到明显不正确的数值，即奇异值，当这种奇异值无法从监测的客观条件中找到合理的解释时，称为粗差。大量的生产实践和科学实验表明粗差的出现约占观测总数1%～10%。如果监测值中含有粗差，我们进行监测数据分析和预测之前就要把奇异值剔除，以确保结果的正确性。但某些情况下，监测数据也可能出现较大的异常，往往预示着险情的萌芽，应引起警惕。同时某些正常的监测数据也有可能出现较大的分散性，反映的也是客观情况。因此，粗差检验必须建立在一定准则的基础上，主要采用以下两种方法：

1）原始监测数据的逻辑分析

根据监测点监测对象监测内容的内在物理意义来分析原始监测数据的可靠性，一般进行以下两种分析：

一致性分析：从时间的关联性来分析连续累积的资料，从变化趋势上判断推测是否具有一致性，即分析任一监测点本次监测值与前一次（或前几次）原始监测值的变化关系。另外，还要分析本次监测值与以前测次的条件是否一致。

相关性分析：从空间的关联性出发来检查一些有内在物理联系的效应量之间的相关性，即将某监测点本次某一效应量的原始监测值与邻近部位（条件基本一致）监测点的本测次同类效应量或有关效应量的相应原始监测值进行比较，视其是否符合他们之间应有的力学关系。

逻辑分析中，若某监测点本测次的监测值展绘在时程曲线图上，展绘点与平滑趋势线之间的偏距超过以往实测值展绘点与趋势线间偏距的平均值时，则有两种可能性：一种是该测点本测次的监测值存在着较大的误差即粗差；另一种可能是险情的萌芽。不管哪种情况，都应引起警惕，并及时检查监测系统是否运行正常，或读数是否错误等。

2）原始监测数据的统计分析

最简便的方法是采用“3σ 准则”来剔除粗差，其中监测数据的中误差 σ 既可以用监测值序列本身直接进行估计，也可以依据长期观测的统计结果确定，或取经验数值。较实用的两种方法如下：

方法一：

对于监测数据序列 $\{x_1, x_2, \cdots, x_n\}$，描述该序列数据的变化特征为

$$d_j = 2x_j - (x_{j+1} + x_{j-1}) \mid (j=2,3,\cdots,N-1) \tag{9.1}$$

这样，由 N 个监测数据可得到 $N-2$ 个 d_j，由 d_j 值计算序列数据变化统计均值（$\bar{d}$）和均方差（$\hat{\sigma}_d$）为

$$\bar{d} = \sum_{j=2}^{N-1} \frac{d_j}{N-2} \tag{9.2}$$

$$\hat{\sigma}_d = \sqrt{\sum_{j=2}^{N-1} \frac{(d_j - \bar{d})^2}{N-3}} \tag{9.3}$$

根据 d_j 偏差的绝对值与均方差（$\hat{\sigma}_d$）的比值（q_j）为

$$q_j = \frac{|d_j - \bar{d}|}{\hat{\sigma}_d} \tag{9.4}$$

当 $q_j>3$ 时，则认为 x_j 是粗差，应舍去。

方法二：

对于监测数据序列 $\{x_1, x_2, \cdots, x_n\}$，可用一级差分方程进行预测，其表达式为

$$\hat{x}_j = x_{j-1} + (x_{j-1} - x_{j-2}) \mid (j=3,4,5,\cdots,N) \tag{9.5}$$

实际值与预测值之差为

$$d_j = x_j - \hat{x}_j \tag{9.6}$$

设监测数据的中误差为 m（m 的数值可根据长期观测资料计算得到，也可取经验数据），由上式可计算出实际值与预测值之差 d_j 的均方差为 $\hat{\sigma}_d = \sqrt{6}m$。实际值与预测值之差的绝对值 $|d_j|>3\hat{\sigma}_d$，则认为 x_j 是粗差，应舍去。对于舍弃的粗差值，可用一个与前一点数值相等的数据补上，或者用预测值代替，以保证数据序列的连续性。

2. 监测数据插补

监测数据按时间序列化后，理论上应是一条连续的曲线，但是由于各种主、客观原因，会造成数据漏测（如信号问题），或者在数据处理时需要利用等时间间隔的数据，因此需要利用插值方法进行数据补充。常用的插值方法有线性内插法、拉格朗日内插法、多项式曲线拟合、周期函数的曲线拟合，等等。

1）线性内插法

由两个实测值内插此两实测值之间的观测值时，可采用以下公式计算：

$$\gamma=\gamma_i+\frac{t-t_i}{t_{i+1}-t_i}(\gamma_{i+1}-\gamma_i) \tag{9.7}$$

式中，γ、γ_i、γ_{i+1}为监测值；t、t_i、t_{i+1}为时间。

2）拉格朗日内插法

对变化情况复杂的监测值，可按下式计算：

$$\gamma = \sum_{i=1}^{n}\gamma_i\sum_{\substack{i=1\\ j\neq i}}^{n}\left(\frac{x-x_j}{x_i-x_j}\right) \tag{9.8}$$

式中，γ 为效应量；x 为自变量。

3）多项式曲线拟合

$$\gamma=f(x)=a_0+a_1x+a_2x^2+\cdots+a_nx^n \tag{9.9}$$

式中，方次和拟合所用的点数必须根据实际情况适当选择。

3. 监测数据平滑

采用线性滑动的方法对原始监测数据进行整理，对带有误差的数据进行空间域或频率域的数据分析处理，有效地消除误差对监测数据的影响，使数据曲线光滑、规则，这样再用其他方法进行处理和分析时，将会有效地提高精度，得出较真实的变化规律。

监测一维数据可以用函数 $y=f(x)$ 来描述，确定一条拟合直线 $g=ax+b$，运用最小二乘的原理，由该直线方程计算出第 i 点 $x=x_i$ 时的$g_i=ax_i+b$ 作为线性滑动后 y_i 的平滑值。如果观测的数据没有误差的话，只要测出两对不同观测值 x_1、x_2 和 y_1、y_2，就可以解出 a 和 b 的值。但实际观测时观测值是带有误差的，仅几个时段的监测数据无法预测，总是需要更多的观测。为了比较精确地求得 a 和 b 的值，就需要不同自变量 x_1，x_2，…，x_n得出一组观测值 y_1，y_2，…，y_n。

线性滑动法有三点线性滑动法、五点线性滑动法、多点线性滑动法，不管几点，其基本原理相似，是一种线性方法。监测工程常用的是三点线性滑动法，即取第 i 点及前后两个点的数据（x_{i-1}，y_{i-1}），（x_i，y_i），（x_{i+1}，y_{i+1}），用一维数据

x 时间序列，采用均匀分布。对自变量 x 进行变换，用 $z=\dfrac{x-x_i}{\Delta x}$，于是可以得到变量为 x_i，x_{i-1}，x_{i+1}时对应的$z_i=0$，$z_{i-1}=1$，$z_{i+1}=0$，则 $\Delta z=z_i-z_{i-1}=1$，那么（z_{i-1}，y_{i-1}），（z_i，y_i），（z_{i+1}，y_{i+1}）可以用直线 $g=a_1z+b_1$ 来拟合。建立误差方程 $V_i=y_i-g_i$（$i=1, 2, \cdots, n$），根据最小二乘原理可知：$Q=V^{\mathrm{T}}V=\min$ 即 $Q=(y_{i-1}-g_{i-1})^2+(y_i-g_i)^2+(y_{i+1}-g_{i+1})^2=(y_{i-1}-a_1z_{i-1}-b_1)^2+(y_i-a_1z_i-b_1)^2+(y_{i+1}-a_1z_{i+1}-b_1)^2=\min$，由于 a_1、b_1 为两个变量，而 y、z 的量为已知观测值，可以用 Q 分别对 a_1、b_1 求偏导数，令偏导数等于 0，即可求出 a_1、b_1 的值，当 i 为 1 或 n 的时候采用前后相邻的两个数据计算得

$$\begin{cases} g_1=\dfrac{1}{6}(5y_1+2y_2-y_3) \\ g_i=\dfrac{1}{3}(y_{i-1}+y_i+y_{i+1}) \\ g_n=\dfrac{1}{6}(-y_{n-2}+2y_{n-1}+5y_n) \end{cases} \tag{9.10}$$

4. 监测数据小波滤噪

监测对象的变形可描述为随时间或空间变化的信号，变形监测所获取的变形信号，包含了有用信号和误差（即噪声）两部分，如何有效地消除误差并提取变形特征是监测数据分析研究的重要内容。小波分析是 20 世纪 80 年代中后期发展起来的新兴学科，是傅里叶（Fourier）分析的发展和重大突破。小波分析可以对原始信号中含有不同频率部分进行分解，除去信号中噪声，获得最接近真值的最优估计。

小波就是小的波形，所谓“小”是指它具有衰减性，是局部非零的；所谓“波”是指它的波动性，即其振幅呈现正负相间的震荡形式。由于小波变换比较适合分析由短时高频成分和长时低频成分组成的信号，我们将小波分析方法应用于变形监测数据的处理，就可以剔除观测中的误差，得到去噪之后更真实的信号数据。

小波去噪就是根据真实信号和噪声的小波系数在不同尺度上表现出不同性质的原理，构造对应的限制条件，采用合适的数学方法在小波域中对含噪信号的小波系数进行相关处理。假设信号数据为一维小波信号，信号中含有噪声，此模型为

$$F(t)=f(t)+s(t) \tag{9.11}$$

式中，$f(t)$ 为数据中的真实信号，主要表现为低频信号；$s(t)$ 为数据中的噪声信号，主要表现为高频信号；$F(t)$ 为包含噪声的数据信号。

小波去噪的本质就是尽可能消除信号中的噪声信号部分 $s(t)$，保存信号中的真实信号部分 $f(t)$，然后对小波系数进行重构，最终得到真实信号的最优估计。我们可以将信号看作观测数据，噪声看作观测误差。

1）去噪方法

（1）小波函数的选取。

小波分析法中所涉及的小波函数具有不唯一性，最优小波函数的选择决定着数据处理结果的质量。Morlet（morl）小波一般用于信号的表示和特征提取、分类图像识别；Mexian hat 小波用于系统辨别，在时域和频域有很好的局部化效果；样条小波一般用于材料探伤；Shannon 正交基在差分方程求解方面应用较多；对于数字信号，更多的是选择 Daubechies 小波或 Haar 小波作为小波函数。

（2）确定分解层数。

考虑到监测数据多为时间序列信号，选取去噪效果好、计算相对简便的 Daubechies 小波对信号进行处理，分解的层数为三层。

在最小均方误差的条件下，小波阈值去噪法处理后可达近似最优值，并且可取得较理想的视觉效果，此方法得到的是原始信号的近似最优估计，且有较广泛的适用性，是当前各种小波去噪方法中应用较为广泛的一种。最常用的阈值函数有两种：式（9.12）是硬阈值函数表示方法，式（9.13）是软阈值函数：

$$\hat{f}(x)=\begin{cases}x, & |x|>T\\0, & |x|\leqslant T\end{cases} \tag{9.12}$$

$$\hat{f}(x)=\begin{cases}\mathrm{sign}(x), & |x|>T\\0, & |x|\leqslant T\end{cases} \tag{9.13}$$

（3）阈值确定。

在小波去噪方法中，阈值处理是关键，而阈值处理最主要的就是阈值的选取，这直接关系到小波去噪方法的去噪效率和质量，阈值选取得不恰当会把有用的信号给消除或者达不到去噪的目的，因此，要结合实际，根据具体的数据处理要求选取合适的阈值处理方法。一般设定固定阈值为

$$\mathrm{thr}=\sqrt{2\log(n)} \tag{9.14}$$

式中，n 为信号长度。

2）评定准则

评定去噪方法的效果必须用统一的指标来衡量，一般有以下几种准则：

（1）均方根误差（Root Mean Square Error，RMSE）。

定义原始数据信号与去噪后的数据信号之间的方差的平方根，称为均方误差，为

$$\mathrm{RMSE}=\sqrt{\frac{1}{n}\sum\left[f(n)-\hat{f}(n)\right]^2} \tag{9.15}$$

式中，$f(n)$ 是原始数据信号；$\hat{f}(n)$ 为小波滤波去噪后的估计信号，最后得到的均方根误差越小，就说明滤波效果越好。

（2）偏差（BIAS）。

原始数据信号与去噪后的估计信号之间的偏差为

$$\mathrm{BIAS}=\frac{1}{n}\sum\left[f(n)-\hat{f}(n)\right] \tag{9.16}$$

得到的去噪后估计信号与原始信号偏差越接近零越好。

（3）信噪比（Signal to Noise Ratio，SNR）。

信噪比是测量信号中噪声量度的方法，信噪比越高，则滤波效果越好。信噪比单位是分贝，其定义为

$$\mathrm{SNR}=10\times\log_{10}\left(\frac{P_1}{P_2}\right) \tag{9.17}$$

式中，$P_1=\frac{1}{n}\sum f^2(n)$，为真实信号的功率；$P_2=\frac{1}{n}\sum\left(f(n)-\hat{f}(n)\right)^2$，为噪声功率。

（4）重构后信号的光滑性。

处理后的重构信号光滑性越好，则说明滤波的方法越好。

9.5.2　监测数据分析与预测

我们自主研发的自动化监测预警平台采用了回归分析法、时间序列、灰色系统、卡尔曼（Kalman）滤波、人工神经网络、支持向量机等六种数学模型对监测数据进行分析和预测，确保了平台预警预报的准确性和可靠性。由于篇幅侧重点原因，本书仅列出其中的多元回归分析法和 Kalman 滤波模型分析法两种方法的理论和基坑工程案例分析与预测的结果。

1. 多元回归分析法

多元回归分析法根据变量特性不同又有多元线性回归分析法和曲线拟合回归分析法。

1）多元线性回归分析法

多元线性回归分析法是一种广泛应用于形变对象监测数据处理的经典数理统计方法。它是研究一个变量（因变量）与多个因子（自变量）之间非确定关系（相关关系）的最基本方法，该方法通过分析所观测的变形（效应量）和外因（原因）之间的相关性，来建立荷载-变形关系的数学模型。其数学模型为

$$\gamma_t=\beta_0+\beta_1x_{t1}+\beta_2x_{t2}+\cdots+\beta_px_{tp}+\varepsilon_t \tag{9.18}$$

式中，下标 t 表示观测值变量的个数，共有 n 组观测数据；下标 p 表示变量因子

的个数。

由式（9.18）可得多元线性回归方程模型的矩阵表示式为

$$\boldsymbol{y}=\boldsymbol{x\beta}+\boldsymbol{\varepsilon} \tag{9.19}$$

式中，$\boldsymbol{\beta}$ 为待估计参数向量（回归系数向量），$\boldsymbol{\beta}=(\beta_0,\ \beta_1,\ \cdots,\ \beta_p)^{\mathrm{T}}$；$\boldsymbol{\varepsilon}$ 是服从同一正态分布 $N(0,\ \sigma^2)$ 的 n 维随机向量，$\boldsymbol{\varepsilon}=(\varepsilon_1,\ \varepsilon_2,\ \cdots,\ \varepsilon_n)^{\mathrm{T}}$；$\boldsymbol{y}$ 为 n 维变形量的观测向量(因变量)；$\boldsymbol{y}=(y_1,\ y_2,\ \cdots y_n)^{\mathrm{T}}$；$\boldsymbol{x}$ 是一个 $n\times(p+1)$ 矩阵，它的元素是可以精确测量或可控制的一般变量的观测值或它们的函数（自变量），其形式

$$\boldsymbol{x}=\begin{bmatrix} 1 & x_{11} & x_{12} & \cdots & x_{1p} \\ 1 & x_{21} & x_{22} & \cdots & x_{2p} \\ \vdots & \vdots & \vdots & \ddots & \vdots \\ 1 & x_{n1} & x_{n2} & \cdots & x_{np} \end{bmatrix} \tag{9.20}$$

通过最小二乘原理，我们可以求得 $\boldsymbol{\beta}$ 的估值（$\hat{\boldsymbol{\beta}}$）为

$$\hat{\boldsymbol{\beta}}=(\boldsymbol{x}^{\mathrm{T}}\boldsymbol{x})^{-1}\boldsymbol{x}^{\mathrm{T}}\boldsymbol{y} \tag{9.21}$$

上式模型是对问题初步分析所得的一种假设，在求得多元线性回归方程后，还需要对其进行统计检验，给出肯定或者否定的结论，一般采用两种统计方法对回归方程进行检验，一是回归方程显著性检验，另一个是回归系数显著性检验。

当变形体是由多个因子对其变形量产生影响，这些因子与变形量之间有一定的线性关系，这种情况就可以使用多元线性回归分析，多元线性回归分析弥补了一元线性回归分析中的单一因子对变形体分析的不足，多元线性回归分析也是最基本的多因子数据分析方法。

2）曲线拟合分析法

曲线拟合分析法又称为趋势曲线分析法或曲线回归分析法，是用各种光滑曲线来近似模拟事物发展的基本趋势，是迄今为止研究最多、最为流行的定量预测方法，其趋势模型为

$$\gamma_t=f(t,\theta)+\varepsilon_t \tag{9.22}$$

式中，γ_t 为预测对象；ε_t 为预测误差；$f(t,\ \theta)$ 根据不同的情况和假设，可取不同的形式，而其中的 θ 代表某些待定的参数。

几类典型的趋势模型有：多项式趋势模型、对数趋势模型、幂函数趋势模型、指数趋势模型、双曲线趋势模型、修正指数趋势模型、逻辑斯蒂（Logistic）趋势模型、龚伯茨（Gompertz）模型等，各趋势模型的数学表达式如下：

（1）多项式趋势模型：

$$Y_t=a_0+a_1t+\cdots+a_nt^n \tag{9.23}$$

（2）对数趋势模型：

$$Y_t = \mathrm{a} + \mathrm{b}\ln t \tag{9.24}$$

（3）幂函数趋势模型：

$$Y_t = \mathrm{a}t^{\mathrm{b}} \tag{9.25}$$

（4）指数趋势模型：

$$Y_t = \mathrm{ae}^{\mathrm{b}t} \tag{9.26}$$

（5）双曲线趋势模型：

$$Y_t = \mathrm{a} + \frac{\mathrm{b}}{t} \tag{9.27}$$

（6）修正指数趋势模型：

$$Y_t = L - \mathrm{ae}^{\mathrm{b}t} \tag{9.28}$$

（7）逻辑斯蒂（Logistic）趋势模型：

$$Y_t = \frac{L}{1 + \mu \mathrm{e}^{-\mathrm{b}t}} \tag{9.29}$$

（8）龚伯茨（Gompertz）模型：

$$Y_t = L\exp[-\beta \mathrm{e}^{-\theta t}],\ \beta > 0,\ \theta > 0 \tag{9.30}$$

2. Kalman 滤波模型分析法

"滤波"是信号处理一个很重要的工具，它是指从带有噪声干扰的离散或者连续的观测信号中提取出有用信号的方法，而相应的硬件装置或者软件算法称之为滤波器。Kalman 滤波是 R. E. Kalman 于 1960 年提出的从被提取信号有关的观测数据中通过算法估计出所需信号的一种滤波算法。Kalman 滤波法是指利用概率论和数理统计，仅以有限时间的数据作为计算依据，在线性无偏最小方差估计原理下提出的一种崭新的线性递推滤波方法。所谓递推是指，在充分利用上一时刻状态的估计值和本时刻的观测值去更新对状态变量的估计，从而求取本时刻的估计值。在计算中不需要把所有以前的数据都保存在存储器内，只需处理每一时刻取得的新的观测值。它能将仅与部分状态有关的观测数据进行处理，得出从某种统计意义上讲估计误差最小的状态估计值。但该模型容易产生发散现象，导致状态估计不可信。动态噪声和观测噪声的方差-协方差估计误差是引起发散现象的重要因素。

1）Kalman 滤波模型的基本原理和公式

Kalman 滤波模型是用一组状态微分方程和观测方程描述变形系统，把参数估计和预报有机结合起来，能实时地反映变形体的状态。因此，Kalman 滤波模型是一种较好的用来处理动态变形数据的模型，其状态方程和观测方程的一般形式可以表示为

$$\boldsymbol{X}_k=\boldsymbol{\phi}_{\frac{k}{k-1}}\boldsymbol{X}_{k-1}+\boldsymbol{\Gamma}_{k-1}\boldsymbol{W}_{k-1} \tag{9.31}$$

$$\boldsymbol{L}_k=\boldsymbol{H}_k\boldsymbol{X}_k+\boldsymbol{V}_k \tag{9.32}$$

式中，$\boldsymbol{X}_k$ 为 t_k 时刻系统的状态向量（n 维）；$\boldsymbol{L}_k$ 为 t_k 时刻对系统的观测向量（m 维）；$\boldsymbol{\phi}_{\frac{k}{k-1}}$为时间 t_{k-1} 至 t_k 的系统状态转移矩阵（$n\times n$）；$\boldsymbol{W}_{k-1}$为 t_{k-1}时刻的动态噪声（r 维）；$\boldsymbol{\Gamma}_{k-1}$为动态噪声矩阵（$n\times r$）；$\boldsymbol{H}_k$ 为 t_k 时刻的观测矩阵（$m\times n$）；$\boldsymbol{V}_k$ 为 t_k 时刻的观测噪声（m 维）。如果 $\boldsymbol{W}$ 和 $\boldsymbol{V}$ 满足如下统计特性：

$$E(\boldsymbol{W}_k)=0,E(\boldsymbol{V}_k)=0$$

$$\mathrm{Cov}(\boldsymbol{W}_k,\boldsymbol{W}_j)=\boldsymbol{Q}_k\delta_{kj},\mathrm{Cov}(\boldsymbol{V}_k,\boldsymbol{V}_j)=\boldsymbol{R}_k\delta_{kj},\mathrm{Cov}(\boldsymbol{W}_k,\boldsymbol{W}_j)=0$$

式中，$\boldsymbol{Q}_k$ 和 $\boldsymbol{R}_k$ 分别为动态噪声和观测噪声的方差阵；δ_{kj}是 Kronecker 函数，即

$$\delta_{kj}=\begin{cases}1,k=j\\0,k\neq j\end{cases} \tag{9.33}$$

于是，可推得 Kalman 滤波递推公式为

状态预报：

$$\hat{\boldsymbol{X}}_{\frac{k}{k-1}}=\boldsymbol{\phi}_{\frac{k}{k-1}}\hat{\boldsymbol{X}}_{k-1} \tag{9.34}$$

状态协方差阵预报：

$$\boldsymbol{P}_{\frac{k}{k-1}}=\boldsymbol{\phi}_{\frac{k}{k-1}}\boldsymbol{P}_{k-1}+\boldsymbol{\Gamma}_{k-1}\boldsymbol{Q}_{k-1}\boldsymbol{\Gamma}_{k-1}^{\mathrm{T}} \tag{9.35}$$

状态估计：

$$\hat{\boldsymbol{X}}_k=\hat{\boldsymbol{X}}_{\frac{k}{k-1}}+\boldsymbol{K}_k(\boldsymbol{L}_k-\boldsymbol{H}_k\hat{\boldsymbol{X}}_{\frac{k}{k-1}}) \tag{9.36}$$

状态协方差阵估计：

$$\boldsymbol{P}_k=(\boldsymbol{I}-\boldsymbol{K}_k\boldsymbol{H}_k)\boldsymbol{P}_{\frac{k}{k-1}} \tag{9.37}$$

式中，$\boldsymbol{K}_k$ 为滤波增益矩阵，其具体形式为

$$\boldsymbol{K}_k=\boldsymbol{P}_{\frac{k}{k-1}}\boldsymbol{H}_k^{\mathrm{T}}(\boldsymbol{H}_k\boldsymbol{P}_{\frac{k}{k-1}}\boldsymbol{H}_k^{\mathrm{T}}+\boldsymbol{R}_k)^{-1} \tag{9.38}$$

初始状态条件为

$$\hat{\boldsymbol{X}}_0=E(\boldsymbol{X}_0)=\mu_0,\hat{\boldsymbol{P}}_0=\mathrm{Var}(\boldsymbol{X}_0) \tag{9.39}$$

由式（9.34）可知，当可知 t_{k-1}时刻动态系统的状态$\hat{\boldsymbol{X}}_{k-1}$时，令 $\boldsymbol{W}_{k-1}=0$，即可得到下一时刻 t_k 的状态预报值$\hat{\boldsymbol{X}}_{\frac{k}{k-1}}$。而从式（9.36）可知，当 t_k 时刻对系统进行观测 L_k 后，就可利用该观测值对预报值进行修正，得到 t_k 时刻系统的状态估计（滤波值）$\hat{\boldsymbol{X}}_k$，如此反复进行递推式预报与滤波。因此，在给定了初始值$\hat{\boldsymbol{X}}_0$、$\hat{\boldsymbol{P}}_0$ 后，就可依据公式进行递推计算，实现滤波的目的。

2）Kalman 滤波法实现步骤

第一步，确定滤波的初值，包括状态向量的初值（$\hat{\boldsymbol{X}}_0$）及其相应的协方差阵（$\hat{\boldsymbol{P}}_0$）、观测噪声的协方差阵（$\boldsymbol{R}_k$）和动态噪声的协方差阵（$\boldsymbol{Q}_k$）。

第二步，建立 Kalman 滤波模型，确定系统状态转移矩阵（$\boldsymbol{\Phi}_{\frac{k}{k-1}}$）、动态噪声矩阵（$\boldsymbol{\Gamma}_{k-1}$）和观测矩阵（$\boldsymbol{H}_k$）。

第三步，以上准备工作完成后就可以开始计算，得出预测值（$\hat{\boldsymbol{X}}_{\frac{k}{k-1}}$）、预报协方差阵（$\boldsymbol{P}_{\frac{k}{k-1}}$）、增益矩阵（$\boldsymbol{K}_k$）。

第四步，输入一组观测数据，进行 Kalman 滤波，得出该组观测值的最佳预测值（$\hat{\boldsymbol{X}}_k$）和方差阵（P_k）。

第五步，再回到第三步，进行递推计算。

3）工程应用

下面将深圳某大厦基坑支护工程第三方监测桩顶沉降（S_1）监测点共134期的监测成果作为实验数据（表9.4），Kalman 滤波模型做出的预报数据效果图见图9.7，Kalman 滤波模型残差图见图9.8。

表9.4 某大厦基坑支护桩桩顶沉降监测成果表 （单位：mm）

期数	累计沉降量	期数	累计沉降量	期数	累计沉降量	期数	累计沉降量
第1次	0	第9次	-1.1	第17次	-1.6	第25次	-2.3
第2次	0.1	第10次	-1.6	第18次	-2.2	第26次	-2.2
第3次	0	第11次	-1.4	第19次	-1.8	第27次	-1.7
第4次	-0.2	第12次	-2.1	第20次	-1.9	第28次	-1.4
第5次	-0.4	第13次	-1.7	第21次	-2.3	第29次	-2.3
第6次	-0.7	第14次	-1.8	第22次	-2.2	第30次	-2.2
第7次	-1.2	第15次	-2	第23次	-1.6	⋮	
第8次	-1	第16次	-1.4	第24次	-2.1	第134次	-11.9

该基坑支护桩桩顶沉降设置动态噪声协方差为无穷小值0.0000001，各个监测时期的噪音相互影响关系非常小。Kalman 滤波模型运行得到如图9.7所示的效果，滤波值在随着数据期数的增加逐步趋近于测量值，预报值也在期间波动，能够达到很好的预报效果。图9.8是 Kalman 滤波模型残差图，通过残差图可以看到，前期滤波残差最大达到了0.8mm（图中蓝色线），后面无限趋近于0，收敛趋势平稳，滤波效果理想。预报值虽然从图形的波动上看非常剧烈，但实际上也是在1mm附近波动，预测效果很好。

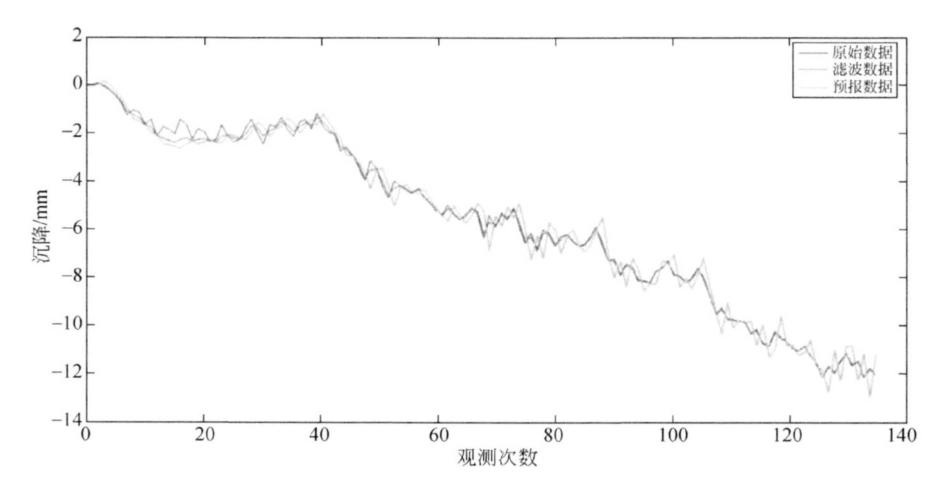

图 9.7　某大厦基坑支护桩顶沉降 Kalman 滤波模型预测效果图

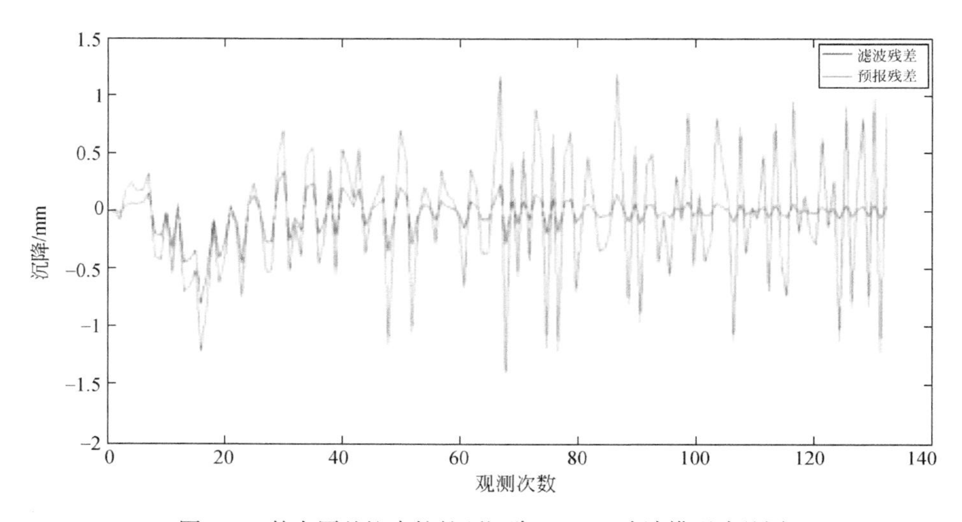

图 9.8　某大厦基坑支护桩顶沉降 Kalman 滤波模型残差图

9.6　监测数据记录与成果表达

9.6.1　监测数据记录及图表格式

1. 监测数据的记录

（1）使用规范统一的监测记录图表；

（2）表中的监测数据应为原始数据；
（3）表中的数据可以是时数据、日数据或月数据；
（4）图中展示的曲线数据应由监测预警预报平台自动处理生成。

2. 图表内容及格式

（1）工程名称；
（2）监测对象、监测内容；
（3）监测仪器类型、监测仪器型号、监测仪器生产商、监测仪器编号；
（4）监测时间（精确到秒）及天气；
（5）监测数据成果汇总表，表中应包括：测点编号（测孔编号）、上次监测值、本次监测、累计变化值、变化速率、安全状态提示；
（6）监测数据成果应有监测数据的时程曲线和拟合曲线图，图中应有：横、纵轴标示的具体含义，如横轴为时间时，应标明时或日或月；如纵轴为地下水位时，应标明地下水位累计变化及单位；
（7）监测结果分析及结论；
（8）监测工程负责人、仪器设备负责人、监测单位工程负责人及相关负责人签名栏、监测单位名称。

基坑工程大多属临时性工程，一般图表应包括时报图表、日报图表、周报图表、月报图表等。根据监测数据采集和预警预报频率常规性要求，作者自主研发的自动化监测预警平台设计了时报、日报和月报三种标准报表格式，见表9.5、表9.6和表9.7的样板。

9.6.2　监测成果的表达方式和主要内容

时报、日报表达以图、表为主，文字为辅，图表内容及格式见表9.5～表9.7。月报、阶段性报告和最终报告表达应图、表、文兼具，且应包括下列主要内容：
（1）监测报告编制依据；
（2）工程概况；
（3）监测对象及内容；
（4）监测设备选型及布置；
（5）监测频率；
（6）监测阈值和报警值；
（7）监测结果分析；
（8）监测结论与建议。

表 9.5　时报图表样板

表面水平位移（BSW）监测记录表

第__页，共__页

工程名称：　　　　　　　　　　　　　　监测工程位置：

监测对象：　　　　　　　　　　　　　　监测内容：

监测仪器类型：　　　　　　　　　　　　监测仪器型号：

监测仪器生产商：　　　　　　　　　　　监测仪器编号：

监测时间：____年__月__日__时至____年__月__日__时　　天气：

表面水平位移监测数据成果汇总

	第 1 次					第…次	第 n 次				
测点编号	上次位移	本次位移	本次变化量	累计变化量	安全状态	…	上次位移	本次位移	本次变化量	累计变化量	安全状态
	mm	mm	mm	mm			mm	mm	mm	mm	
BSW-1											

监测数据成果曲线图

累计变化量/mm

4 3 2 1 0 −1 −2 −3 −4

1 2 3 4 5 6 7 8 9 10 11 12 13 14 15 16 17 18 19 20 21 22 23 24

时间/h

监测结果分析及结论：

工程负责人：　　　　　　仪器设备负责人：　　　　　　监测单位：

表 9.6　日报图表样板

土压力（TY）监测记录表

第__页，共__页

工程名称：　　　　　　　　　　　　监测工程位置：
监测对象：　　　　　　　　　　　　监测内容：
监测仪器类型：　　　　　　　　　　监测仪器型号：
监测仪器生产商：　　　　　　　　　监测仪器编号：
监测时间：____年__月__日至____年__月__日

土压力监测数据成果汇总

测点编号	第 1 日					第…日		第 n 日					
	上次压力	本次压力	本次变化量	累计变化量	变化速率	安全状态	…	上次压力	本次压力	本次变化量	累计变化量	变化速率	安全状态
	kPa	kPa	kPa	kPa	kPa/d			kPa	kPa	kPa	kPa	kPa/d	
TY-1													

监测数据成果曲线图

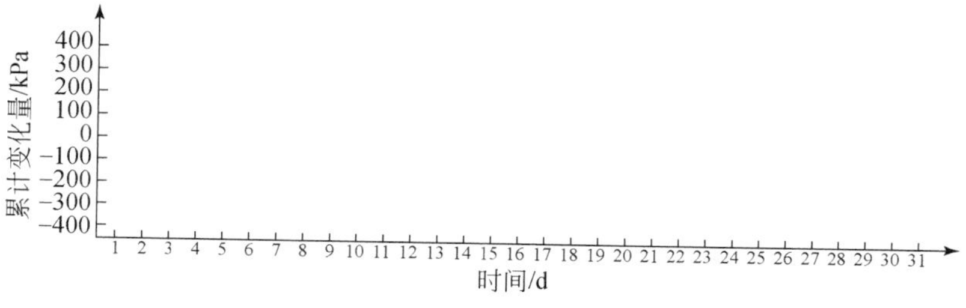

累计变化量/kPa
400
300
200
100
0
−100
−200
−300
−400
1 2 3 4 5 6 7 8 9 10 11 12 13 14 15 16 17 18 19 20 21 22 23 24 25 26 27 28 29 30 31
时间/d

监测结果分析及结论：

工程负责人：　　　　　　　仪器设备负责人：　　　　　　　监测单位：

表 9.7　月报图表样板

降雨量（JY）监测记录表

第__页，共__页

工程名称：　　　　　　　　　　　　　　监测工程位置：

监测对象：　　　　　　　　　　　　　　监测内容：

监测仪器类型：　　　　　　　　　　　　监测仪器型号：

监测仪器生产商：　　　　　　　　　　　监测仪器编号：

监测时间：____年__月__日至____年__月__日

降雨量监测数据成果汇总

	第 1 月			第…月	第 n 月				
测点编号	上月雨量	本月雨量	累计雨量	安全状态	…	上月雨量	本月雨量	累计雨量	安全状态
	mm	mm	mm			mm	mm	mm	
JY-1									

监测数据成果曲线图

降雨量/mm
1.8
1.6
1.4
1.2
1.0
0.8
0.6
0.4
0.2
0
1 2 3 4 5 6 7 8 9 10 11 12
时间/h

监测结果分析及结论：

工程负责人：　　　　　　　　仪器设备负责人：　　　　　　　　监测单位：

9.7　工程案例

9.7.1　工程概况

深圳市城市轨道交通12号线工程一工区南山站，是12号线的第八个车站，南接创业路站，北连桃园站，为11号线与12号线换乘站。南山站线路沿南山大道敷设，周边建筑物密集，既有居民生活区，又有商业区等；路面下管线较多；地表交通繁忙，见图9.9。

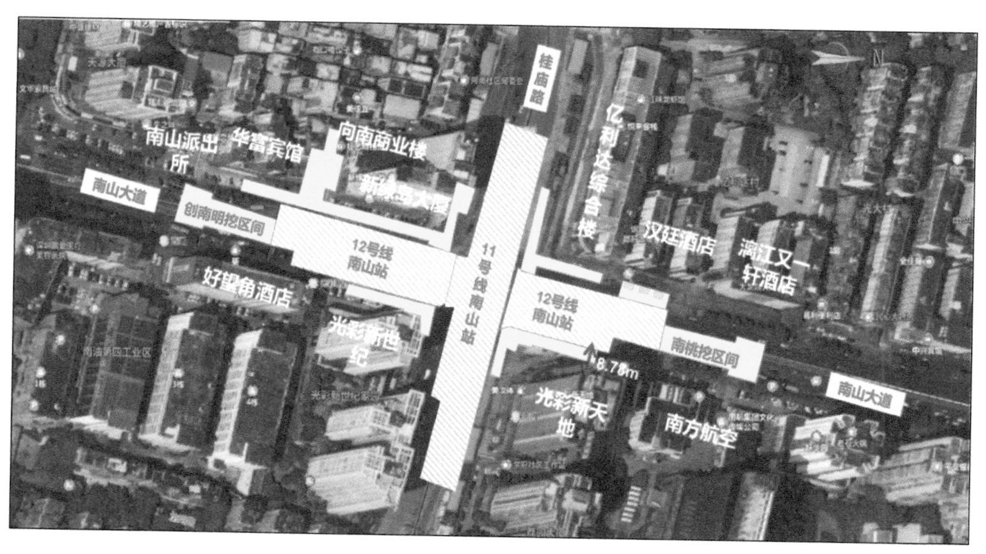

图9.9　12号线南山站场地交通位置图

南山站为地下二层侧式站台车站，有效站台长度为140m，站台宽为11.2m，为三柱四跨框架结构。车站外包总长为247.7m，标准段基坑宽为32.5m，基坑开挖深度为21.1～23.6m，顶板覆土厚约为4.1～6.7m。车站南端为创业路站—南山站区间，采用盾构法+明挖法施工，与南山站相接处为明挖法区间；北端为南山站—桃园站区间，采用明挖法+盾构法施工，与南山站相接处为明挖法区间。本站主体基坑安全等级为一级，采用明挖半铺盖法及盖挖逆作法两种工法施工（本站12-14、20-22轴采用盖挖逆作法施工，其余部分采用明挖半铺盖法），外侧围护结构采用800mm厚地下连续墙。小里程侧（11号线南山站以南）采用2道砼支撑+1道钢支撑形式，大里程侧（11号线南山站以北）采用2道砼支撑+2道钢支撑形式。

由于该基坑所处位置的特殊性，深圳市市政工程质量监督总站要求该基坑自土方开挖至基坑回填整个期间实行自动化监测试点，进行自动化监测的同时进行人工监测比对。监测周期为从土方开挖开始到地下结构施工完成基坑回填后结束。该工程自 2020 年 6 月 1 日开始进行自动化监测，监测结果及分析截取 2021 年 3 月 1 日—2021 年 3 月 31 日的阶段数据。

9.7.2 周边环境概况

南山站周边建筑物距车站主体结构边距离为 7.9 ~ 26.5m 不等，距附属结构边为 6.11 ~ 27m 不等，邻近车站基坑的主要建筑物层高、基础型式和直线距离见表 9.8。

南山站地面道路地下管线密集，分布有污水管道、给水管道、电信管道、电力管道、通信光缆等。地下管线埋深一般约 0.5 ~ 3.0m，局部地段管线埋深超过 5.0m，车站南端存在 2m×1.5m 的雨水箱涵，埋深约 2.5 ~ 3.5m，车站北端存在 3m×1.7m 的雨水箱涵，埋深约 3.0 ~ 3.5m。地下管线位于基坑开挖深度范围内，基坑开挖对其影响较大。

表 9.8 基坑周边主要建筑物基本情况

建筑物名称	楼层数	基础形式	距车站主体结构最近距离/m
华富宾馆	8	浅基础	9.49
向南商业楼	4	天然基础	已拆除
新绿岛大厦	19	Φ600mm 锤击沉管灌注桩，桩长 16 ~ 24m	10.11
好望角城市酒店	8	浅基础	10.00
光彩新世纪	30	Φ500mm 预应力管桩，桩长 25 ~ 30m	9.03
亿利达综合楼	6	Φ400mm 预应力混凝土管桩，桩长 22 ~ 26m	6.11
光彩新天地	37	Φ500mm 预应力管桩	6.14
南方航空	5	浅基础	14.56

9.7.3 自动化监测测点布置及监测频率

1. 监测对象、监测内容和测点布置

（1）基坑围护结构。主要监测其深部水平位移、钢支撑及砼支撑轴力。深部水平位移的监测设备布设于基坑中部，分别在创业路站—南山站区间（基坑南侧）东侧和西侧各布置测点 1 个，分别在南山站—桃园站区间（基坑北侧）东侧和西侧各布置测点 1 个。支撑轴力的监测设备分别布置在深部位移监测点同一个断面上，即在创业路站—南山站区间东侧和西侧各布置测面 1 个，在南山站—桃园站区间东侧和西侧各布置测面 1 个。

(2) 周边建筑物。主要监测光彩新世纪、好望角城市酒店、华富宾馆、新绿岛大厦、汉庭酒店及光彩新天地等建筑物的沉降。监测设备主要布置在基础形式较差及受基坑开挖影响较大的建筑物墙角处。在基坑南侧的光彩新世纪、好望角城市酒店、华富宾馆和新绿岛大厦上共16个监测点；在基坑北侧的汉庭酒店和光彩新天地上共八个监测点。

(3) 地下水。主要监测地下水位。监测设备布置在深部水平位移监测同一个断面上及受地下水位变化影响较大的管桩基础的建筑物附近。在创业路站—南山站区间西侧和南山站—桃园站区间东侧各布置1个监测点。

基坑监测平面布置图见图9.10。

2. 监测频率

根据设计要求，现场数据采集频率为1次/10min，监测预警平台数据记录频率为1次/30min。在特殊情况（如暴雨、台风天气等）及基坑开挖期间，随机监测频率为每1次/5min。

9.7.4 监测预警值设定

根据《建筑基坑工程监测技术规范》(GB 50497-2019)，结合设计、施工和第三方人工监测等相关资料，本基坑工程自动化监测的围护结构深部水平位移、建筑物沉降及地下水水位预警设定值见表9.9，支撑轴力预警设定值见表9.10和表9.11。

表9.9　监测预警设定值

预警等级	围护结构深部水平位移累计值/mm	建筑物沉降累计值/mm	地下水水位累计值/mm	预警标准
三级	18	-18	600	60%控制值
二级	24	-24	800	80%控制值
一级	30	-30	1000	100%控制值

注：当警情级别达到三级、二级时预警，达到一级时报警。

表9.10　第7-8轴支撑内力监测预警设定值

警情级别	第一道砼支撑累计值/kN	第二道钢支撑累计值/kN	第三道砼支撑累计值/kN	第四道钢支撑累计值/kN	预警标准
三级	4415.04		4415.04	1381.8	60%控制值
二级	5886.72		5886.72	1842.4	80%控制值
一级	7358.4		7358.4	2303	100%控制值
设计值 (f)	10512		10512	3290	支撑轴力设计值

注：控制值为70%f，f为支撑轴力设计值，当警情级别达到三级、二级时进行预警，达到一级时进行报警等，7-8轴无第二道钢支撑。

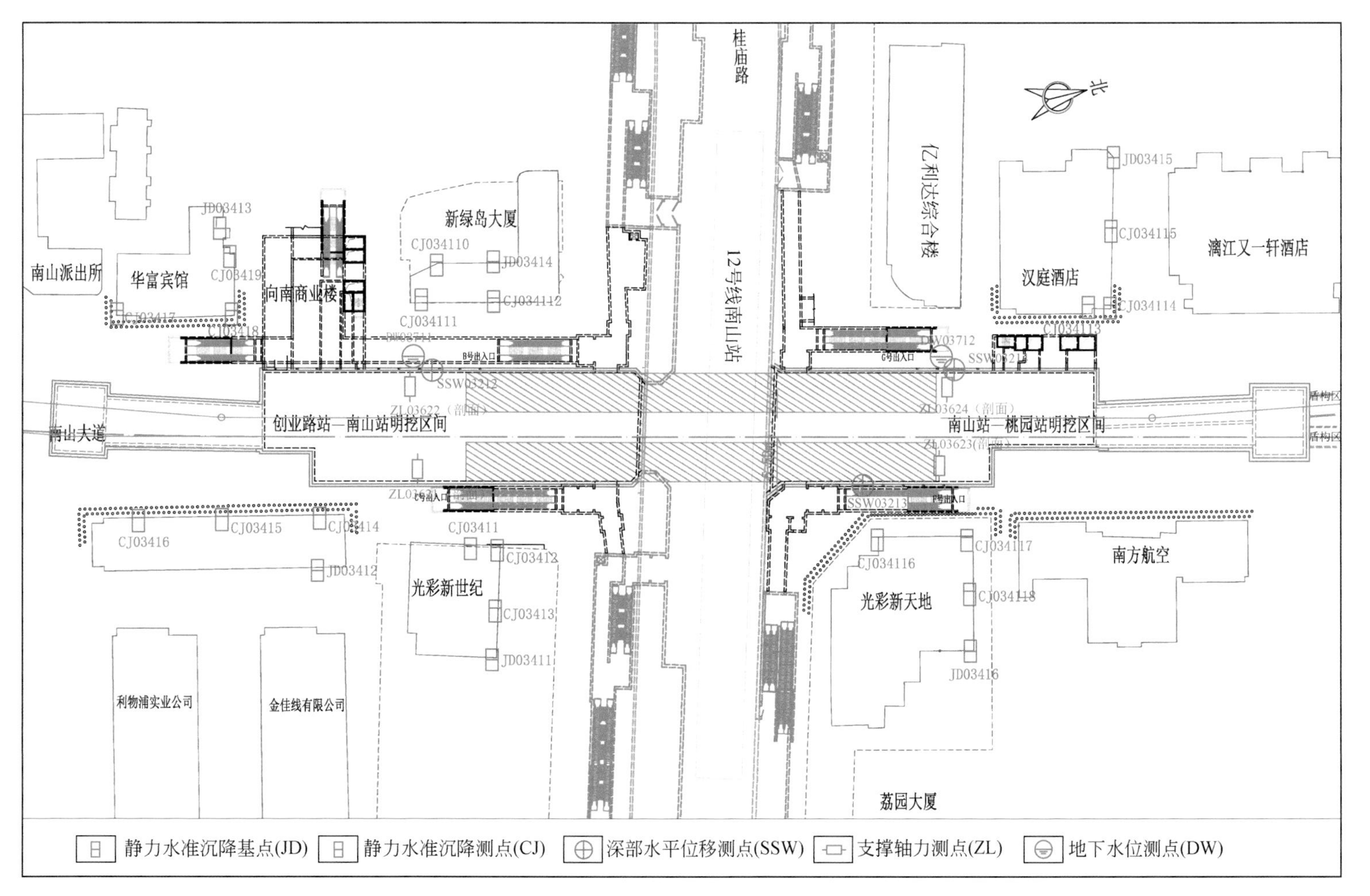

图 9.10　南山站基坑监测平面布置图

表 9.11　第 26–27 轴支撑内力监测预警设定值

警情级别	第一道砼支撑累计值/kN	第二道钢支撑累计值/kN	第三道砼支撑累计值/kN	第四道钢支撑累计值/kN	预警标准
三级	4415.04	510.72	4415.04	1576.26	60% 控制值
二级	5886.72	680.96	5886.72	2101.68	80% 控制值
一级	7358.4	851.2	7358.4	2627.1	100% 控制值
设计值（f）	10512	1216	10512	3573	支撑轴力设计值

注：控制值为 70%f，f 为支撑轴力设计值，当警情级别达到三级、二级时进行预警，达到一级时进行报警。

9.7.5　监测结果及结论

1. 监测结果

各监测点监测数据累计变化最大值、本期变化值及是否超警统计见表 9.12。为展示作者团队研发的自动化监测预警平台的数据自动处理和报表自动生成能力，下面将深圳市城市轨道交通 12 号线南山站基坑监测代表性监测对象的测点监

表 9.12　监测数据累计变化最大值、本期变化值及是否超警统计表

监测对象	监测内容	测点编号	累计变化最大值	本期变化值	是否超警
光彩新世纪	沉降/mm	CJ03411	−1.35	0.03	否
		CJ03412	−0.5	−0.1	否
		CJ03413	−1.38	−0.56	否
好望角城市酒店		CJ03414	−14.53	3.49	否
		CJ03415	−3.86	−1.04	否
		CJ03416	11.14	−4.69	否
华富宾馆		CJ03417	−6.8	−0.25	否
		CJ03418	−8.78	−0.01	否
		CJ03419	−4.82	−0.29	否
新绿岛大厦		CJ034110	−1.99	−0.42	否
		CJ034111	−2.6	−1.03	否
		CJ034112	2.15	−0.54	否
汉庭酒店		CJ034113	−19.48	2.35	是
		CJ034114	−20.12	2.42	是
		CJ034115	−9.99	−1.82	否
光彩新天地		CJ034116	−2.81	0.58	否
		CJ034117	−3.54	−0.17	否
		CJ034118	−1.86	−0.61	否

续表

监测对象	监测内容	测点编号		累计变化最大值	本期变化值	是否超警
东边地连墙 E32	深部水平位移/mm	SSW03213	0m-X	-7.8	0.507	否
			0m-Y	2.06	-1.274	否
			4m-X	-11.7	-4.449	否
			4m-Y	0.87	-0.436	否
			9m-X	-10.82	-4.449	否
			9m-Y	1.4	-0.437	否
			14m-X	-9.95	-4.449	否
			14m-Y	1.57	-0.436	否
			19m-X	-5.5	-2.355	否
			19m-Y	-0.61	-0.349	否
西边地连墙 W08		SSW03212	X	13.04	—	否
			Y	-9.41	—	否
西边地连墙 W29		SSW03214	X	14.66	—	否
			Y	7.95	—	否
西边第一道砼支撑	支撑轴力/kN	ZL03622-1		-3248.91	-1145.668	否
东边第一道砼支撑		ZL03623-1		-1976.05	131.132	否
西边第二道砼支撑		ZL03624-1		274.66	177.01	否
北侧区间东边第二道钢支撑		ZL03623-2-1		-187.89	-138.169	—
		ZL03623-2-2		-269.14	-130.238	—
南侧区间	地下水位/m	DW03711		-1.25	-1.237	—
北侧区间		DW03712		0.26	0.101	—

测数据时程曲线、监测结果分析及日报报表如表 9.13 ~ 表 9.18 所示，这些报表可以全部在平台上自动打印生成报告。

1）光彩新世纪大厦沉降监测记录表（表 9.13）

光彩新世纪大厦沉降自 2021 年 3 月 1 日至 2021 年 3 月 31 日的时程曲线如表 9.13 所示。监测结果分析：①监测时段沉降累计变化最大值出现在测点 CJ03413，最大值为-1.38mm；②虽然沉降曲线存在上下波动，但沉降累计变化不大，未出现超警情况。

表9.13　光彩新世纪大厦沉降监测记录表

工程名称：深圳市城市轨道交通12号线工程一工区南山站基坑　监测工程位置：深圳市南山区

监测对象：光彩新世纪建筑物　监测内容：沉降

监测仪器类型：静力水准仪　监测仪器型号：SCI-WY5000

监测仪器生产商：赛昂斯　监测仪器编号：CJ03411_3782/CJ03412_3781/CJ03413_3780/JD03411_3779

监测时间：2021年3月1日至2021年3月31日

沉降监测数据成果汇总表

测点编号	初始值/mm	上次测值/mm	本次测值/mm	累计变化值/mm	本次变化值/mm	报警情况
CJ03411	130.21	125.73	125.76	-0.74	0.03	未超警
CJ03412	115.12	110.93	110.83	-0.57	-0.1	未超警
CJ03413	142.26	136.44	135.88	-0.64	-0.56	未超警

监测数据成果曲线图

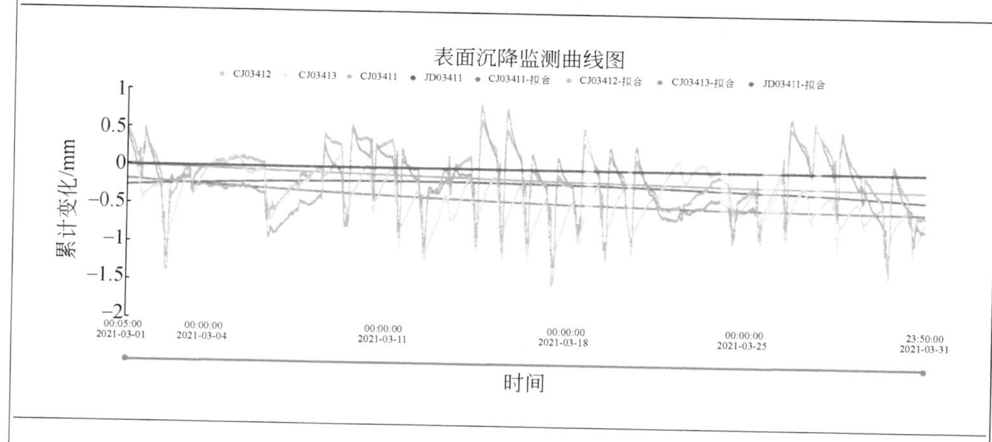

监测结果分析及结论：

（1）监测阶段沉降累计变化最大值出现在测点CJ03413，最大值为-1.38mm；

（2）沉降累计变化较稳定，均在允许变化范围内，未出现超警情况

2）好望角城市酒店沉降监测记录表（表9.14）

好望角城市酒店沉降自2021年3月1日至2021年3月31日的时程曲线如表9.14所示。监测结果分析：①监测时段沉降累计变化最大值出现在测点CJ03414，最大值为-14.53mm；②沉降增量变化缓慢，拟合曲线与时程曲线吻合度高，累计变化均在允许变化范围内，未出现超警情况。

表 9.14　好望角城市酒店沉降监测记录表

工程名称：深圳市城市轨道交通 12 号线工程一工区南山站基坑　　监测工程位置：深圳市南山区

监测对象：好望角城市酒店建筑物　　监测内容：沉降

监测仪器类型：静力水准仪　　监测仪器型号：SCI-WY5000

监测仪器生产商：赛昂斯　　监测仪器编号：CJ03414_3784/CJ03415_3785/CJ03416_3786/JD03412_3783

监测时间：2021 年 3 月 1 日至 2021 年 3 月 31 日

沉降监测数据成果汇总表

测点编号	初始值/mm	上次测值/mm	本次测值/mm	累计变化值/mm	本次变化值/mm	报警情况
CJ03414	143.77	151.92	155.41	-14.11	3.49	未超警
CJ03415	142.86	141.05	140.01	-1.81	-1.04	未超警
CJ03416	160.31	147.67	142.98	11.14	-4.69	未超警

监测数据成果曲线图

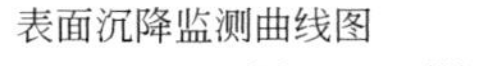

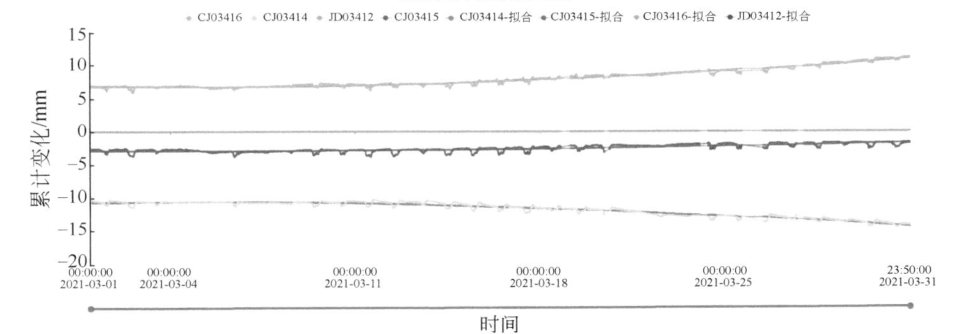

监测结果分析及结论：

（1）监测阶段沉降累计变化最大值出现在测点 CJ03414，最大值为-14.53mm；

（2）沉降累计值变化缓慢增加，累计变化均在允许变化范围内，未出现超警情况

3）围护结构深部水平位移测点 SSW03212 监测记录表（表 9.15）

围护结构深部水平位移测点 SSW03212 自 2021 年 3 月 1 日至 2021 年 3 月 31 日的时程曲线如表 9.15 所示。监测结果分析：①监测时段 X 方向、Y 方向位移累计最大值分别出现在-8m、-11m 处，最大值分别为 13.04mm、-9.41mm；②X 方向位移向基坑内缓慢增加，Y 方向位移缓慢增加，不同方向位移累计变化均在允许变化范围内，未出现超警情况。

表 9.15　深部水平位移测点 SSW03212 监测记录表

工程名称：深圳市城市轨道交通 12 号线工程一工区南山站基坑　监测工程位置：深圳市南山区
监测对象：围护结构　　监测内容：深部水平位移
监测仪器类型：柔性测斜仪　　监测仪器型号：SCI-GCX3000
监测仪器生产商：赛昂斯　　监测仪器编号：287359-287359～287359-287382
监测时间：2021 年 3 月 1 日至 2021 年 3 月 31 日

深部水平位移监测数据成果汇总表

测点方向	累计变化最大值/mm	最大位移出现位置深度/m	报警情况
X	13.04	−8	未超警
Y	−9.41	−11	未超警

监测数据成果曲线图

*X*方向

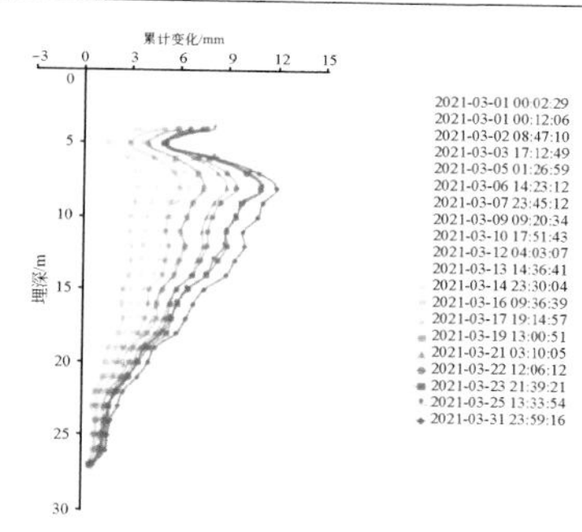

深部水平位移深度–时间曲线

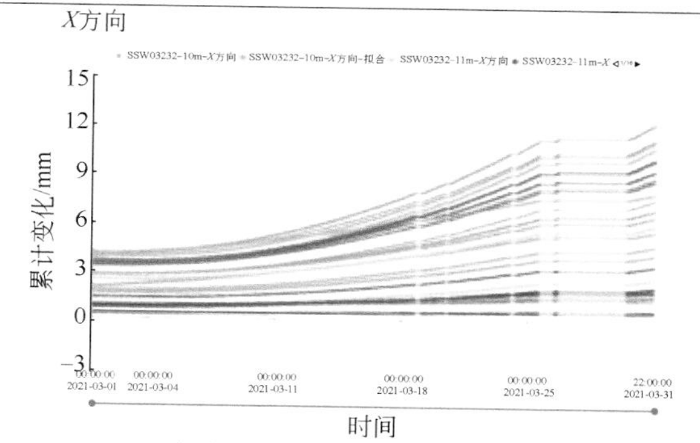

深部水平位移时程曲线(拟合曲线)

*Y*方向

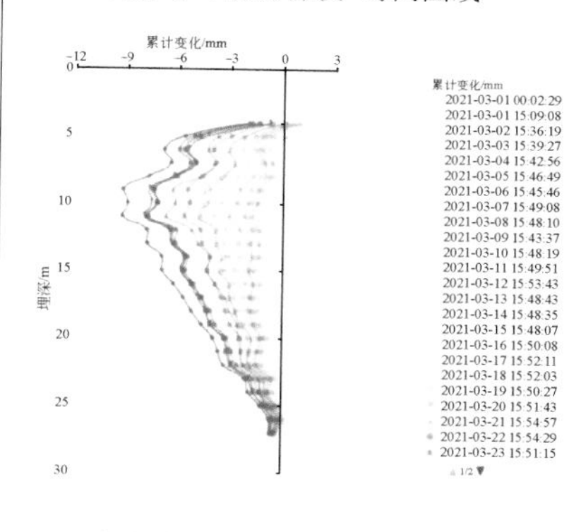

深部水平位移深度–时间曲线

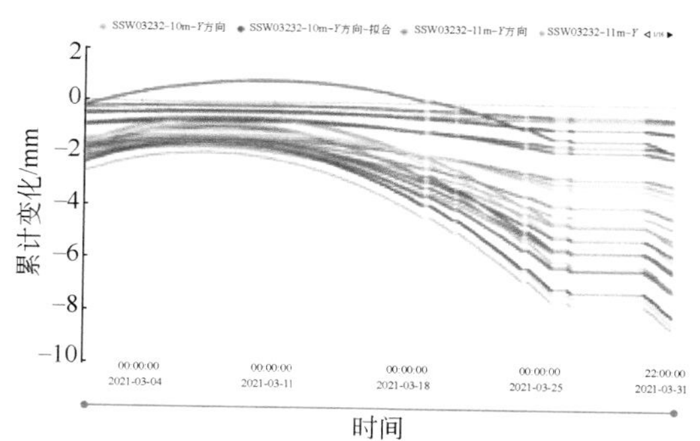

深部水平位移时程曲线(拟合曲线)

备注：*X* 正方向为垂直基坑往内变化；*X* 负方向为垂直基坑往外变化；*Y* 方向为平行于基坑方向

监测结果分析及结论：
（1）监测阶段 *X* 方向、*Y* 方向位移累计变化最大值分别出现在 −8m、−11m 处，最大值分别为 13.04mm、−9.41mm；
（2）*X* 方向位移累计变化往基坑内缓慢增加，*Y* 方向位移累计变化缓慢增加，不同方向位移累计变化均在允许变化范围内，未出现超警情况

4）围护结构第一道砼支撑轴力监测记录表（表 9. 16）

围护结构第一道砼支撑轴力自 2021 年 3 月 1 日至 2021 年 3 月 31 日的时程曲线如表 9. 16 所示。监测结果分析：①南侧区间 ZL03622-1 测点轴力累计最大值为-3248. 91kN，北侧区间 ZL03623-1 测点轴力累计最大值为-1976. 05kN，北侧区间 ZL03624-1 测点轴力累计最大值为 274. 66kN；②南侧区间 ZL03622-1 测点轴力随开挖深度增加而持续增大，受温度影响，轴力出现明显波动；③北侧区间第二道钢支撑施加预应力后，第一道砼支撑 ZL03623-1、ZL03624-1 测点轴力有所减小；④各测点轴力累计值均在允许变化范围内，未出现超警情况。

5）围护结构第二道钢支撑轴力监测记录表（表 9. 17）

围护结构第二道钢支撑轴力自 2021 年 3 月 19 日至 2021 年 3 月 31 日的时程曲线如表 9. 17 所示。监测结果分析：监测数据于 2021 年 3 月 19 日上线，因处于试运行阶段，数据状态不稳定，不对数据结果进行分析。

6）场地地下水水位监测记录表（表 9. 18）

场地地下水水位分别自 2021 年 3 月 15 日、3 月 26 日至 2021 年 3 月 31 日的时程曲线如表 9. 18 所示。监测结果分析：场地地下水水位测点 DW03711 监测数据于 2021 年 3 月 15 日上线，测点 DW03712 监测数据于 2021 年 3 月 26 日上线，因处于试运行阶段，数据状态不稳定，不对数据结果进行分析。

2. 监测结论

（1）针对深圳市城市轨道交通 12 号线南山站基坑工程建立的自动化监测站和预警平台建站和建台成功并运行正常。

（2）基坑周边的光彩新世纪大厦、华富宾馆、新绿岛大厦及光彩新天地大厦各建筑物沉降趋势均较稳定，好望角城市酒店及和庭酒店沉降缓慢增加。光彩新世纪大厦、好望角城市酒店、华富宾馆、新绿岛大厦及和彩新天地大厦沉降累计值分别为-1. 38mm、-14. 53mm、-8. 78mm、-2. 6mm、-3. 54mm，均在允许范围内，未超预警。汉庭酒店 CJ034113、CJ034114 测点沉降累计值均超过三级预警值（-18mm），各测点沉降缓慢增加，应加强关注。

（3）南侧创业路站—南山站区间西边围护墙深部水平位移 SSW03212 *X* 方向累计值为 13. 04mm。北侧南山站—桃园站区间东边围护墙深部水平位移 SSW03213 *X* 方向累计值为-11. 7mm；西边围护墙深部水平位移 SSW03214 *X* 方向累计值为 14. 66mm。南侧区间及北侧区间，各测点围护墙深部水平位移均向基坑内缓慢增加，但均在允许变化范围内，未超预警。

表 9.16　第一道砼支撑轴力监测记录表

工程名称：深圳市城市轨道交通 12 号线工程一工区南山站基坑　监测工程位置：深圳市南山区
监测对象：砼支撑　监测内容：轴力
监测仪器类型：应力计　监测仪器型号：SCI-VW1010
监测仪器生产商：赛昂斯　监测仪器编号：ZL03622-1_4232/ZL03623-1_4157/ZL03624-1_4231
监测时间：2021 年 3 月 1 日至 2021 年 3 月 31 日

轴力监测数据成果汇总表

测点编号	上次累计变化测值/kN	本次累计变化测值/kN	本次变化值/kN	报警情况
ZL03622-1	−1498.317	−2643.985	1145.668	未超警
ZL03623-1	−1585.064	−1453.932	131.132	未超警
ZL03624-1	−95.691	81.319	177.01	未超警

监测数据成果曲线图

轴力监测曲线图

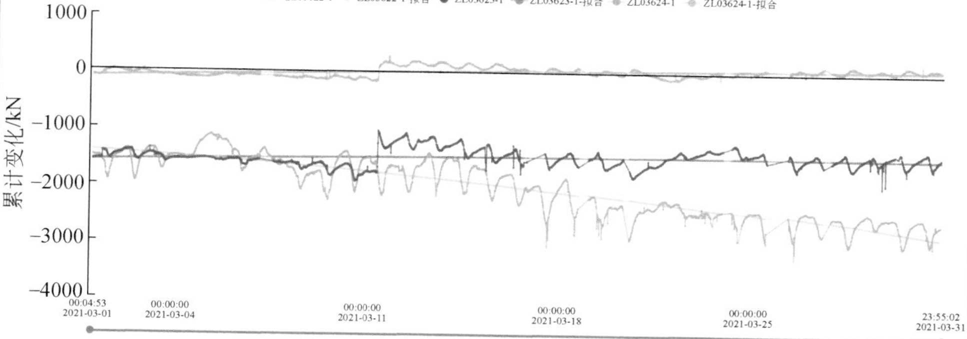

备注：ZL03622-1位于南侧区间西边，ZL03623-1、ZL03624-1位于北侧区间东边和西边；正值表示受拉，负值表示受压

监测结果分析及结论：

（1）ZL03622-1 测点累计变化最大值为−3248.91kN，ZL03623-1 测点累计变化最大值为−1976.05kN，ZL03624-1 测点累计变化最大值为 274.66kN；

（2）南侧区间 ZL03622-1 测点轴力随着开挖深度的增加，轴力持续增大。受温度影响，轴力出现波动；

（3）北侧区间，第二道钢支撑施工受预应力后，第一道砼支撑 ZL03623-1、ZL03624-1 测点轴力有所减小；

（4）各测点轴力累计变化均在允许变化范围内，未出现超警情况

表 9.17　第二道钢支撑轴力监测记录表

工程名称：深圳市城市轨道交通 12 号线工程一工区南山站基坑　监测工程位置：深圳市南山区

监测对象：钢支撑　　监测内容：轴力

监测仪器类型：应力计　　监测仪器型号：SCI-ZL1010

监测仪器生产商：赛昂斯　　监测仪器编号：ZL03623-2-1_4413/ZL03623-2-2_4414

监测时间：2021 年 3 月 19 日至 2021 年 3 月 31 日

轴力监测数据成果汇总表

测点编号	上次累计变化测值/kN	本次累计变化测值/kN	本次变化值/kN	报警情况
ZL03623-2-1	-9.784	-147.953	-138.169	—
ZL03623-2-2	-28.033	-158.271	-130.238	—

监测数据成果曲线图

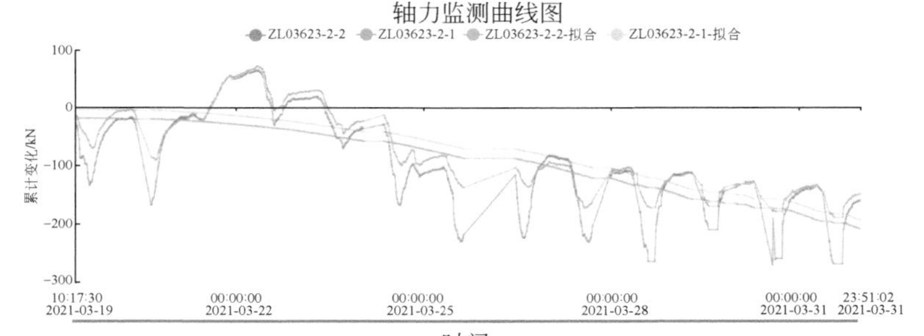

备注：监测点位于北侧区间东边；正值表示受拉，负值表示受压

监测结果分析及结论：

数据于 2021 年 3 月 19 日上线，处于试运行阶段，暂不对数据进行分析

（4）南侧区间第一道砼支撑轴力测点轴力 ZL03622-1、北侧区间第一道砼支撑轴力测点 ZL03623-1 和 ZL03624-1 轴力累计值分别为 -3248.91kN、-1976.05kN、274.66kN。南侧区间轴力测点 ZL03622-1 轴力随着开挖深度的增加持续增大且受温度变化出现明显波动现象；北侧区间第一道砼支撑测点 ZL03623-1、ZL03624-1 轴力随着第二道钢支撑施加预应力有所减小。

（5）北侧区间第二道钢支撑轴力数据于 2021 年 3 月 19 日上线；场地地下水水位测点 DW03711、DW03712 监测数据分别于 2021 年 3 月 15 日、3 月 26 日上线。

表 9.18　场地地下水水位监测记录表

工程名称：深圳市城市轨道交通 12 号线工程一工区南山站基坑　监测工程位置：深圳市南山区

监测对象：地下水　监测内容：地下水位

监测仪器类型：水位计　监测仪器型号：SCI-SW-GY

监测仪器生产商：赛昂斯　监测仪器编号：DW03711_4335_1/DW03712_4422_1

监测时间：2021 年 3 月 15 日至 2021 年 3 月 31 日

沉降监测数据成果汇总表

测点编号	初始值/m	上次测值/m	本次测值/m	累计变化/m	本次变化/m	报警情况
DW03711	-5. 687	-5. 687	-5. 7	-6. 937	-1. 25	—
DW03712	-7. 346	-7. 346	-7. 331	-7. 23	0. 116	—

监测数据成果曲线图

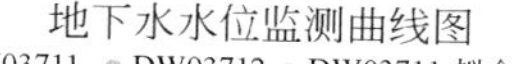

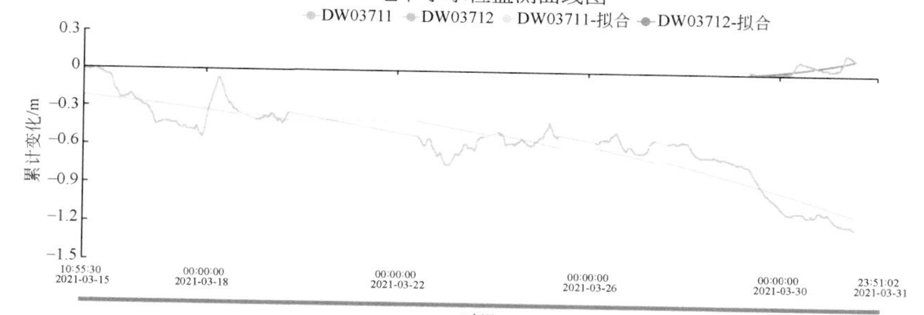

备注：正值表示地下水位上升，负值表示地下水位下降

监测结果分析及结论：

DW03711 水位测点数据于 2021 年 3 月 15 日上线，DW03712 水位测点数据于 2021 年 3 月 26 日上线，目前均处于试运行阶段，暂不对数据进行分析

深圳市城市轨道交通 12 号线南山站基坑工程的自动化监测案例是一个成功的案例，基础数据齐全，监测数据系统、全面，有效性和可靠性高。本书列举此案例，是因为实现一个完整的基坑工程自动化监测是一件相当艰难的事，它需要项目建设各方的全面支持和深度配合，而该基坑工程恰好聚集了成功的天时、地利、人和三个关键要素。其一是如前所述，项目实施前，深圳市住房和建设局于 2020 年 5 月进行了基坑和边坡工程自动化监测技术强推的准备，2020 年 6 月实

现了全市所有在监基坑和边坡工程全部接入深圳市住房和建设局开发运行的预警预报统一平台，2020 年 7 月之后，深圳市率先在全国推广了基坑和边坡工程的自动化监测和人工监测融入同一个预警平台进行日常管理和日常监督执法，从法律层面实现了自动化监测技术的强推，这是天时；其二是深圳市城市轨道交通 12 号线南山站基坑支护工程是一个标准的多道内支撑支护工程，内支撑既有钢筋混凝土又有钢管等两种常见支撑构件，通过对该基坑的全面监测，能够根据监测结果得到普遍性结论并指导类似基坑工程设计和施工，这是地利；其三是项目建设单位、监督单位、施工单位一致支持并鼎力协助自动化监测技术在该项目中的推广应用，这是人和。

本书列举上述工程案例仅仅旨在向读者阐述自动化监测技术如何在基坑工程监测中开发应用，以及展示部分监测预警平台数据处理方法和成果表达方式及效果，有关该基坑工程的全部监测数据和成果，有兴趣的同行可以向作者索取，书中不做过多赘述。

参考文献

艾智勇,苏辉.2011. 深基坑多层水平支撑温度应力的简化计算方法. 同济大学学报(自然科学版),39(2):199~203

安关峰,高峻岳. 2005. 广州石牌桥地铁车站深基坑信息化施工与分析. 岩土力学,26(11):1837~1840

安关峰,宋二祥. 2005. 广州地铁琶州塔站及站后折返线工程基坑监测分. 岩土工程学报,27(3):333~337

白晓宇,张明义,袁海洋. 2015. 移动荷载作用下土岩组合基坑吊脚桩变形分析. 岩土力学,36(4):1167~1173

包旭范,庄丽,吕培林. 2006. 大型软土基坑中心岛法施工中土台预留宽度的研究. 岩土工程学报,28(10):1208~1212

北京市建设委员会,北京市质量技术监督局. 2007. 建筑基坑支护技术规程(DB11/489-2007). 北京:中国建筑工业出版社

蔡干序. 2009. 基坑监测工程测斜技术的探讨. 建筑科学,25(11):99~102

蔡袁强,赵永倩,吴世明,等. 1997. 软土地基深基坑中双排桩式围护结构有限元分析. 浙江大学学报(自然科学版),31(4):442~448

蔡袁强,李碧青,徐长节. 2010. 挖深不同情况下基坑支护结构性状研究. 岩土工程学报,2(S1):28~31

曹俊坚,平扬,朱长歧,等. 1999. 考虑圈梁空间作用的深基坑双排桩支护计算方法研究. 岩石力学与工程学报,18(6):709~712

曹权,李清明,项伟,等. 2012. 基坑群开挖对邻近既有地铁隧道影响的自动化监测研究. 岩土工程学报,34(S1):552~556

曹晓钢. 2006. 开源配置管理工具双杰——CVS 和 Subversion. 程序员,(5):6~88

曹修定,阮俊,展建设,等. 2002. 滑坡的远程实时监测控制与数据传输. 中国地质灾害与防治学报,(1):61~65

曹振民. 1995. 挡土墙填土曲线破裂面主动土压力分析. 中国公路学报,8(S1):7~14

陈畅,邸国恩,王卫东. 2008. 软土基坑工程坑中坑支护的设计方法. 岩土工程学报,30(S):286~290

陈东杰,张建勋. 2004. 深基坑开挖预留土堤理论研究及工程应用. 福建工程学院学报,2(1):44~47

陈锋,艾英钵. 2013. 基坑钢支撑温度应力的弹性热力学解答. 科学技术与工程,13(1):108~111

陈福全,吴国荣,刘毓氚. 2006. 基坑内预留土堤对基坑性状的影响分析. 岩土工程学报,28

(S):1470～1474
陈红庆. 2006. 基坑开挖反压土作用机理及其简化分析方法研究. 天津:天津大学
陈昆,闫澍旺,孙立强,等. 2016. 开挖卸荷状态下深基坑变形特性研究. 岩土力学,37(4):1075～1082
陈明中. 2000. 群桩沉降计算理论及桩筏基础优化设计研究. 杭州:浙江大学
陈书申. 2001. 围护桩顶部位移特征及内支撑刚度公式辨异. 福州大学学报(自然科学版),29(5):93～96
陈焘,张茜珍,周顺华,等. 2011. 异形基坑支撑体系刚度及受力分析. 地下空间与工程学报,7(S1):1384～1389
陈忠达. 2001. 公路挡土墙设计. 北京:人民交通出版社
程琪,刘国彬,张伟立. 2009. 上海地区地铁超深基坑及深基坑变形有限元分析. 地下空间与工程学报,5(S2):1497～1502
程群,刘芳玲,王强. 2015. 坑边不均衡堆载对基坑围护结构及周边环境影响分析. 施工技术,44(19):68～73
程玉果. 2013. 基于 HSS 模型的群体基坑开挖的性状及相互影响分析. 泉州:华侨大学,20～58
初振环. 2006. 深基坑带撑双排桩支护结构性状分析. 杭州:浙江大学
丛蔼森. 2001. 地下连续墙的设计施工与应用. 北京:中国水利水电出版社
崔宏环,张立群,赵国景. 2006. 深基坑开挖中双排桩支护的三维有限元模拟. 岩土力学,27(4):662～666
戴国华,余骏华. 2016. NB-IoT 的产生背景、标准发展以及特性和业务研究. 移动通信,40(7):31～36
邓小鹏,陈征宙,韦杰. 2002. 深基坑开挖中双排桩支护结构的数值分析与工程应用. 西安工程学院,12(4):42～47
丁洪元,昌钰,陈斌. 2015. 软土深基坑双排桩支护结构的影响因素分析. 长江科学院院报,32(5):105～109
丁克奎,钟凯文,周旭斌,等. 2015. 基于 WebSocket 和 GeoJSON 的 WebGIS 的设计与实现. 测绘通报,(2):109～112
丁勇春,李光辉,程泽坤,等. 2013. 地下连续墙成槽施工槽壁稳定机制分析. 岩石力学与工程学报,32(S1):2704～2709
丁智,王达,王金艳,等. 2015. 浙江地区软弱土深基坑变形特点及预测分析. 岩土力学,36(S1):506～512
董霄,邢心魁,宋战平,等. 2010. 基坑施工对既有邻近运营桥墩影响的实时监测技术及工程应用. 长春工程学院学报(自然科学版),11(2):42～46
董悦安,王峰,王慧玲. 2012. 北京市垃圾填埋场地下水水质自动监测特征指标筛选. 勘察科学技术,(4):46～53
杜世伟,王健. 2015. 隧道下穿地铁车站监测方法研究. 北京建筑大学学报,31(2):15～18
段创峰. 2018. 基于自动化监测的隧道结构健康实时评价预警方法研究及应用. 隧道与轨道交

通,(3):15~18,55

段政彬. 2014. h形双排桩复合锚杆支护结构分析. 湘潭:湘潭大学

樊冰,刘春华,杜文贞,等. 2012. 土壤墒情自动化监控系统研究. 中国水利,(15):52~54

樊继良,刘秀凤,李军. 2015. 双排桩桩间土加固对支护效果的影响分析. 岩土工程技术,29(3):132~134

范国庆. 2012. 工程变形监测数据处理及其在越南的应用研究. 武汉:武汉大学

范君宇. 2014. 深大基坑中水平支撑的温度内力与变形计算. 山西建筑,40(18):59~62

范良龙,李宏,刘爱春,等. 2009. 北京市地面沉降自动化监测系统软件设计. 地壳构造与地壳应力文集,(21):85~92

范松松. 2016. 深基坑工程自动化监测技术研究. 建设科技,(16):167~168

冯龙飞,杨小平,刘庭金. 2015. 紧邻地铁侧方深基坑支护设计及变形控制. 地下空间与工程学报,11(6):1581~1587

冯世进,高广运,艾鸿涛,等. 2008. 邻近地铁隧道的基坑群开挖变形分析. 岩土工程学报,30(S1):112~117

冯晓腊,冯恒,劳骥民,等. 2016. 圆环支撑在武汉地区基坑工程中的应用研究. 施工技术,45(S):29~32

付冰清. 1992. “卫星传输技术在滑坡监测中的应用”研究成果通过专家鉴定. 水利学报,(8):81

付冰清. 1993. 利用卫星传输新滩滑坡监测数据的试验研究. 长江科学院院报,10(1):20~27

付冰清. 1996. 万县豆芽棚滑坡治理监测自动化总体设计. 长江科学院院报,13(1):55~58

付冰清. 1997. 万县豆芽棚滑坡治理自动化监测与研究. 中国地质灾害与防治学报,8(1):69~75

付冰清,王刚,莫晓聪. 1997. 万县豆芽棚滑坡治理自动化监测与研究. 中国地质灾害与防治学报,(1):70~76

高大钊. 1998. 土力学与基础工程. 北京:中国建筑工业出版社

高广运,高盟,杨成斌,等. 2010. 基坑施工对运营地铁隧道的变形影响及控制研究. 岩土工程学报,32(3):453~458

高磊,孙阳阳,濮慧蕾,等. 2013. 基坑监测信息管理系统的设计与实现. 地下空间与工程学报,9(S2):1984~1988

高幼龙,张俊义,薛星桥,等. 2006. 实时监测技术在地质灾害防治中的应用——以巫山县地质灾害实时监测预警示范站为例//中国地质调查局编. 地质灾害调查与监测技术方法论文集. 北京:中国大地出版社:121~128

郜泽郑,阎长虹,许宝田,等. 2018. 基于自动化监测的镇江地区滑坡机制分析. 工程勘察,46(2):17~22

耿崇亮,马吉庆,丁永庆,等. 2010. 沉降观测和位移观测技术的综合应用. 科技信息,(6):324

龚晓南. 2006. 基坑工程实例. 北京:中国建筑工业出版社

苟尧泊,俞峰,杨予. 2015. 基坑开挖引起既有桩基侧摩阻力中性点位置分析. 岩土力学,36

(9):2681～2687
顾慰慈. 2001. 挡土墙土压力计算. 北京:中国建材工业出版社
顾问天,张文慧,冯永乾,等. 2018. 衡重式双排桩在深圳卓越前海项目深基坑的应用. 路基工程,199(4):172～177
广东省住房与城乡建设厅. 2020. 基坑工程自动化监测技术标规范(DBJ/T 15-185-2020). http://zfcxjst.gd.gov.cn/xxgk/gsgg/content/post_2968330.html [2021-8-30]
《广州地区建筑基坑支护技术规定》编委会. 1998. 广州地区建筑基坑支护技术规定(GJB 02-98). http://law168.com.cn/doc/view? id=159105 [2021-8-30]
郭磊,贾永刚,付腾飞,等. 2012. 地下污水管线泄漏原位自动化监测模拟实验研究. 环境科学,33(12):4352～4360
郭力群,程玉果,陈亚军,等. 内支撑基坑群开挖相互影响的三维数值分析. 华侨大学学报(自然科学版),35(6):711～716
郭启锋,王佃明,黄磊博,等. 2008. 地质灾害监测无线自动化采集传输系统的研究与应用. 探矿工程(岩土钻掘工程),35(7):9～13
过静珺,李冬航,周百胜,等. 2006. 四川雅安滑坡自动化远程监测系统示范工程. 测绘通报,(4):54～57
韩立业,陈道政. 2002. 对黏性土朗肯主动土压力理论中一个应力的释疑. 岩石力学与工程学报,21(12):1901～1902
韩子夜,薛星桥. 2006. 地质灾害监测技术现状与发展趋势//中国地质调查局编. 地质灾害调查与监测技术方法论文集. 北京:中国大地出版社:47～52
何朝阳,巨能攀,黄健. 2014. 地质灾害监测数据集成系统设计及实现. 工程地质学报,22(3):405～411
何春燕,韩文权. 2015. 地下水动态监测系统研发与应用示范. 地下空间与工程学报,11(1):199～203
何一韬,谭准,高云龙. 2014. 地铁车站基坑内支撑刚度的探讨. 铁道建筑,(3):68～70
何颐华,杨斌,金宝森,等. 1996. 双排护坡桩的试验与计算的研究. 建筑结构学报,17(2):58～66
贺丽娟. 2015. 自动化监测系统在高速铁路线下工程变形中的应用. 自动化与仪器仪表,(9):42～43
贺跃光,杜年春,李志伟. 2009. 基于 Web GIS 的城市地铁施工监测信息管理系统研究. 岩土力学,30(1):265～269
横山幸满. 1984. 桩结构物的计算方法和计算实例. 唐业清,等译. 北京:中国铁道出版社
胡人礼. 1987. 桥梁桩基础分析和设计. 北京:中国铁道出版社
胡晓军. 2006. 黏性土主动土压力库仑精确解的改进. 岩土工程学报,28(8):1049～1052
胡新丽,唐辉明. 2005. 斜坡工程 GIS 系统研究与应用. 武汉:中国地质大学出版社
湖北省住房和城乡建设厅. 2004. 基坑工程技术规程(DB 42/159-2004). 北京:中国建筑工业出版社

虎耀立. 2015. 水土保持自动化监测技术在榆林地区的应用初探. 陕西水利,(5):159～160
黄健. 2012. 基于3D WebGIS技术的地质灾害监测预警研究. 成都:成都理工大学
黄露,谢忠,罗显刚. 2016. 地质灾害监测预警信息共享机制研究. 测绘科学,41(5):55～59
黄沛杰,杨铭铨. 2011. 代码质量静态度量的研究与应用. 计算机工程与应用,47(23):61～63
黄善和,朱劭宇. 2002. 飞来峡大型防洪水利枢纽大坝安全自动化监测. 大坝与安全,(4):20～22
黄声享,曾怀恩. 2006. GPS实时监控系统及其在碾压施工中的应用. 测绘工程,25(3):23～25
黄声享,尹晖,蒋征. 2010. 变形监测数据处理. 武汉:武汉大学出版社
黄文钰. 2008. 浅析水电站大坝安全监测自动化现状及发展趋势. 广东科技,(11):183～184
黄新召. 2017. 港珠澳大桥拱北隧道静力水准自动化监测系统应用研究. 测绘与空间地理信息,40(6):173～174,177
黄鑫,牛晶蕊,杨卓,等. 2013. 西安骊山滑坡自动化监测系统建设. 中国地质灾害与防治学报,24(2):92～96
黄毅,刘国彬,张伟立,等. 2008. 基于远程监控管理系统的深基坑测斜数据分析. 岩土工程学报,30(S1):461～464
惠渊峰. 2012. 某地铁车站深基坑钢支撑温度应力计算与分析. 建筑科学,28(9):101～103,111
季伟峰. 2006. 地质灾害防治工程中监测新技术的开发应用与展望//中国地质调查局编. 地质灾害调查与监测技术方法论文集. 北京:中国大地出版社:53～57
贾进科,马辉,蔡习文,等. 2016. 基于物联网三维GIS地质灾害监测管理系统研究. 长江科学院院报,33(7):142～144
贾明涛,王李管,潘长良. 2003. 基于监测数据的边坡位移可视化分析系统. 岩石力学与工程学报,(8):1324～1328
姜规模,韩凤霞. 2010. 西安市地面沉降与地下水位动态监测信息管理系统应用研究. 工程勘察,(6):44～47
姜朋明,胡中雄,刘建行. 1999. 地下连续墙槽壁稳定性时空效应分析. 岩土工程学报,21(3):338～342
蒋法文,刘可胜,杭玉付,等. 2014. 煤矿开采沉陷自动化监测实时数据采集终端系统研究. 矿山测量,(5):93～97
蒋法文,刘可胜,杭玉付,等. 2015. 开采沉陷自动化监测系统构建及精度分析. 全球定位系统,40(4):81～87
蒋洪胜,侯学渊. 2002. 基坑开挖对临近软土地铁隧道的影响. 工业建筑,(5):53～56
蒋中明,龙芳,熊小虎,等. 2015. 边坡稳定性分析中的渗透力计算方法考证. 岩土力学,36(9):2478～2486,2493
蒋忠信,蒋良潍. 2005. 南昆铁路支挡结构主动土压力分布图式. 岩石力学与工程学报,24(6):1035～1040
金秋,李波. 2009. 人工与自动化监测的差异性检验. 水电能源科学,38(22):81～85
金亚兵. 1997. 有限线单元法用于锚杆桩支护系统的计算分析. 工程勘察,(3):1～5,11

金亚兵. 2017a. 地连墙槽壁加固稳定性计算方法研究. 岩土力学,38(S1):305 ~ 312,350

金亚兵. 2017b. 地连墙槽壁加固深度和宽度计算方法研究. 岩土力学,38(S2):273 ~ 278

金亚兵,周志雄. 1999. 挡土墙(桩)前堆载反压或预留土体分析与计算. 岩土力学,20(3):56 ~ 60,65

金亚兵,刘祖德. 2000. 悬臂桩变形计算方法探讨. 岩土力学,21(3):217 ~ 221

金亚兵,彭洪洋. 2000. 深基坑边坡超载计算方法探讨及其工程应用. 水文地质工程地质,(2):4 ~ 7

金亚兵,周志雄. 2000. 软土层基坑边坡支护工程实例分析与设计. 岩石力学与工程学报,19(2):250 ~ 253

金亚兵,赵行立. 2004. 不同成钉方法的土钉抗拉承载力试验研究. 工业建筑,(S):169 ~ 173

金亚兵,刘吉波. 2009a. 相邻基坑土条土压力计算方法探讨. 岩土力学,30(12):3759 ~ 3764

金亚兵,刘吉波. 2009b. 深基坑支护设计计算若干问题探讨. 岩石力学与工程学报,28(S2):3844 ~ 3849

金亚兵,刘动. 2019. 深基坑内支撑支点水平刚度系数的解析解计算方法研究. 岩土工程学报,41(6):1031 ~ 1039

金亚兵,杨傲. 2021. 基于 Kalman 滤波模型的边坡灾害自动化监测预警平台. 工程勘察,49(8):55 ~ 60

金亚兵,杨傲. 2022. 多对象多场景自动化监测预警平台研发及实践. 工程勘察,50(1):50 ~ 54

金亚兵,龚淑云,等. 2019a. 边坡与基坑自动化监测技术及实践. 北京:地质出版社

金亚兵,黄健,梁军,等. 2019b. 降雨 - 变形耦合预警模型在荔景山庄边坡的应用. 广西大学学报(自然科学版),44(3):834 ~ 844

金亚兵,刘动,孙勇. 2019c. 非对称荷载基坑内支撑支护结构设计计算方法. 地下空间与工程学报,15(6):1811 ~ 1818

金亚兵,杨傲,李锡银. 2020. 深圳平山垃圾填埋场边坡灾害自动化监测预警系统开发及应用. 工程勘察,48(10):5 ~ 10

金亚兵,劳丽燕,刘川炜. 2021a. 工程结构安全自动化监测预警平台开发与应用. 土木工程与管理学报,38(6):38 ~ 44

金亚兵,沈翔,劳丽燕. 2021b. 温度变化对深基坑内支撑轴力和变形的影响研究. 岩土工程学报,43(8):1417 ~ 1425

况龙川. 2000. 深基坑施工对地铁隧道的影响. 岩土工程学报,22(3):284 ~ 288

况龙川,李智敏,殷宗泽. 2000. 地下工程施工影响地铁隧道的实测分析. 清华大学学报(自然科学版),40(S1):79 ~ 82

雷明堂,蒋小珍,李渝,等. 2006. 岩溶塌陷实时监测//中国地质调查局编. 地质灾害调查与监测技术方法论文集. 北京:中国大地出版社:200 ~ 212

李大鹏,唐德高,闫凤国,等. 2014. 深基坑空间效应机理及考虑其影响的土应力研究. 浙江大学学报(工学版),48(9):1632 ~ 1639

李德仁. 2005. 论广义空间信息网格和狭义空间信息网格. 遥感学报,9(5):513 ~ 520

李东山,黄润秋,许强,等. 2006. 三峡库区滑坡综合预报系统的设计与实现//中国地质调查局编. 地质灾害调查与监测技术方法论文集. 北京:中国大地出版社:164 ~ 168

李冬航,过静珺,周百胜,等. 2006. 北斗一号导航卫星通信技术在滑坡自动化监测系统中的应用. 工程勘察,(9):39 ~ 43

李广信. 2013a. 对与基坑工程有关的一些规范的讨论(1). 工程勘察,41(9):1 ~ 6

李广信. 2013b. 对与基坑工程有关的一些规范的讨论(2). 工程勘察,41(10):1 ~ 6

李广信. 2013c. 对与基坑工程有关的一些规范的讨论(3). 工程勘察,41(11):1 ~ 4

李广信. 2013d. 对与基坑工程有关的一些规范的讨论(4). 工程勘察,41(12):1 ~ 5

李广信. 2013e. 对与基坑工程有关的一些规范的讨论(5). 工程勘察,41(12):6 ~ 10

李海光. 2004. 新型支挡结构设计与工程实例. 北京:人民交通出版社

李建. 2012. 深基坑变形监测及变形机理与规律分析研究. 长安大学

李进军,王卫东. 2011. 紧邻地铁区间隧道深基坑工程的设计和实践. 铁道工程学报,11(2):104 ~ 111

李巨文,王翀,梁永朵,等. 2006. 挡土墙后黏性填土的主动土压力计算. 岩土工程学报,28(5):650 ~ 652

李连祥,符庆宏. 2017. 临近基坑开挖复合地基侧向力学性状离心试验研究. 土木工程学报,50(6):85 ~ 94

李粮纲,徐玉胜,江辉煌,等. 2007. 深圳地区地质环境特征与地质灾害防治. 安全与环境工程,14(4):28 ~ 31

李琳. 2007. 工程降水对深基坑性状及周围环境影响的研究. 上海:同济大学

李明. 2014. 自动化监测技术在天津地铁 3 号线金狮桥站—天津站站盾构穿越高速铁路工程中的应用. 隧道建设,34(4):368 ~ 373

李圃林,潘家明,武恒,等. 2015. 矩形桩支护结构在天津软土基坑工程中的应用实例. 工程勘察,43(4):21 ~ 25

李勤奋,沈雪兴. 2000. 上海市地面沉降自动化监测及信息管理系统. 上海地质,75(3):4 ~ 7

李青. 2011. 基坑开挖预留土作用及其实例分析. 广州:华南理工大学

李森林,葛玉祥. 2017. 圆形基坑排桩环梁内撑弹性支点刚度系数算法. 地下空间与工程学报,13(S1):129 ~ 134

李淑,张顶立,房倩,等. 2012. 北京地铁车站深基坑地表变形特性研究. 岩石力学与工程学报,31(1):189 ~ 198

李顺群,郑刚,王英红. 2011. 反压土对悬臂式支护结构嵌固深度的影响研究. 岩土力学,32(11):3427 ~ 3431,3436

李松,马郧,李受祉,等. 2017. 组合弹性边界在基坑内支撑平面杆系有限元分析中的应用. 岩土力学,34(10):95 ~ 101

李松,马郧,张德乐,等. 2018. 双排桩支护结构抗倾覆稳定性改进计算与分析. 长江科学院院报,35(6):92 ~ 97

李韬,刘波,褚伟洪,等. 2018. 上海软土地区超深大基坑水平支撑受力特形的实测分析和控制.

工程勘察,46(1):19～26
李卫国,高飞,徐文兵. 2007. 基于小波滤波方法在变形监测数据处理中的应用. 铁道勘察,(5):18～20
李新求,梅迎春,蒙尚雁,等. 2016. 基于“互联网+”的自动化变形监测系统的设计与应用. 测绘通报,(1):146～147
李兴高,刘维宁. 2006. Coulomb 土压力理论的两种解. 岩土力学,27(6):981～985
李兴高,孙河川,张健全. 2010. 自动化监测数据与人工监测数据的对比分析//第2届全国工程安全与防护学术会议论文集. 北京:中国岩石力学与工程学会. 25～32
李洋,高志. 2013. 国家地下水监测工程水位自动化监测仪器选型分析. 地下水,35(5):70～72
李瑜,雷明堂,蒋小珍. 2006. 广西黎塘岩溶塌陷监测. 中国岩溶,25(4):341～346
李宇升,喻卫华. 2013. 深基坑施工对紧邻地铁区间隧道结构影响分析. 地下空间与工程学报,9(2):352～358
李禹霏,陈世昌,徐湘涛. 2014. 贵州都匀马达岭地质灾害链的自动化监测. 工程地质学报,22(03):482～488
李昀,李华梅,吴昊,等. 2011. 大型圆形深基坑设计分析研究. 地下空间与工程学报,7(5):938～944
李增强,宋杰. 2014. 基于卡尔曼滤波的基坑变形监测数据处理及分析. 科技视界,(13):293～294
李征航. 2001. GPS 定位技术在变形监测中的应用. 全球定位系统,26(2):18～25
李忠超,陈仁朋,陈云敏,等. 2015. 软黏土中某内支撑式深基坑稳定性安全系数分析. 岩土工程学报,37(5):769～775
李卓峰,林伟岸,朱瑶宏,等. 2017. 坑底加固控制地铁基坑开挖引起土体位移的现场测试与分析. 浙江大学学报(工学版),51(8):1475～1481
梁发云,于峰,李镜培,等. 2010. 土体水平位移对邻近既有桩基承载性状影响分析. 岩土力学,31(2):449～454
梁桂兰,徐卫亚,何育智,等. 2008. 边坡工程监测可视化分析系统研发及应用. 岩土力学,24(3):849～853
梁爽. 2011. 基于 SOA 的云计算框架模型的研究与实现. 计算机工程与应用,47(35):92～94,142
廖野澜,谢谟文. 1996. 监测位移的灰色预报. 岩石力学与工程学报,15(3):269～274
林刚,徐长节,蔡袁强. 2010. 不平衡堆载作用下深基坑开挖支护结构性状研究. 岩土力学,31(8):2592～2598
林良岱. 2017. 深基坑施工影响下地铁自动监测研究. 地理空间信息,15(4):105～108
林跃忠,王铁成,王来. 2004. 钢支撑温度应力对深基坑支护结构的影响研究. 工业建筑,(增):1069～1074
刘波,席培胜. 2015. 某紧邻既有高速公路偏压深基坑开挖效应分析. 建筑结构,45(6):93～98
刘波,席培胜,章定文. 2016. 偏压作用下非等深基坑开挖效应数值分析. 东南大学学报(自然

科学版),46(4):853～859

刘畅. 2008. 考虑土体不同强度与变形参数及基坑支护空间影响的基坑支护变形与内力研究. 天津:天津大学

刘畅,张亚龙,郑刚,等. 2015. 改进的基坑支护水平支撑温度应力及水平位移的计算方法. 岩土工程学报,37(S1):61～64

刘超云,尹小波,张彬. 2015. 基于Kalman滤波数据融合技术的滑坡变形分析与预测. 中国地质灾害与防治学报,26(4):30～35,42

刘凤秋,董建业,孙起伟,等. 2008. YZ-CCD型自动传高仪研制与测量方法研究. 长江科学院院报,25(5):179～182

刘高军,夏景隆. 2012. 基于Spring MVC和iBATIS框架的研究与应用. 计算机安全,(7):25～30

刘国彬,王卫东. 2009. 基坑工程手册. 北京:中国建筑工业出版社

刘国楠,顾问天. 2012. 大连东港吉林银行项目深基坑支护设计. 深圳:中国铁道科学研究院深圳研究设计院

刘汉凯. 2013. 基坑内支撑刚度计算方法辨析. 佳木斯大学学报(自然科学版),31(1):73～76

刘洪星,谢玉山. 2005. Eclipse开发平台及其应用. 武汉理工大学学报(信息与管理工程版),(2):89～92

刘建航,侯学渊. 1997. 基坑工程手册. 北京:中国建筑工业出版社

刘金砺. 1990. 桩基础设计与计算. 北京:中国建筑工业出版社

刘军. 2017. 传感器技术在安全监测系统中的应用. 科技创新与应用,(13):17～18

刘军,戴金山. 2006. 基于Spring MVC与iBATIS的轻量级Web应用研究. 计算机应用,26(4):840～843

刘俊岩. 2010. 建筑基坑工程检测技术规范实施手册. 北京:中国建筑工业出版社

刘茂. 2011. 土质滑坡稳定性影响因素的敏感性研究. 成都:成都理工大学

刘美麟,房倩,张顶立,等. 2018. 基于改进MSD法的基坑开挖动态变形预测. 岩石力学与工程学报,37(7):1700～1707

刘念武,龚晓南,俞峰,等. 2014. 内支撑结构基坑的空间效应及影响因素分析. 岩土力学,35(8):2293～2298

刘念武,陈奕天,龚晓南,等. 2019. 软土深开挖致地铁车站基坑及邻近建筑变形特性研究. 岩土力学,40(4):1515～1525,1576

刘泉声,付建军. 2011. 考虑桩土效应的双排桩模型及参数研究. 岩土力学,32(2):481～486

刘绍堂,张迪,王果,等. 2016. 静力水准自动监测系统在轨道交通线路和隧道工程中的应用. 城市轨道交通研究,19(10):119～122

刘思峰,党耀国,方志耕,等. 2005. 灰色系统理论及其应用. 北京:科学出版社

刘小丽,陈芳,贾永刚. 2009. 深基坑内支撑等效刚度数值计算影响因素分析. 中国海洋大学学报,39(2):275～280

刘兴权,姜群欧,战金艳. 2008. 地质灾害预警预报模型设计与应用. 工程地质学报,12(7):

41 ~ 45
刘钊. 1992. 双排支护桩结构的分析及试验研究. 岩土工程学报,14(5):76 ~ 80
刘兆民. 2013. 深基坑变形监测体系研究及工程应用. 大连:大连理工大学
卢廷浩. 2002. 考虑黏聚力及墙背黏着力的主动土压力公式. 岩土力学,23(4):470 ~ 473
陆培毅,韩丽君,于勇. 2008. 基坑支护支撑温度应力的有限元分析. 岩土力学,9(5):1290 ~ 1294
路成宽,闻绍柯. 2008. 地下水自动监测系统设计方法研究. 资源与环境,(3):147 ~ 149
罗军舟,金嘉晖,宋爱波,等. 2011. 云计算体系架构与关键技术. 通信学报,32(7):3 ~ 21
罗云. 2007. 深基坑监测及基于神经网络的变形预测研究. 西安建筑科技大学
吕伟才,高井祥,蒋法文,等. 2015. 煤矿开采沉陷自动化监测系统及其精度分析. 合肥工业大学学报(自然科学版),38(6):846 ~ 850
吕文臣. 2016. 自动化技术在隧道结构监测中的应用. 公路交通科技(应用技术版),12(10):176 ~ 178
吕玺琳,钱建固,黄茂松. 2015. 不排水加载条件下 K0 固结饱和砂土失稳预测. 岩土工程学报,37(6):1010 ~ 1015
马海龙,马宇飞. 2016. 饱和软土中深基坑主动土压力实测研究. 工程勘察,44(2):7 ~ 11
马海信. 2012. 南江水库大坝变形观测资料分析. 浙江水利科技,183(5):77 ~ 79
马郧,魏志云,徐光黎,等. 2014. 基坑双排桩支护结构设计计算软件开发及应用. 岩土力学,35(3):862 ~ 870
马忠政,刘朝明. 2002. 关于基坑围护结构墙内预留土堤土压力的研究探讨. 岩土工程界,5(8):9 ~ 12
毛良明,王为胜,沈省三. 2001. 差动电阻式传感器及自动化网络测量系统在安全监测系统中的应用. 传感器世界,(9):31 ~ 34
毛良明,王为胜,沈省三. 2002a. 高性能差动电阻式传感器自动化测量系统的研制. 传感技术学报,(2):153 ~ 157
毛良明,王为胜,沈省三. 2002b. 振弦式传感器及自动化网络测量系统在桥梁安全监测系统中的应用. 传感技术学报,(1):73 ~ 76
毛良明,沈省三,肖美蓉. 2011. 联网时代来临大坝安全监测技术的未来思考. 大坝与安全,(1):11 ~ 13
梅国雄,宰金珉. 2000. 现场监测实时分析中的土压力公式. 土木工程学报,33(5):79 ~ 82
苗国航. 2010. 岩土工程纵横谈. 北京:人民交通出版社
木林隆,黄茂松. 2013. 基坑开挖引起的周边土体三维位移场的简化分析. 岩土工程学报,35(5):820 ~ 827
年廷凯,栾茂田. 2002. 均布荷载作用下挡土墙后黏性填土的土压力计算. 岩土力学,23(1):17 ~ 22
聂庆科,梁金国,韩立君,等. 2008. 深基坑双排桩支护结构设计理论与应用. 北京:中国建筑工业出版社

牛双建,杨大方,林志斌. 2014. 软土地区“群坑”流固耦合分析. 现代隧道技术,51(1):90~96
欧阳祖熙,张宗润,陈明金,等. 2006. 三峡库区万州—巫山段地质灾害监测预警研究//中国地质调查局编. 地质灾害调查与监测技术方法论文集. 北京:中国大地出版社:190~199
潘华. 2014. 钢筋混凝土支撑轴力监测相关问题的研究. 低温建筑技术,36(2):111~114
庞雯憬. 2012. 浅析自动化监测数据与人工监测数据的对比. 信息科技,11(10):101~102
庞小朝,刘国楠,陈湘生,等. 2010. 偏压基坑多支点支撑支护结构设计与计算. 建筑结构,40(7):106~108
彭理. 2016. 下穿既有铁路项目多技术融合监测方法研究. 铁道勘察,42(6):17~20
彭明祥. 2009. 挡土墙主动土压力的库仑统一解. 岩土力学,30(1):379~386
平扬,白世伟,曹俊坚. 2001. 深基双排桩空间协同计算理论及位移反分析. 土木工程学报,34(2):79~83
戚科骏,王旭东,蒋刚,等. 2005. 临近地铁隧道的深基坑开挖分析. 岩石力学与工程学报,24(S2):5485~5489
亓星,许强,郑光,等. 2015. 降雨诱发顺层岩质及土质滑坡动态预警力学模型. 灾害学,30(3):38~42
钱建固,王伟奇. 2013. 刚性挡墙变位诱发墙后地表沉降的理论解析. 岩石力学与工程学报,23(S1):2698~2703
钱天平. 2012. 坑中坑对基坑性状影响分析. 杭州:浙江大学
秦爱芳,胡中雄,彭世娟. 2008. 上海软土地区受卸荷影响的基坑工程被动区土体加固深度研究. 岩土工程学报,30(6):935~940
冉岸绿,孙旻,王浩,等. 2018. 温度变化对新型钢支撑轴力的影响分析. 第十届全国基坑工程研讨会学术论文集. 兰州:兰州理工大学:675~678
任家富,陶永丽. 1998. 数据采集与接口技术. 北京:地质出版社
任小峰. 2009. 基底加固对上海地铁车站基坑变形的影响分析研究. 上海:同济大学
上海市城市建设与交通委员会. 2010. 基坑工程技术规范(DG/TJ08-61-2010). 上海:上海市建筑建材业市场管理总站. https://max.book118.com/html/2019/0327/6021240132002020.shtm [2021-8-30]
邵广彪,孙剑平,崔冠科. 2010. 某永久边坡双排桩支护设计及应用. 岩土工程学报,32(S1):215~218
申永江,杨明,项正良. 2015. 双排长短组合桩与常见双排桩的对比研究. 岩土工程学报,(S2):96~100
深圳市住房和建设局. 2011. 深圳市基坑支护技术规范(SJG 05-2011). 北京:中国建筑工业出版社
沈健. 2012. 超大规模基坑工程群开挖相互影响的分析与对策. 岩土工程学报,34(S1):272~276
沈省三,毛良明. 2015. 大坝安全监测仪器技术发展现状与展望. 大坝与安全,(5):68~72
石钰锋,阳军生,白伟,等. 2011. 紧邻铁路偏压基坑围护结构变形与内力测试分析. 岩石力学与

工程学报,30(4):826～833
史海莹,龚晓南. 2009. 深基坑悬臂双排桩支护的受力性状研究. 工业建筑,39(10):67～71
史世雍,章伟. 2006. 深基坑地下连续墙的泥浆槽壁稳定分析. 岩土工程学报,28(S):1418～1421
史彦新. 2006. 开放式地质灾害监测系统的研究//中国地质调查局编. 地质灾害调查与监测技术方法论文集. 北京:中国大地出版社:89～91
帅向华,刘钦,甄盟,等. 2014. 基于天地图的互联网地震灾情快速获取与处理系统设计与实现. 震灾防御技术,9(3):479～486
司马军. 2006. 双排桩支护结构研究及优化设计. 武汉:武汉大学
宋蓓,沈刚,朱伟林. 2008. 自动化监测技术在我国首条大型电力隧道中的应用. 上海地质,(2):51～53
宋力杰,杨元喜. 1999. 均值漂移模型粗差探测法与 LEGE 法的比较. 测绘学报,(4):295～300
宋英伟. 2011. 基坑内支撑水平刚度计算的探讨. 山西建筑,37(18):68～69
苏亚武. 2010. 泥质砂岩地区中心城区超大型深基坑中心岛法设计与施工研究. 广州:华南理工大学
孙泽信,张书丰,刘宁. 2015. 静力水准仪在运营期地铁隧道变形监测中的应用及分析. 现代隧道技术,52(1):203～208
谭永坚,何颐华. 1993. 黏性土中悬臂双排护坡桩的受力性能研究. 建筑科学,9(4):28～34
唐立强. 2014. 河北地下水动态监测现状、规划和前景分析. 中国水利,(9):21～23
唐亚明,张茂省,薛强,等. 2012. 滑坡监测预警国内外研究现状及评述. 地质论评,58(3):533～541
唐尧. 2016. 深圳地质灾害隐患分析及安全避险建议. 上海国土资源,37(3):82～85
陶健伟,唐继民. 2009. 自动化实时监测技术在地铁穿越工程中的应用. 工程勘察,(S2):575～579
陶统兵. 1997. 岩滩水电厂大坝安全自动化监测系统运行总结. 大坝与安全,(2):9～14
天津市城乡建设和交通委员会. 2010. 建筑基坑工程技术规程(DB29-202-2010). 北京:中国建筑工业出版社
汪德毅. 2013. 华北地区旱情自动化监测技术的应用研究. 海河水利,(4):52～54
汪东林,汪磊. 2015. 紧邻既有高速公路偏压地铁深基坑围护结构变形监测与数值模拟研究. 建筑结构,45(11):91～95
王爱军,薛星桥. 2005. 浅议三峡库区地质灾害预警工程常用监测方法及应用//中国地质调查局编. 地质灾害调查与监测技术方法论文集. 北京:中国大地出版社:64～70
王春艳,张方涛,马郧,等. 2017. 基坑圆环支撑体系水平刚度系数计算方法研究. 岩土力学,38(3):840～846
王浩然,徐中华. 2011. 杂环境条件下的基坑工程设计与实测分析. 地下空间与工程学报,7(5):968～976
王惠文. 2000. 偏最小二乘回归方法及其应用. 北京:国防工业出版社

王磊,张必亮,张晋绪. 2015. 双排桩桩间土体加固对桩土变形影响研究. 建筑科学,31(1):38~42

王美华,许志良,陈峰军,等. 2015. 自动化监测远程监控系统在基坑工程中的试验应用. 建筑施工,(10):1223~1225

王盼,李松,胡继业. 2016. 搅拌桩加固作用下地下连续墙的槽壁稳定分析. 工程勘察,44(5):26~29

王鹏,王宇,胡文奎,等. 2017. 自动化监测系统在城市深基坑监测工程中的应用. 城市勘测,(6):122~125

王绍君,刘江云,耿琳,等. 2018. 深基坑支护体系冻胀变形及控制三维数值分析. 土木工程学报,51(5):122~128

王松桂,陈敏,陈立平. 1999. 线性统计模型-线性回归与方差分析. 北京:高等教育出版社

王婷婷,靳奉祥. 2014. 基于 BP 神经网络法的地表变形监测. 测绘与空间地理信息,37(3):57~61

王卫东,沈健,翁其平,等. 2006. 基坑工程对邻近地铁隧道影响的分析与对策. 岩土工程学报,28(S):1340~1345

王卫东,徐中华. 2010. 预估深基坑开挖对周边建筑物影响的简化分析方法. 岩土工程学报,32(S1):32~38

王卫东,王浩然,徐中华. 2012. 基坑开挖数值分析中土体硬化模型参数的试验研究. 岩土力学,33(8):2283~2290

王卫东,王浩然,徐中华. 2013. 上海地区基坑开挖数值分析中土体 HS-Small 模型参数的研究. 岩土力学,34(6):1766~1774

王贤能,邹辉,初振环. 2007. 土条状坑壁土压力计算方法及其应用分析. 工程勘察,11:18~21

王选祥. 2009. 预留土堤在地铁宽基坑施工中的应用探讨. 铁道建筑,(2):44~47

王阳,温向明,路兆铭,等. 2017. 新兴物联网技术——LoRa. 信息通信技术,(1):55~59

王英兰,刘晓强,李柏岩,等. 2018. 一种面向互联网应用的多路实时流媒体同步合成方案. 东华大学学报(自然科学版),44(1):108~114

王宇霁. 2015. 自动化监测技术在郑州地铁 1 号线保护区监测的应用. 建设科技,(20):103~106

王元占,李新国,陈楠楠. 2005. 挡土墙主动土压力分布与侧压力系数. 岩土力学,26(7):1019~1022

王在艾. 2016. 大坝安全监测自动化现状及发展趋势. 湖南水利水电,(6):77~81

王振龙. 2000. 时间序列分析. 北京:中国统计出版社

王正方,贾磊,王静,等. 2017. 土木工程安全多场监测与三维显示平台. 山东工业技术,(8):124~126

魏本现. 2012. 自动化变形监测技术发展与在广州地铁中的应用. 工程建设与设计,(10):145~147

魏纲. 2013. 基坑开挖对下方既有盾构隧道影响的实测与分析. 岩土力学,34(5):1421~1428

魏金明,邵飞,仲伟政. 2014. 基于天地图的地图服务方法初探. 测绘通报,(S2):265～268
魏汝龙. 1999. 库仑土压力理论中的若干问题. 港工技术,(2):31～38
魏世玉,李川. 2017. 基于卡尔曼滤波的GNSS自动化监测数据粗差分析. 中国地质灾害与防治学报,28(1):146～150,155
吴龙彪,赵强强. 2016. 自动化监测技术在地铁施工建筑物沉降监测中的应用//中国土木工程学会主编. 中国土木工程学会2016年学术年会论文集. 北京:中国城市出版社:392～402
吴明,孙鸣宇,夏唐代,等. 2009. 多层支撑深基坑中考虑支撑－围护桩－土相互作用的水平支撑温度应力简化计算方法. 土木工程学报,42(1):91～94
吴明,彭建兵,邓亚虹,等. 2013. 改进的深基坑多层支撑温度应力计算方法. 现代隧道技术,50(1):123～128
吴铭炳,林大丰,戴一鸣,等. 2006. 坑中坑基坑支护设计与监测. 岩土工程学报,28(S):1570～1572
吴庆令. 2006. 南京地区基坑开挖的变形预警研究. 南京:南京航空航天大学
吴石军. 2017. 基于智能型全站仪的地铁隧道变形自动化监测技术及应用. 铁道勘察,43(2):7～10
吴西臣,徐杨青. 2014. 180同心圆双环内支撑在复杂环境下大型深基坑中的支护. 岩土工程学报,36(S1):72～76
吴振君,王浩,王水林,等. 2006. C/S结构监测信息管理与分析系统的关键问题研究//中国水利学会. 第一届中国水利水电岩土力学与工程学术讨论会论文集(下册). 昆明:中国水利学会. 344～347
吴振君,王浩,王水林,等. 2008. 分布式基坑监测信息管理与预警系统的研制. 岩土力学,29(9):2503～2508
向艳. 2014. 温度应力对深基坑支护结构内力与变形的影响研究. 岩土工程学报,37(S2):64～69
肖飞. 2014. 大数据时代基于物联网和云计算的地质信息化研究. 电子技术与软件工程,(16):221～221
肖武权,冷伍明,律文田. 2004. 某深基坑支护结构内力与变形研究. 岩土力学,25(8):1271～1274
谢韬. 2009. 基坑工程中的环境土工效应影响及监测预警研究. 武汉理工大学
谢伟,高政国. 2005. 基于Web方式的深基坑监测管理信息系统的设计. 电脑与信息技术,(6):62～64
熊传祥,闽乔,王继晨. 2012. “坑中坑”基坑杆系有限元方法分析. 工程地质学报,20(S):787～792
熊金安,汪磊. 2013. 深圳斜坡类地质灾害特征及成因分析. 地质灾害与环境保护,24(3):70～75
熊亚军,廖晓农,张小玲,等. 2015. KNN数据挖掘算法在北京地区霾等级预报中的应用. 气象,41(1):98～104

徐长节,成守泽,蔡袁强,等. 2014. 非对称开挖条件下基坑变形性状分析. 岩土力学,35(7):1929~1934

徐长节,殷明,胡文韬. 2017. 非对称开挖基坑支撑式围护结构解析解. 岩土力学,38(8):2306~2312

徐前卫,唐卓化,朱合华,等. 2017. 盾构隧道开挖面极限支护压力研究. 岩土工程学报,39(7):1234~1240

徐姗姗,许海勇,宋春雨,等. 2016. h形双排桩基坑支护体系特性的模拟分析. 武汉大学学报(工学版),49(5):774~778

徐文杰,唐德泓,谭儒蛟,等. 2015. 数字基坑系统在深大基坑工程中的应用. 岩石力学与工程学报,34(S1):3510~3517

徐雯,高建华. 2012. 基于Spring MVC及MyBatis的Web应用框架研究. 微型电脑应用,(7):1~4

徐燕,唐卓怡,汪春桃,等. 2016. 隧道施工自动化监测技术应用研究. 公路,61(11):277~282

徐扬青,程琳. 2014. 基坑监测数据分析处理及预测预警系统研究. 岩土工程学报,36(S1):219~224

徐玉健,李伟亮,董彦知,等. 2018. 自动化静力水准系统在天津地铁6号线变形监测中的应用. 施工技术,47(S4):1514~1517

徐正来. 2011. 基坑工程中土坡的影响效应综合分析. 上海:同济大学

徐中华,王卫东. 2010a. 敏感环境下基坑数值分析中土体本构模型的选择. 岩土力学,31(1):258~264

徐中华,王卫东. 2010b. 深基坑变形控制指标研究. 地下空间与工程学报,6(3):619~625

徐中华,王建华,王卫东. 2006. 主体地下结构与支护结构相结合的复杂深基坑分析. 岩土工程学报,28(S):1355~1359

许明情,曹平,仵锋锋. 2008. 岩土工程远程在线安全监测系统的研究及设计. 微计算机信息,(19):114~116

许强,黄润秋,王来贵. 2002. 外界扰动诱发地质灾害的机理分析. 岩石力学与工程学报,(2):280~284

许强,汤明高,徐开祥,等. 2008. 滑坡时空演化规律及预警预报研究. 岩石力学与工程学报,(6):1104~1112

许强,范宣梅,李园,等. 2010. 板梁状滑坡形成条件、成因机制与防治措施. 岩石力学与工程学报,29(2):242~250

许言,扬天亮,焦珣,等. 2017. 上海地面沉降监测技术应用. 上海国土资源,38(2):31~34

薛涛,王振华,孙萍,等. 2017. 基于深部位移监测的滑坡形成机制分析与稳定性评价. 中国地质灾害与防治学报,28(1):53~61

颜敬,方晓敏. 2014. 支护结构前反压土计算方法回顾及一种新的简化分析方法. 岩土力学,35(1):167~174

阳吉宝,谷远明,阳双桂. 2015. 偏压荷载对某地铁连通道基坑支护设计的影响分析. 工程勘察,

(11):26～31
杨斌,张卫冬,张利欣,等. 2010. 基于SOA的物联网应用基础框架. 计算机工程,36(17):95～97
杨敏,卢俊义. 2010. 基坑开挖引起的地面沉降估算. 岩土工程学报,32(12):1821～1828
杨敏,熊巨华. 1999. 建筑基坑支撑结构体系水平刚度系数的计算. 岩土工程技术,(1):13～16
杨敏,张俊峰,王瑞祥. 2016. 坑中坑挡土墙变形内力分析. 岩土力学,37(11):3270～3274
杨清源,赵伯明. 2018. 潜水层基坑降水引起地表沉降试验与理论研究. 岩石力学与工程学报,37(6):1506～1519
杨旭,余学祥,张迎伟,等. 2015. 煤矿开采沉陷自动化监测系统设计与实现. 测绘工程,24(9):39～43
杨学林. 2012. 基坑工程设计、施工和监测中应关注的若干问题. 岩石力学与工程学报,31(11):2327～2333
杨仲杰,邓稀肥,邬家林. 2018. 深大基坑自动化监测数据分析与预测研究. 施工技术,47(S4):148～151
姚爱军,张新东. 2011. 不对称荷载对深基坑围护变形的影响. 土力学,32(S2):378～382
姚佳. 2013. 双排桩支护结构体系抗倾覆稳定性研究. 扬州:扬州大学
姚佩超,杨志强. 2016. 地质灾害实时监测与预警系统的设计与实现. 测绘通报,(S2):124～129
姚启华. 2018. 岩土工程自动化监测系统及应用分析. 建筑技术开发,45(13):76～77
姚永明. 2010. 地下水监测方法和仪器概述. 水利水文自动化,36(1):6～13
易丽丽,马郧,李松,等. 2017. 坑内留土对双排桩支护结构的影响分析. 长江科学院院报,34(10):79～84
殷跃平. 2004. 中国地质灾害减灾战略初步研究. 中国地质灾害与防治学报,15(2):1～8
尹骥. 2010. 小应变硬化土模型在上海地区深基坑工程中的应用. 岩土工程学报,32(S1):166～172
尹盛斌. 2016. 基坑预留土台的简化分析方法研究. 岩土力学,37(2):524～536
应宏伟,郭跃. 2007. 某梁板支撑体系的深大基坑三维全过程分析. 岩土工程学报,29(11):1670～1675
应宏伟,初振环,李冰河,等. 2007a. 双排桩支护结构的计算方法研究及工程应用. 岩土力学,28(6):1145～1150
应宏伟,蒋波,谢康和. 2007b. 条形荷载下挡土墙主动土压力计算. 岩土力学,28(S):183～186
于强,王威,易长荣. 2007. 天津市地面沉降及地下水位监测自动化系统的设计与应用. 地下水,29(5):101～104
于涛. 2014. 基于CentOS平台Tomcat的部署与配置. 科技资讯,12(8):27～29
于洋,孙红月,尚岳全. 2014. 基于桩周土体位移的双排抗滑桩计算模型. 岩石力学与工程学报,33(1):172～178
余腾,胡伍生,焦明连,等. 2017. 基于Android智能终端的实时地铁变形监测系统软件设计. 测绘通报,(6):98～104

俞建霖,曾开华,温晓贵,等. 2004. 深埋重力-门架式围护结构性状研究与应用. 岩石力学与工程学报,23(9):1578～1584

喻建军,李宏,范良龙,等. 2010. 以CCD技术为核心的地面沉降自动化监测系统及其应用//夏才初主编. 和谐地球上的水工岩石力学——第三届全国水工岩石力学学术会议论文集. 上海:同济大学出版社:140～143

袁静,龚晓南. 2001. 基坑开挖过程中软土性状若干问题的分析. 浙江大学学报(工学版),35(5):465～470

袁淑芳,韩立洲,刘洪涛. 2019. 自动化监测技术在桥梁桩基托换中的应用. 工程建设与设计,(5):185～187

岳建平,田林亚. 2014. 变形监测技术与应用. 北京:国防工业出版社

臧妻斌,黄腾. 2014. 时间序列分析在地铁变形监测中的应用. 测绘科学,39(7):155～157

曾凡云,李明广,陈锦剑,等. 2017. 基坑群监测数据与施工信息动态同步分析系统的开发与应用. 上海交通大学学报,51(3):269～276

曾律弦,潘泓,肖四喜. 2009. 深基坑环梁支护结构的性状分析. 四川建筑科学研究,35(3):115～118

曾庆义,杨晓阳,杨昌亚. 2014. 扩大头锚杆的力学机制和计算方法. 岩土力学,35(8):1359～1367

占建松,徐光龙,郑斌,等. 2016. 软土中悬臂支护被动土加固宽度和深度的确定及应用. 工程勘察,44(4):21～23

张爱军,张志允. 2014. 中心岛法支护结构内力及变形计算的地基反力法. 岩土工程学报,36(S2):42～47

张爱军,莫海鸿,李爱国,等. 2013. 基坑开挖对邻近桩基影响的两阶段分析方法. 岩石力学与工程学报,32(S1):2746～2750

张波,尚俊娜. 2018. 基于LoRa和GPRS的滑坡监测数据传输系统. 通信技术,51(12):2999～3005

张成平,张顶立,骆建军,等. 2009. 地铁车站下穿既有隧道施工中的远程监测系统. 岩土力学,30(6):1861～1866

张春山,张业成,胡景江,等. 2000. 中国地质灾害时空分布特征与形成条件. 第四纪研究,20(6):559～566

张德康,江晓明,徐晓乐. 2005. 有关大坝安全监测仪器制造及使用中几个问题的讨论. 大坝与安全,(5):49～52

张伏光,蒋明镜. 2018. 基坑土体卸荷平面应变试验离散元数值分析. 岩土力学,39(1):339～348

张福荣. 2009. 自适应卡尔曼滤波在变形监测数据处理中的应用研究. 西安:长安大学

张浩,郭院成,石名磊,等. 2018. 坑内预留土作用下多支点支护结构的变形内力计算. 岩土工程学报,40(1):162～168

张弘. 1993. 深基坑开挖中双排桩支护结构的应用与分析. 地基处理,4(3):42～47

张厚美,夏明耀. 2000. 地下连续墙泥浆槽壁稳定的三维分析. 土木工程学报,33(1):73 ~ 76
张立明,朱敢平,郑刁羽,等. 2017. 软土地区深基坑对临近地铁结构影响的实测与分析. 岩土工程学报,39(S2):175 ~ 179
张凌. 2010. Linux 系统下用 Tomcat 配置 web 服务器. 信息与电脑,(4):93 ~ 95
张明远,杨小平,刘庭金. 2011. 临近地铁隧道的基坑施工方案对比分析. 地下空间与工程学报,7(6):1203 ~ 1208
张戎泽,钱建固. 2015. 基坑挡墙变位诱发地表沉陷的模型实验研究. 岩土力学,36(10):2921 ~ 2926
张松,田林亚. 2014. 时间序列分析在地铁沉降监测中的应用. 测绘工程,23(10):63 ~ 66
张文飞. 2013. 浅述水电站大坝安全监测现状及其自动化动态. 广东科技,(10):115 ~ 116
张吾渝,李宁波. 1999. 非极限状态下的土压力计算方法研究. 青海大学学报,自然科学版,(4):8 ~ 11
张西平,刘俊生,赵升峰. 2014. 超大圆环内支撑变形自动化监测与分析. 城市勘测,(4):167 ~ 171
张永波,张礼中,周小元,等. 2001. 地质灾害信息系统的设计与开发. 北京:地质出版社
张友良,陈从新,刘小巍. 2000. 面向对象的深基坑监测模型及系统开发. 岩石力学与工程学报,(S1):1061 ~ 1064
张有祥,周宏磊. 2018. 关于基坑规程中围护结构变形计算的探讨. 湖南科技大学学报(自然科学版),33(3):39 ~ 46
张宇,王映辉,张翔南. 2010. 基于 Spring 的 MVC 框架设计与实现. 计算机工程,36(4):59 ~ 62
张玉成,杨光华,胡海英,等. 2007. 在软土地基上有反压护道路堤及堤坝的稳定计算. 岩土力学,28(S):844 ~ 848
张月超,陈义. 2013. 基于改进 Kalman 滤波算法的粗差修正及应用. 测绘与空间地理信息,36(12):257 ~ 259,262
张震,叶建忠,贾敏才. 2017. 上海软土地区小宽深比基坑变形实测研究. 岩石力学与工程学报,36(S1):3627 ~ 3635
张治国,赵其华,鲁明浩. 2015. 邻近深基坑开挖的历史保护建筑物沉降实测分析. 土木工程学报,48(S2):137 ~ 142
张中普,姚笑青. 2005. 某深基坑事故分析及技术处理. 施工技术,34(12):72 ~ 73
章锐,陈树勇,刘道伟,等. 2017. 基于 ECharts 的电网 Web 可视化研究及应用. 电测与仪表,54(19):59 ~ 66
赵花城,沈省三. 2015. 已埋钢弦式监测仪器工作状态评价. 大坝与安全,(1):83 ~ 86
赵景科,朱显荣,胡瑞丰. 2015. 水泥土桩复合土钉支护结构稳定性研究. 工程勘察,43(1):16 ~ 19
赵伟,韦永斌,后超,等. 2017. 自动化监测技术在地铁盾构穿越建筑群中的应用. 测绘工程,26(7):41 ~ 46
赵锡宏,李蓓,杨国祥,李侃. 2005. 大型超深基坑工程实践与理论. 北京:人民交通出版社

赵新蕖,陈红林. 2006. GM(2,1)模型预测公式的改进研究. 武汉理工大学学报,(10):125～127,131

赵星,李龙,李禹霏,等. 2014. 泥石流自动化监测预警技术的应用——以贵州省望谟县望谟河泥石流为例. 工程地质学报,22(3):443～449

赵志仁,徐锐. 2010. 国内外大坝安全监测技术发展现状与展望. 水电自动化与大坝监测,34(5):52～57

浙江省住房和城乡建设厅. 2014. 建筑基坑工程技术规程(DB33/T 1096-2014). 北京:中国建筑工业出版社

郑陈旻,王曾辉,章昕,等. 2010. 双排桩支护在福建沿海软土深基坑工程中的经济性分析. 岩土工程学报,32(S1):317～320

郑刚,顾晓鲁. 2002. 考虑支撑-围护桩-土相互作用的基坑支护水平支撑温度应力的简化分析法. 土木工程学报,35(3):87～89,108

郑刚,李欣,刘畅,等. 2004. 考虑桩土相互作用的双排桩分析. 建筑结构学报,25(1):99～106

郑刚,陈红庆,雷扬,等. 2007. 基坑开挖反压土作用机制及其简化分析方法研究. 岩土力学,28(6):1161～1166

郑刚,刁钰,吴宏伟. 2009. 超深开挖对单桩的竖向荷载传递及沉降的影响机理有限元分析. 岩土工程学报,31(6):837～845

郑刚,宗超,曾超峰,等. 2013. 非对称基坑分部降水开挖引起的围护结构变形性状. 岩土工程学报,35(S2):550～554

郑刚,邓旭,刘畅,等. 2014. 不同围护结构变形模式对坑外深层土体位移场影响的对比分析. 岩土工程学报,36(2):273～285

郑刚,朱合华,刘新荣,等. 2016. 基坑工程与地下工程安全及环境影响控制. 土木工程学报,49(6):1～24

郑刚,张涛,程雪松. 2017. 工程桩对基坑稳定性的影响及其计算方法研究. 岩土工程学报,39(S2):5～8

郑加柱,李国芬,光辉. 2008. 深基坑监测数据管理及可视化系统开发. 城市勘测,(4):158～160

郑俊杰,章荣军,丁烈云,等. 2010. 基坑被动区加固的位移控制效果及参数分析. 岩石力学与工程学报,29(5):1042～1051

郑开发. 1993. 安全自动化监测系统在梅山大坝的应用. 水利水电技术,(11):37～39

郑勇波. 2019. 自动化监测在高铁桥墩纠偏施工中的应用. 城市勘测,(1):201～204,208

中华人民共和国国家发展和改革委员会. 2005. 大坝安全监测自动化技术规范(DL/T 5211-2005). 北京:中国电力出版社

中华人民共和国水利部. 2001. 大坝安全自动监测系统设备基本技术条件(SL268-2001). 北京:中国电力出版社

中华人民共和国水利部. 2007. 水工挡土墙设计规范(SL379-2007). 北京:中国水利水电出版社

中华人民共和国住房和城乡建设部. 2012. 建筑基坑支护技术规程(JGJ 120-2012). 北京:中国

建筑工业出版社
中华人民共和国住房和城乡建设部. 2013. 建筑深基坑工程施工安全技术规范(JGJ 311-2013). 北京:中国建筑工业出版社
中华人民共和国住房和城乡建设部. 2016. 建筑变形测量规范(JGJ 8-2016). 北京:中国建筑工业出版社
中华人民共和国住房和城乡建设部. 2018. 建筑桩基技术规范(JGJ 94-2018). 北京:中国建筑工业出版社
中华人民共和国住房和城乡建设部,中华人民共和国国家质量监督检验检疫总局. 2007. 工程测量规范(GB 50026-2007) 北京:中国计划出版社
中华人民共和国住房和城乡建设部,中华人民共和国国家质量监督检验检疫总局. 2009. 岩土工程勘察规范(GB 50021-2001). 北京:中国建筑工业出版社
中华人民共和国住房和城乡建设部,中华人民共和国国家质量监督检验检疫总局. 2011a. 建筑地基基础设计规范(GB 50007-2011). 北京:中国建筑工业出版社
中华人民共和国住房和城乡建设部,中华人民共和国国家质量监督检验检疫总局. 2011b. 混凝土结构设计规范(2015 年版)(GB 50010-2010). 北京:中国建筑工业出版社
中华人民共和国住房和城乡建设部,中华人民共和国国家质量监督检验检疫总局. 2013a. 城市轨道交通工程监测技术规范(GB 50911-2013). 北京:中国建筑工业出版社
中华人民共和国住房和城乡建设部,中华人民共和国国家质量监督检验检疫总局. 2013b. 建筑边坡工程技术规范(GB 50330-2013). 北京:中国建筑工业出版社
中华人民共和国住房和城乡建设部,中华人民共和国国家质量监督检验检疫总局. 2017a. 城市轨道交通工程测量规范(GB/T 50308-2017). 北京:中国建筑工业出版社
中华人民共和国住房和城乡建设部,中华人民共和国国家质量监督检验检疫总局. 2017b. 钢结构设计规范(GB 50017-2017). 北京:中国计划出版社
中华人民共和国住房和城乡建设部,中华人民共和国国家质量监督检验检疫总局. 2017c. 数据中心设计规范(GB 50174-2017). 北京:中国计划出版社
中华人民共和国住房和城乡建设部,中华人民共和国国家质量监督检验检疫总局. 2019. 建筑基坑工程监测技术规范(GB 50497-2009). 北京:中国计划出版社
周超,殷坤龙,曹颖,等. 2015. 基于诱发因素响应与支持向量机的阶跃式滑坡位移预测. 岩土力学与工程学报,34(S2):4132 ~ 4139
周翠英,刘祚秋,尚伟,等. 2005. 门架式双排抗滑桩设计计算新模式. 岩土力学,26(3):441 ~ 444
周二众,刘星,青舟. 2013. 深基坑监测预警系统的研究与实现. 地下空间与工程学报,9(1):204 ~ 210
周建昆,李志宏. 2010. 紧邻隧道基坑工程对隧道变形影响的数值分析. 地下空间与工程学报,(S1):1398 ~ 1403
周平根,姚磊华. 2005. 滑坡监测信息系统研制与开发——以四川雅安峡口滑坡为例//中国地质调查局编. 地质灾害调查与监测技术方法论文集. 北京:中国大地出版社:92 ~ 97

周荣. 2017. 实时监测技术在运营高铁路基变形监测中的标准应用. 中国标准化,(18):248~250

周胜利,高咏,王忠新,等. 2017. 基于ZigBee的径流场水土侵蚀采样系统设计. 吉林大学学报(信息科学版),35(3):249~254

周小娟. 2017. 深基坑双排桩支护体系及土体受力变形分析. 人民长江,48(13):58~63

周子舟. 2015. 有限土体主动土压力计算方法的比较. 工程勘察,43(1):20~25

朱建军. 1999. 污染误差模型下的测量数据处理理论. 测绘学报,(1):93

朱立新. 2012. 地下水自动监测信息管理系统在内蒙古的开发应用. 内蒙古农业大学学报(自然科学版),35(3):141~145

朱星,许强,邓茂林,等. 2013. 接触式泥石流自动化监测仪研制. 计算机测量与控制,21(8):2310~2312

朱瑶宏. 2008. 地下工程安全风险智能化监测与管控. 北京:人民交通出版社

朱永辉,白征东,过静珺,等. 2010. 基于北斗一号的地质灾害自动监测系统. 测绘通报,(2):5~7

朱正峰,陶学梅,谢弘帅. 2006. 基坑施工对运营地铁隧道变形影响及控制研究. 地下空间与工程学报,2(1):128~131

禚一,王旭,张军. 2015. 高速铁路沉降自动化监测系统SMAIS的研发及应用. 铁道工程学报,32(4):10~15

左自波,陈峰军,吴小建. 2016. 大面积堆载预压施工的数值模拟与自动化监测研究. 建筑施工,38(11):1628~1630

Alimohammadlou Y, Najafi A, Yalcin A. 2013. Landslide process and impacts: a proposed classification method. Catena, (104):219~232

Brinkgreve R B J. 2005. Selection of soil models and parameters for geotechnical engineering application//Proceedings of Geo- Frontier Conference. Texas: Soil Properties and Modeling Geo-Institute of ASCE, 69~98

Chapman K R, Cording E J, Schnabel H. 1972. Performance of a braced excavation in granular and cohesive soils//ASCE Specialty Conference on Performance of Earth and Earth-Supported Structures. West Lafayette: Purdue University, 271~293

Clough G W, O'rourke T D. 1990. Construction induced movements of *in-situ* walls//Conference on Design and Performance of Earth Retaining Structures, Geotechnical Special Publication No 25. New York: ASCE, 439~470

Clough G W, Smith E M, Sweeney B P. 1989. Movement control of excavation support systems by iterative design//Current Principles and Practices, Foundation Engineering Congress, ASCE Reston, Virginia: ASCE, 869~884

Elisavet T. 2006. Ground surface settlements due to underground works. International Association of Geodesy Symposia, 131:285~292

Evans S G, Degraff J V. 2002. Catastrophic landslides: effects, occurrence, and mechanisms. Boulder,

Colorado:The Geological Society of America

Filz G M,Davidson R R. 2004. Stability of long trenches in sand supported by bentonite-water slurry. Journal of Geotechnical and Geoenvironmental Engineering,ASCE,130(9):915 ~ 921

Finno R J,Bryson L S. 2002. Response of a building adjacent to stiff excavation support system in soft clay. Journal of Performance of Constructed Facilities,16(1):10 ~ 20

Finno R J,Blackburn J T,Roboski J F. 2007. Three-dimensional effects for supported excavations in clay. Journal of Geotechnical and Geoenvironmental Engineering,133(1):30 ~ 36

Fox P J. 2004. Analytical solutions for stability of slurry trench. Journal of Geotechnical and Geoenvironmental Engineering,ASCE,130(7):749 ~ 758

Gaetano P,Michele C,Luca P. 2019. Monitoring strategies for local landslide early warning systems. Journal of Landslides,16(2):213 ~ 231

Georgiadis M,Anagnostopoulos C. 1998. Effect of berms on sheet-pile wall behavior. Géotechnique,48(4):569 ~ 574

Gordon T C,Juang C H,Evan C L,*et al.* 2007. Simplified model for wall deflection and ground-surface settlement caused by braced excavation in clays. Journal of Geotechnical and Geoenvironmental Engineering,133(6):731 ~ 747

Hardin B O,Black W L. 1969. Closure to vibration modulus of normally consolidated clays. Journal of the Soil Mechanics and Foundations Division,95(SM6):1531 ~ 1537

Hardin B O,Drnevich V P. 1972. Shear modulus and damping in soils:design equations and curves. Journal of the Soil Mechanics and Foundations Division,98(SM7):667 ~ 692

Hsieh P G,Ou C Y. 1998. Shape of ground surface settlement profiles caused by excavation. Canadian Geotechnical Journal,35(6):1004 ~ 1017

Kempfert H G,Gebreselassie B. 2006. Excavations and Foundations in Soft Soils. Berlin:Springer Verlag

Lee F H,Yong K Y,Quan K C N,*et al.* 1998. Effect of corners in strutted excavations:field monitoring and case histories. Journal of Geotechnical and Geoenvironmental Engineering,124(4):338 ~ 349

Leung E H Y,Ng C W W. 2007. Wall and ground movements associated with deep excavations supported by cast in situ wall in mixed ground conditions. Journal of Geotechnical and Geoenvironmental Engineering,133(2):129 ~ 143

Liu F Q,Wang J H. 2007. A generalized slip line solution to the active earth pressure on circular retaining walls. Computers and Geotechnics,(6):1 ~ 10

Long M. 2001. Database for retaining wall and ground movements due to deep excavations. Journal of Geotechnical and Geoenvironmental Engineering,127(3):203 ~ 224

Low B K,Tang W H. 2000. Reliability analysis using object-oriented constrained optimization. Structural Safety,26(1):69 ~ 89

Low B K,Gilbert R B,Wright S G. 1998. Slope reliabilityanalysis using generalized method of slices. Journal of Geotechnical and Geoenvironmental Engineering,124(4):350 ~ 362

Ma F H ,Zheng Y, Yang F. 2008. Research on deformation prediction method of soft soil deep foundation pit. Journal of Coal Science and Engineering (China),14(4):637 ~ 639

Mana A I,Clough G W. 1981. Prediction of movements for braced cut in clay. Journal of Geotechnical Engineering Division,107(6):759 ~ 777

Manzella I,Labiouse V. 2008. Qualitative analysis of rock avalanches propagation by means of physical modelling of non-constrained gravel flows. Rock Mechanics and Rock Engineering,41(1):133 ~ 151

Nicot F,Darve F. 2011. Diffuse and localized failure modes:two competing mechanisms. International Journal for Numerical and Analytical Methods in Geomechanics,35(5):586 ~ 601

Obozinsky P,Ugai K,Katagiri M,*et al*. 2001. A desigh method for slurry trench wall stability in sandy ground based on the elasto-plastic FEM. Computers and Geotechnics,28(2):145 ~ 159

Ohlmacher G C, Davis J C. 2003. Using multiple logistic regression and GIS technology to predict landslide hazard in northeast kansas,USA . Engineering Geology,69(3-4):331 ~ 343

Ou C Y,Hsieh P G,Chiou D C. 1993. Characteristics of ground surface settlement during excavation. Canadian Geotechnical Journal,30(5):758 ~ 767

Peck R B. 1969. Deep excavation and tunneling in soft ground//Proceedings of the 7th International Conference on Soil Mechanics and Foundation Engineering. Mexico:State of the Art,225 ~ 290

Poulos H G, Chen L T. 1997. Pile response due to unsupported excavation-induced lateral soil movement. Journal of Geotechnical and Geoenvironmental Engineering,123(2):94 ~ 99

Powrie W, Chandler J. 1998. The influence of a stabilizing platform on the performance of an embedded retaining wall:a finite element study. Geotechnique,48(3):403 ~ 409

Roboski J F,Finno R J. 2016. Distributions of ground movements parallel to deep excavations in clay. Canadian Geotechnical Engineering,43(1):43 ~ 58

Roy D, Robinson K E. 2009. Surface settlements at a soft soil site due to bedrock dewatering. Engineering Geology,107(3-4):109 ~ 117

Sagaseta C. 1987. Analysis of undrained soil deformation due to ground loss. Geotechnique,37(3):301 ~ 320

Schanz T,Vermeer P A,Bonnier P G. 1999. The Hardening Soil model:formulation and verification//Beyond 2000 in Computational Geotechnics—10 years of PLAXIS. Amsterdam,281 ~ 296

Schweiger H F,Vermeer P A,Wehnert M. 2009. On the design of deep excavations based on finite element analysis. Geomechanics and Tunnelling,2:333 ~ 344

Son M, Cording E J. 2005. Estimation of building damage due to excavation-induced ground movements. Journal of Geotechnical and Geoenvironmental Engineering,131(2):162 ~ 177

Susan M,Powrie W. 2000. Three-dimensional finite element analyses of embedded retaining walls supported by discontinuous earth berms. Canadian Geotechnical Journal,10:1062 ~ 1077

Take W A, Beddoe R A, Davoodi-bilesava R R, *et al*. 2015. Effect of antecedent groundwater conditions on the triggering of static liquefaction landslides. Landslides,12(3):469 ~ 479

Tom M. 2003. 机器学习. 曾华军,张银奎,等译. 北京:机械工业出版社

Viggiani C. 1981. Ultimate lateral load on piles used to stabilize landslides//Proceedings of the 10th International Conference on Soil Mechanics and Foundation Engineering. Stockholm,555 ~ 560

Wang Z H, Zhou J. 2011. Three-dimensional numerical simulation and earth pressure analysis on double-row piles with consideration of spatial effects. Journal of Zhejiang University Science A,12 (10):758 ~ 770

Wang Z W, Ng C W W, Liu G B. 2005. Characteristics of wall deflections and ground surface settlements in Shanghai. Canadian Geotechnical Journal,42(5):1243 ~ 1254

Washbourme J. 1984. The three-dimensional stability analysis of diaphragm wall excavations. Ground Engineering,the Magazine of the British Geotechnical Association,17(4):24 ~ 29

Wilkinson P L, Anderson M G, Renaud J P. 2002. Landslide hazard and bioengineering: towards providing improved decision support thrush integrated numerical model development. Environmental Modeling & Software,17(4):333 ~ 344

Wind D. 2013. Instant Effective Cashing with Ehcache. Birmingham:Packt Publishing

Yoo C,Lee D. 2008. Deep excavation-induced ground surface movement characteristics: a numerical investigation. Computers and Geotechnics,35:231 ~ 252

Zapata-medina D G. 2007. Semi-empirical method for designing excavation support systems based on deformation control. Kentucky:University of Kentucky

Wang Z L,Li Y C,Wang J G. 2006. A damage-softening statistical constitutive model considering rock residual strength. Computers and Geosciences,33(1):1 ~ 9

Zhong C,Li H,Li Z H,*et al.* 2010. A Vector-based backward projection method for robust detection of occlusions when generating true ortho photos. GIScience and Remote Sensing,47(3):412 ~ 424